北京文化书系
创新文化丛书

北京科技发展理念创新

中共北京市委宣传部
　　　　　　　　　　组织编写
北京市社会科学院

方力　王立　伊彤　等　编　著

北京出版集团
北京出版社

图书在版编目（CIP）数据

北京科技发展理念创新 / 中共北京市委宣传部，北京市社会科学院组织编写；方力等编著. — 北京：北京出版社，2024.4

（北京文化书系. 创新文化丛书）

ISBN 978-7-200-18168-5

Ⅰ. ①北… Ⅱ. ①中… ②北… ③方… Ⅲ. ①科技发展—研究—北京 Ⅳ. ①G322.71

中国国家版本馆CIP数据核字（2023）第150454号

北京文化书系　创新文化丛书

北京科技发展理念创新

BEIJING KEJI FAZHAN LINIAN CHUANGXIN

中共北京市委宣传部
北京市社会科学院　组织编写

方力　王立　伊彤　等　编　著

*

北 京 出 版 集 团
北 京 出 版 社　出版

（北京北三环中路6号）

邮政编码：100120

网　　址：www.bph.com.cn

北 京 出 版 集 团 总 发 行
新 华 书 店 经 销
北京建宏印刷有限公司印刷

*

787毫米×1092毫米　16开本　21印张　290千字
2024年4月第1版　2024年4月第1次印刷

ISBN 978-7-200-18168-5

定价：90.00元

如有印装质量问题，由本社负责调换

质量监督电话：010-58572393；发行部电话：010-58572371

"北京文化书系"编委会

主　　　任　莫高义　杜飞进

副　主　任　赵卫东

顾　　　问（按姓氏笔画排序）

于　丹　刘铁梁　李忠杰　张妙弟　张颐武
陈平原　陈先达　赵　书　宫辉力　阎崇年
熊澄宇

委　　　员（按姓氏笔画排序）

王杰群　王学勤　许　强　李　良　李春良
杨　烁　余俊生　宋　宇　张　际　张　维
张　淼　张劲林　张爱军　陈　冬　陈　宁
陈名杰　赵靖云　钟百利　唐立军　康　伟
韩　昱　程　勇　舒小峰　谢　辉　翟立新
翟德罡　穆　鹏

"北京文化书系"
序言

文化是一个国家、一个民族的灵魂。中华民族生生不息绵延发展、饱受挫折又不断浴火重生，都离不开中华文化的有力支撑。北京有着三千多年建城史、八百多年建都史，历史悠久、底蕴深厚，是中华文明源远流长的伟大见证。数千年风雨的洗礼，北京城市依旧辉煌；数千年历史的沉淀，北京文化历久弥新。研究北京文化、挖掘北京文化、传承北京文化、弘扬北京文化，让全市人民对博大精深的中华文化有高度的文化自信，从中华文化宝库中萃取精华、汲取能量，保持对文化理想、文化价值的高度信心，保持对文化生命力、创造力的高度信心，是历史交给我们的光荣职责，是新时代赋予我们的崇高使命。

党的十八大以来，以习近平同志为核心的党中央十分关心北京文化建设。习近平总书记作出重要指示，明确把全国文化中心建设作为首都城市战略定位之一，强调要抓实抓好文化中心建设，精心保护好历史文化金名片，提升文化软实力和国际影响力，凸显北京历史文化的整体价值，强化"首都风范、古都风韵、时代风貌"的城市特色。习近平总书记的重要论述和重要指示精神，深刻阐明了文化在首都的重要地位和作用，为建设全国文化中心、弘扬中华文化指明了方向。

2017年9月，党中央、国务院正式批复了《北京城市总体规划（2016年—2035年）》。新版北京城市总体规划明确了全国文化中心建设的时间表、路线图。这就是：到2035年成为彰显文化自信与多元包容魅力的世界文化名城；到2050年成为弘扬中华文明和引领时代潮流的世界文脉标志。这既需要修缮保护好故宫、长城、颐和园等享誉中外的名胜古迹，也需要传承利用好四合院、胡同、京腔京韵等具有老北京地域特色的文化遗产，还需要深入挖掘文物、遗迹、设施、景点、语言等背后蕴含的文化价值。

组织编撰"北京文化书系"，是贯彻落实中央关于全国文化中心建设决策部署的重要体现，是对北京文化进行深层次整理和内涵式挖掘的必然要求，恰逢其时、意义重大。在形式上，"北京文化书系"表现为"一个书系、四套丛书"，分别从古都、红色、京味和创新四个不同的角度全方位诠释北京文化这个内核。丛书共计47部。其中，"古都文化丛书"由20部书组成，着重系统梳理北京悠久灿烂的古都文脉，阐释古都文化的深刻内涵，整理皇城坛庙、历史街区等众多物质文化遗产，传承丰富的非物质文化遗产，彰显北京历史文化名城的独特韵味。"红色文化丛书"由12部书组成，主要以标志性的地理、人物、建筑、事件等为载体，提炼红色文化内涵，梳理北京波澜壮阔的革命历史，讲述京华大地的革命故事，阐释本地红色文化的历史内涵和政治意义，发扬无产阶级革命精神。"京味文化丛书"由10部书组成，内容涉及语言、戏剧、礼俗、工艺、节庆、服饰、饮食等百姓生活各个方面，以百姓生活为载体，从百姓日常生活习俗和衣食住行中提炼老北京文化的独特内涵，整理老北京文化的历史记忆，着重系统梳理具有地域特色的风土习俗文化。"创新文化丛书"由5部书组成，内容涉及科技、文化、教育、城市规划建设等领域，着重记述新中国成立以来特别是改革开放以来北京日新月异的社会变化，描写北京新时期科技创新和文化创新成就，展现北京人民勇于创新、开拓进取的时代风貌。

为加强对"北京文化书系"编撰工作的统筹协调，成立了以"北京文化书系"编委会为领导、四个子丛书编委会具体负责的运行架构。"北京文化书系"编委会由中共北京市委常委、宣传部部长莫高义同志和市人大常委会党组副书记、副主任杜飞进同志担任主任，市委宣传部分管日常工作的副部长赵卫东同志担任副主任，由相关文化领域权威专家担任顾问，相关单位主要领导担任编委会委员。原中共中央党史研究室副主任李忠杰、北京市社会科学院研究员阎崇年、北京师范大学教授刘铁梁、北京市社会科学院原副院长赵弘分别担任"红色文化""古都文化""京味文化""创新文化"丛书编委会主编。

在组织编撰出版过程中，我们始终坚持最高要求、最严标准，突出精品意识，把"非精品不出版"的理念贯穿在作者邀请、书稿创作、编辑出版各个方面各个环节，确保编撰成涵盖全面、内容权威的书系，体现首善标准、首都水准和首都贡献。

我们希望，"北京文化书系"能够为读者展示北京文化的根和魂，温润读者心灵，展现城市魅力，也希望能吸引更多北京文化的研究者、参与者、支持者，为共同推动全国文化中心建设贡献力量。

"北京文化书系"编委会

2021年12月

"创新文化丛书"
序言

　　习近平总书记指出，"文化是一个国家、一个民族的灵魂"，"创新是一个国家、一个民族发展进步的不竭动力"。深入把握创新文化发展规律，积极推进创新文化体系建设，激发全民族创新的热情和活力，为实现中华民族伟大复兴中国梦凝心聚力，是全面建设社会主义现代化强国的战略支撑，是实现中华民族伟大复兴宏伟蓝图的精神追求。

　　党的十八大以来，北京市委市政府坚决贯彻习近平总书记对北京一系列重要讲话精神，深入落实习近平总书记关于社会主义文化建设的重要论述，坚决扛起建设全国文化中心的职责使命，不断深化首都文化的内涵的认识，集中做好首都文化这篇大文章。首都文化主要包括源远流长的古都文化、丰富厚重的红色文化、特色鲜明的京味文化和蓬勃兴起的创新文化。做好首都文化建设这篇大文章，就要把上述四种文化进一步挖掘并弘扬光大。

　　在北京四种文化中，创新文化是富有时代感，与新时代首都发展联系紧密的一种文化形态。北京的发展史也是以创新文化为内核的城市发展史，是贯穿于不同时期、不同领域、各个方面创新实践活动之中的底蕴和精神内核，从而塑造出北京的首都风范、古都风韵和时代风貌的城市特色，缔造出首都独特的精神标识。进入新时代，放眼世界，面向未来，以创新文化引领为先导，以实现中华民族伟大复兴为己任，以高度文化自信，推动创新文化完善与弘扬，必将不断为新时代首都高质量发展开创新境界，提供新动力。

创新文化是在一定社会历史条件下，在创新实践中所形成的文化生态，以追求变革、崇尚创新为基本理念和价值取向，在促进资源高效配置中发挥着重要作用，主要包括有关创新的观念文化、制度文化和环境文化等。创新文化是以创新为内核的文化体系，为一切创新实践提供方向引领、精神动力和营造文化氛围。

北京创新文化深深根植于首都经济社会生活，她以创新理念引领新时代首都发展，以创新制度支撑新发展格局，以创新环境助力高质量发展，以创新成果促进人的全面发展。

"不忘本来才能开辟未来，善于继承才能更好创新。"北京这座历史文化名城是中华文明源远流长的伟大见证，历经3000多年建城史、860多年建都史，继承兼容并蓄的开放理念和进取精神，深厚的文化底蕴为北京创新文化的形成奠定了坚实的基础。新中国成立以来，从首都建设到首都经济，再到首都发展，北京始终坚持把传承和弘扬中华民族文化和建设全国文化中心有机统一起来，以悠久的北京地域文化为基础，涵容国内不同地域、不同民族的多样文化，吸收海外文化，特别是作为首都城市，在波澜壮阔的伟大实践中所形成的精神理念和价值追求，不仅具有开放包容和与时俱进的特征，更富有鲜明的使命担当和首善一流的特质。

使命担当是北京创新文化的固有特征。北京是伟大社会主义祖国的首都、迈向中华民族伟大复兴的大国首都、国际一流的和谐宜居之都，北京创新文化具有强烈的国家富强、民族复兴的使命感和责任感。北京创新文化始终把"四个中心""四个服务"作为定向标，自觉从国家战略要求出发谋划和推动发展，书写了从首都建设到首都经济，再到新时代首都发展的一幅幅辉煌篇章。

开放包容是北京创新文化的本质特征。在北京，传统文化与现代文化融合，东方文明与西方文明交汇，为北京注入更为丰富的创新文化内涵。中关村鼓励创新、支持创造、宽容失败，一大批高科技企业从这里走向全国、走向世界，成为北京创新文化的优秀代表。在经济全球化深入发展的大背景下，北京持续奋力深化国际交流合作，充分利用全球创新资源，在更高起点上推进自主创新。

时代引领是北京创新文化的重要特征。新中国成立初期，为彻底改变旧中国贫穷落后的面貌，北京提出"建设成为我国强大的工业基地和技术科学中心"的发展目标。改革开放初期，北京积极响应"科学技术必须面向经济建设，经济建设必须依靠科学技术"的方针要求，中关村成为中国科技创新发展的一面旗帜。新时代，北京迎接新一轮科技革命和产业变革浪潮，肩负建设国际科技创新中心重任，加快建设国际数字经济标杆城市，抓住"两区"建设重大历史机遇，为党和人民续写更大光荣。

首善一流是北京创新文化的独有特征。"建首善自京师始，由内及外"。首都工作历来具有代表性、指向性，善于在"首都"二字上做文章，始终把"建首善、创一流"作为工作标尺，先觉、先行、先倡，善于在攻坚克难上求突破，推动各项工作创先争优、走在前列、创造经验、发挥表率，努力创造多彩多样的首都特色的"优品""名品"。

北京是国家理念、制度、技术、文化创新发展主要策源地，集聚了国家级创新资源和平台。北京创新文化表现形态无比丰富，北京科技创新、城市规划建设创新、文学艺术创新、社会生活创新等领域的创新文化，是北京创新文化的重要体现，这些创新文化成果既来之于人民丰富多彩的创新实践，也得益于党和政府对创新文化的自觉建设和不懈培育。北京在创新文化培育建设中不断探索和积累，不仅善于从人民群众火热的创新实践中总结提升，更注重创新文化中的制度文化建设，注重营造鼓励创新、尊重首创的浓厚的文化氛围。

尊重首创是北京创新文化建设的首要原则。"历史是人民书写的，一切成就归功于人民"，北京在创新文化培育实践中，充分尊重人民群众的首创精神，最大程度汇聚人民群众的智慧，最大限度发挥人民群众在创新实践活动中的能动作用，将不同时期人民群众在创新实践活动中形成的创新文化予以总结、提炼和升华，形成人民群众喜闻乐见和自觉践行的文化理念和文化价值。

与时俱进是北京创新文化建设的基本要求。北京在培育创新文化实践中，始终紧扣时代发展的脉搏和国家发展的需求，与民族复兴、社会发展同频共振，积极主动承当攻坚克难重任，发力代表未来发展方向、有利于社会进步的重大创新实践活动，回应时代需求、满足人民需要。

制度保障是北京创新文化建设的重要支撑。北京在创新文化培育实践中，既注重将人民群众创新实践中的好做法、好经验制度化，使其在更大范围、以更稳定的制度形式促进和保护创新实践，更重视调查研究、重点突破制约创新实践活动的痛点、难点，在体制机制上改革创新，形成适宜于创新的制度体系，为创新实践提供动力和保障，让各项创新事业都有章可循、有法可依。

环境营造是北京创新文化建设的重要抓手。北京在创新文化培育实践中，始终以"营造一流创新生态，塑造科技向善理念"为目标，聚集全球人才、资本、技术等创新要素，健全激励、开放、竞争的创新生态，让每一个有创新梦想的人都能专注创新，让每一份创新活力都能充分迸发，为新时代首都高质量发展贡献聪明才智。

历史的北京是创新融入血脉、化为基因的文明之城；今天的北京是富有创新优势、创新实力、创新潜质的活力之城；未来的北京，是在创新引领中迈向中华民族伟大复兴的大国首都，在迈向中华民族伟大复兴进程中实现创新引领的光荣之城。

二

北京的创新文化根植于首都丰富多彩的创新实践。回顾北京创新文化的发展历程，创新文化与首都建设、首都经济和首都发展阶段的中心任务紧密联系，在促进发展的同时，形成了不同阶段创新文化的鲜明特色和亮丽成绩。

新中国成立伊始，为保卫新生政权，中国必须在较短的时期建立完整的国防体系和工业体系，由此国家确立优先发展重工业的战略。

北京加快工业项目建设步伐，建成酒仙桥电子城等六大工业基地，全力支持"两弹一星"攻关，取得一系列国防科技重大突破。北京创新文化中使命担当的精神内核正是在这个时期更加凸显出来。在这个时期，一大批科学家和首都广大建设者们以忘我的精神，艰苦奋斗，艰苦创业，体现出热爱祖国、无私奉献的爱国情怀；也是在这个时期，钱学森等一批海外爱国学子冒着生命危险辗转归国，投身新中国伟大的事业，体现出强烈的赤子情怀和爱国精神。

改革开放伊始，邓小平提出科学技术是第一生产力，开启了科技创新的新时代。"知识就是力量"成为时代信仰，"尊重知识、尊重人才"为创新文化营造了良好的发展环境。这一时期，国家提出面向经济建设的追赶战略，北京也开始积极探索经济转型之路。作为首都和全国政治中心、文化中心，北京从自身优势出发，紧抓实施"科教兴国"国家战略与"首都经济"城市发展的重大机遇，充分发挥文化、科技、教育、人才等优势，调整和限制工业结构，大力发展第三产业和高新技术产业。在这个时期，一大批科研工作者纷纷下海创业，在中关村创立了首批民办科技企业，以"勇于突破、敢为人先"的创业精神，推动中关村由"电子一条街"向北京市新技术产业开发试验区发展。中关村也成为我国科技园区建设的开拓者、先行者。此后，一大批海外留学归国人员归国创业，新浪、搜狐、百度等一批科技企业应运而生，北京发展成为全国高技术创新创业高地，鼓励创新、宽容失败、包容开放的创新文化氛围日益浓厚。

党的十八大以来，习近平总书记多次视察北京并发表重要讲话，要求北京坚持"四个中心"城市功能定位，回答好"建设一个什么样的首都，怎样建设首都"这一重大时代课题，为新时代首都发展提供了遵循。北京认真落实习近平总书记一系列重要讲话精神，以创新理论推动创新实践，以创新精神驱动创新发展，高水平编制《北京城市总体规划（2016-2035）》，以创新的规划引领首都未来可持续发展，以创新理念回答新时代首都高质量发展中所面临的挑战。具体包括以下几方面。

加强"四个中心"功能建设、提高"四个服务"水平。十八大以来，北京以创新驱动为引领，加快形成国际科技创新中心，发挥"三城一区"主平台作用，加强三个国家实验室、怀柔综合性国家科学中心、中关村国家自主创新示范区建设，逐步形成世界主要科学中心和创新高地。同时围绕"一核一城三带两区"总体框架，深化全国文化中心建设，文化事业和产业蓬勃发展，文化软实力和影响力不断提升。

主动服务和融入新发展格局，推动经济高质量发展。近年来，北京发挥科技创新优势，巩固完善高精尖产业格局，前瞻布局未来产业，培育具有全球竞争力的万亿级产业集群。同时，以制度创新为核心，高标准推进"两区"建设。坚持数字赋能产业、城市、生活，实施智慧城市发展行动，建设全球数字经济标杆城市，打造引领全球数字经济发展高地。以供给侧结构性改革创造新需求，加紧国际消费中心城市建设。坚持"五子"联动融入新发展格局，将"两区"建设、国际科技创新中心建设和全球数字经济标杆城市建设有机融合，扎实推动高质量发展。

紧抓疏解非首都功能这个"牛鼻子"、促进京津冀协同发展。北京不断进行制度创新，深入开展疏整促治理提升专项行动，高水平建设城市副中心，扎实推进国家绿色发展示范区、通州区与北三县一体化高质量发展示范区建设，疏解非首都功能取得重要进展，成为全国首个减量发展的城市，环境质量明显改善，大城市病治理取得积极成效，京津冀协同发展迈出坚实步伐。

持续推动北京绿色发展。北京以科技创新和理念创新为抓手，全面推进绿色低碳循环发展，大力发展绿色经济，倡导简约适度、绿色低碳生活方式。持续开展"一微克"行动，深化国家生态文明建设示范区、"两山"实践创新基地创建，强化"两线三区"全域空间管控，完善生态文明制度体系。

不断提升首都城市现代化治理水平。北京以民生和社会领域改革创新为切入点，将"七有""五性"作为检验北京社会工作的标尺，以"接诉即办"改革为抓手，及时回应民众诉求，提升基层治理水平，探索形成以接诉即办为牵引的超大城市治理"首都样板"，不断增强人民群众的获得感、幸福感和安全感。

三

北京创新文化不仅根植于不同时期首都创新发展的生动实践，同时也体现在首都发展的方方面面。本丛书从丰富的北京创新文化中选取了科技、文学艺术、城市规划建设、社会生活等领域的创新文化实践，从更鲜活更生动的视角反映北京创新文化的不同侧面。

科技创新领域所体现的创新文化最能够体现北京创新文化的本质特征。北京的科技创新理念从建国初期的"自力更生，军民兼顾"到改革开放时期的"敢为人先，科技与经济结合"，再到新时代的"创新驱动，高质量发展"，始终随着国家大政方针和科技战略的演进，以及北京自身发展的需要而不断发展，由此形成了特有的北京科技创新文化。中关村创新文化是北京科技创新文化的典型代表。中关村始终站在我国改革开放的潮头，是我国科技创新的领头羊，也是我国体制机制创新的试验田，是中国创新发展的一面旗帜。

文学艺术领域的创新文化既是文学创新生命力所在，也是北京创新文化的生动体现。北京文学艺术在70多年的发展进程中，引导了各种新思想、新观念和新潮流，同时充分显示出北京这座历史古城的鲜明特色。新中国成立初期，北京积极进取的文学艺术氛围，激励培育出新中国第一代作家，也产生了《雷雨》《茶馆》《穆桂英挂帅》等一批经典作品。改革开放后，北京文艺界所创作的《青春万岁》《渴望》《皇城根》等一批文学艺术精品，是北京文学艺术领域解放思想、鼓励创新文学创新的结果，同时这些成果又进一步促使人们从"文革"伤痛中解脱出来，解放思想，打破禁区，开创美好未来新生活。随着科技的进步和发展，数字技术进入人们生活的方方面面，北京文学创作与数字技术紧密结合，"新文创"成为数字文化领域的发展主流，数字赋能文化，使得北京的文化创新焕发出更为蓬勃的生机。

北京日新月异的城市面貌离不开不断创新的北京城市规划建设。在首都建设时期，北京城市规划与建设领域以创新的精神，把具有3000多年悠久历史的城市与现代城市发展要求相结合，大手笔规划城市建设，既保持了传统首都发展的韵味，又呈现国际大都市的发展气魄，尤其是这个时期建设的人民大会堂、中国历史博物馆等"十大建筑"成为世界瞩目、载入中国建筑史册的经典"名品"。在首都经济时期，北京以2008年奥运为契机，加快建设城市轨道交通，优化城市空间格局，城市面貌发生深刻变化，尤其是这个时期建设的鸟巢、水立方、国家大剧院、中央电视台等一批现代化建筑耀眼世界。新时代首都发展时期，北京城市规划建设领域遵循习近平总书记提出的关于"建设一个什么样的首都，怎样建设首都"这一指示要求，编制新的一版北京城市总体规划，坚持一张蓝图绘到底，以规划引领城市发展，统筹经济社会和空间布局优化调整，推进首都城市向减量提质方向转型发展，成功举办冬奥会和冬残奥会，成为世界上首个"双奥"之城。

北京社会生活创新文化是北京创新文化中与人民群众幸福感、获得感联系最紧密最直接的创新文化形式。北京社会生活创新与时代发展和生产力发展水平紧密关联。从新中国成立初期艰苦奋斗、"勒紧裤腰带过日子"到改革开放人民物质生活日益丰富、精神生活不断充实提高，再到新时代人们日益追求更高品质的生活，北京始终坚持以人民为中心的发展理念，以"民有所呼、我有所应"为目标，紧扣"七有"要求和"五性"需要，不断创新社会治理，切实增进民生福祉，为建设国际一流的和谐宜居之都贡献北京方案。

四

创新文化随着创新实践不断发展，同时又为创新实践提供方向引领和重要动力，加强创新文化建设也要与时俱进。

进入新时代，世界百年未有之大变局加速演进，各国围绕科技创新的竞争日趋激烈，中华民族伟大复兴也进入了新的阶段，弘扬和繁荣蓬勃向上的创新文化不仅是提升科技创新硬实力的重要基础，更是保持强劲国际竞争力和实现中华民族伟大复兴的关键所在。北京作为全国创新资源最富集的城市，要在创新驱动国家战略实施中发挥更大的作用，实现更大的作为，就必须把加强新时代创新文化建设与发展放在突出地位。

第一，坚定文化自信，强化文化引领。北京创新文化是在北京数十年伟大创新实践中形成和发展起来的，她一方面源自于中华优秀传统文化，另一方面也源自于社会主义制度巨大优越性，源自于首都广大干部群众对于社会主义事业的无限热爱和不懈追求。新时代北京创新文化建设要进一步坚定文化自信，进一步弘扬崇尚科学、大胆探索、敢于创造、自强不息、日益进取的创新文化，同时，要充分发挥北京创新文化对首都发展的精神引领作用，进一步聚集人才、资本、技术等创新要素，充分释放创新文化对凝聚人心、激励创新的价值，形成北京创造活力竞相迸发、聪明才智充分涌流，推动首都高质量发展的强大动力。

第二，坚持首都定位，牢记国之大者。首都工作关乎"国之大者"，建设和管理好首都，是国家治理体系和治理能力现代化的重要内容。进入新时代，弘扬繁荣北京创新文化要坚持首都城市功能定位，把创新文化建设与"四个中心"和"四个服务"紧密结合起来，发挥北京创新文化对北京工作的引领作用，以首善标准更好履行首都职责和使命，同时，在新的伟大创新实践中进一步丰富北京创新文化。

第三，紧扣时代脉搏，突出守正创新。北京创新文化的形成发展与北京在不同时期所承担使命责任紧密联系，与时代发展的要求相适应。新时代北京创新文化建设要与时俱进，自觉承担新时代国家发展和民族复兴对首都的新要求，自觉履行首都城市功能定位、服务国家建设。北京创新文化建设要处理好"守正"与"创新"的关系，坚持社会主义核心价值观和中国传统文化的优秀文化基因，同时，要根据变化了的形势和新时代要求赋予创新文化以新的内涵，不断丰富北京创新文化。

第四，坚持面向世界，讲好"北京创新故事"。弘扬和繁荣北京创新文化还要坚持引进来与走出去相结合。北京创新文化具有海纳百川的开放气概。进入新时代，北京创新文化的繁荣和壮大更需要文化认同感，更需要发挥走出去的作用，把北京的创新文化传播出去，一方面要总结好各行业、各领域、各群体的创新经验、创新事迹，另一方面要积极融入全球创新网络，创新载体平台和传播方式，向世界讲好"北京创新故事"。

"创新文化丛书"编委会

目　录

前　言

　　科技兴则民族兴，科技强则国家强。中国要强盛，中华民族要实现伟大复兴，科学技术是核心驱动力。新中国成立以来，我国科技事业栉风沐雨、砥砺前行，在诸多科技领域取得了举世瞩目的成就。这些成就的诞生，离不开各个时期我国科技发展理念的引领。理念指引方向，思想决定行动。长期以来，党和国家始终把科技发展放在重要位置，从"向科学进军"到"科学技术是第一生产力"，从实施"科教兴国"战略到建设创新型国家，从实施创新驱动发展战略到开启建设世界科技强国的新征程，在科技理念的不断演进和发展下，走出了一条具有中国特色的科技振兴与强国之路。

　　北京作为新中国的首都，始终与党和国家的使命紧密相连，伴随着祖国的发展一路前行。在此进程中，北京的科技发展理念随着国家大政方针和科技战略演进以及北京自身实践的变化而不断发展和创新。2020年是我国全面建成小康社会的收官之年，也是百年未有之大变局历史进程中重要的时间节点。党的十九届五中全会提出，坚持创新在我国现代化建设全局中的核心地位，把科技自立自强作为国家发展的战略支撑。这是中央基于国内外形势做出的重大战略举措，为"十四五"时期和今后一段时间做好科技创新工作指明了前进方向，提供了行动指南。《中共中央关于制定国民经济和社会发展第十四个五年规划和二〇三五年远景目标的建议》首次把创新摆在各项规划任务首位，提出把科技自立自强作为国家发展的战略支撑，明确支持北京形成国际科技创新中心。此后，《中共北京市委关于制定北京市国民经济和社会发展第十四个五年规划和二〇三五年远景目标的建议》明确提出"以建设国际科技创新中心为新引擎",首都"四个中心"城市战略定位之一的"全国科技创新中心"进一步升级。值此之际,北京市委宣传部组织编写这本《北京科技发展理念创新》,系统分析北京自新中国成立以来的科技发展理念变迁、取得的成就及其内在规律,科学探讨北京科技未来发展方向,对于北京加快建设国际科技创新中心、助推科技强国建设具有重要的理论和现实意义。

本书共分为五章。第一章"理念变迁:在服务国家战略和支撑首都发展中演进",主要论述新中国成立以来北京科技发展理念的演进历程,总结归纳其主要特征,结合当前国内外形势发展和走向,系统分析新时代对北京科技发展的新要求以及北京的新担当。第二章"挺起脊梁:新中国成立初期北京科技支撑中国站起来",主要回顾新中国成立初期北京科技发展理念的形成、科技面临的形势需求和科技体系的建立过程,阐述北京地区熠熠闪光的科学家精神、辉煌的科技成果以及科技对首都经济社会发展的贡献。第三章"艰难转型:改革开放推动北京科技面向经济主战场",主要分析改革开放后由"科学的春天"开启的科技发展理念转变和科技体制改革进程,总结分析这一时期以中关村地区为代表的敢为人先的创新精神和取得的重要成果。第四章"勇立潮头:科技创新推动首都全面发展",主要记述"首都经济"理念的提出及其赋予北京的新使命,分析在国家宏观战略演进背景下首都科技发展理念的跃迁、折射出的新一代科学家精神和企业家精神,以及产生的重大科技成就。第五章"时代担当:北京科技创新服务创新型国家建设",主要论述党的十八大以来,北京科技发展迎来的新机遇和新挑战,分析北京全面实施创新驱动发展战略、建设全国科技创新中心取得的新成就,归纳概括北京在迈向高质量发展过程中形成的创新文化和展现的新作为,探讨面向未来北京科技发展的新模式、新路径、新举措。

本书在编撰过程中,力求体现以下特点:一是基于新中国成立以来科技发展的重要转折点,深度阐释北京科技发展理念的演进脉络,梳理挖掘其中可圈可点的重要人物和重大成就。二是将北京科技发展理念置于各时期党中央、国务院重大战略框架内，不局限于北京市行政权属范围，将中央在京科技资源一并纳入视野，深入全面反映首都科技发展理念。三是通过选取部分卓越科学家、优秀企业家、重要科技事件作为典型案例，体现新中国成立以来在北京这片热土上呈现出的知识报国、求真务实、敢闯敢拼、创新引领的科学家精神和企业家精神，充分展示北京创新文化的感染力和影响力。

回顾历史，是为了更好地汲取力量，阔步迈向新的远方。期待此书能够帮助广大读者深入了解北京科技发展理念的演进历程，激励广大科技工作者、创新创业者及社会公众坚定理想信念，不忘初心，牢记使命，为北京建设国际科技创新中心，为我国建设科技强国做出更大贡献。

第一章

理念变迁：在服务国家战略
和支撑首都发展中演进

新中国成立以来，北京地区的科技发展取得重大突破与全面进步，科技支撑经济社会发展能力稳步提升，科技体制机制不断完善，创新文化熠熠生辉，科技体制改革与创新的经验和启示弥足珍贵。在这个过程中，北京的科技发展理念也随着国家科技战略的演进以及北京在不同历史时期对于科技创新认识和实践的变化，而不断创新和发展。

第一节　回眸北京科技发展理念的变化

新中国成立以来，北京科技发展在全国发挥着示范作用，凭借丰富的科技教育资源，建立健全了科技创新体系，突破了一大批关键核心技术，走出了一条以科技创新谋发展之路。这些成就的取得，离不开中国共产党的坚强领导，离不开科技人员的拼搏奉献，也离不开科技发展理念的引领。科技发展理念是一段时期国家和区域科技发展的指导思想、原则、目标的集中体现，它并非一成不变，而是随着时代的变迁而不断地演变。回顾北京科技理念的演变可以发现，它与我国的科技发展战略方针和北京的科技发展实践密不可分，大致可以分为四个时期。

一、奠基开创时期（1949—1978）：自力更生，军民兼顾

从新中国诞生到改革开放，是国家科技创新体系的奠基开创时期，也是新中国科技发展理念萌生的初创时期。在毛泽东思想的指引下，这一时期提出了许多科技发展的指导方针、基本原则，充分体现了新中国成立初期我国科技事业遵循自力更生、军民兼顾发展理念的显著特点。

1949年，新中国成立初期百废待兴，科技事业机构残缺、人员不足、经费拮据，现代科学技术几乎还是空白。因此，科技发展的当务之急是集中有限科技资源解决关键问题，并尽快启动由政府全面规划科技活动。1949年11月，中国科学院在北京成立，其下属的大部分基础科学研究所落户北京，并与北京大学、清华大学等众多高校共同形成了最早的全国科学中心和北京知识创新基地。

1956年，党中央、国务院发出"向科学进军"号召，组织全国数百位科技界专家研究编制《1956—1967年科学技术发展远景规划纲要》，建立了"以任务为经，以学科为纬，以任务带学科"的科技

发展模式，并逐渐建立起各类科研机构、相关管理部门和社团。由中国科学院、国防科研机构、高校、中央各部委科研机构和地方科研机构等组成的科技"五路大军"就此形成[①]。1958年，中央对科技管理机构进行调整合并，成立国家科学技术委员会、国防科学技术委员会，各级政府相应陆续成立科学技术委员会，形成了中国的科技管理体系。1963年，国家制定《1963—1972年科学技术规划纲要》，科技方针由《1956—1967年科学技术发展远景规划纲要》的"重点发展、迎头赶上"调整为"自力更生、迎头赶上"。1964年，周恩来总理在政府工作报告中首次提出"四个现代化"，即工业、农业、国防和科学技术现代化。在此阶段，大批国外留学生纷纷回国，投入祖国的科技事业建设中，钱学森、邓稼先、李四光等科学家就是其中的优秀代表。在工业领域，中国由引进技术转向自力更生，逐步建立起自己的工业体系。中国工程师在自力更生中消化、吸收先前引进的技术，研制出了一批重要的装备和产品。

这段时期，北京科技工作主要通过对原有一些市属科研单位的接管和调整，开始了不懈探索。20世纪50年代初期，北京市以加强基础性科学研究和科学技术普及为重点，把科技专业机构建设摆到了重要位置。1951年，先后成立了自然科学联合会和科学技术普及协会，后合并为北京科学技术协会，对当时一批基础性科研机构实行统一管理。

1958年10月，北京市科学技术委员会成立。同年，市科委制订了《1959年北京科技发展计划》，工作重点是贯彻《国家十二年科技发展远景规划》，抓好原子能、无线电、半导体、自动化等"高、精、尖"技术的研究。为此，先后成立了涉及多个专业领域的118个科技协作小组，负责各领域的科技攻关，并先后组织了2000多个专业组，把科研单位、高等院校同工矿企业结合起来。

1963年，市科委根据国家《1963—1972年十年科技发展远景规划》的要求，先后制定了《1963—1972年北京市农业科学技术发展

---

① 聂荣臻.聂荣臻回忆录（下册）[M].北京：解放军出版社，1984：778-779.

规划纲要》和《1963—1972年北京市工业、交通、城市建设科学技术发展规划纲要》。组织"领导、专家、群众"三结合的队伍，进行农业，"8402"牡丹牌半导体收音机、"三机一表"（小型晶体管电子数字计算机、中型电子模拟计算机、一级半导体收音机、精度万分之一的数字电压表），26种电子元器件的大会战。"三次大会战"取得了一定成果，为北京晶体管数字电子计算机，数字化、晶体管化电子仪器以及集成电路的开发和生产，培训了人才，积累了经验[1]。

1960年秋，党中央提出对国民经济实行"调整、巩固、充实、提高"的八字方针。市委、市政府积极贯彻落实，对科研机构进行了精简、充实，对科技工作方向做了相应调整，提出市科技工作既要搞"高、精、尖"研究，也要搞"吃、穿、用"研究，研究成果要同生产紧密结合，促进生产发展。此后，科技工作除了继续集中力量专攻一些尖端科技外，也开始关注工业生产中重大科技问题的研究，着重解决品种、质量、原材料等方面的问题，大力推广各种新技术、新工艺。

总体而言，这段时期的北京科技工作主要是立足发展全局，兼顾"军用"和"民用"，依托首都科技优势力量进行有计划、有重点的科研攻关，取得了诸多科技成果。如"两弹一星"工程、人工合成牛胰岛素结晶、青蒿素的研制等，都与北京地区科研人员的顽强拼搏和辛勤付出分不开。除此之外，还在半导体、计算机、仪器仪表三大领域实现了重大突破，试制出了我国第一台电子管计算机和我国第一套电视发射设备。与此同时，北京地区的科技基础不断加强，积累了丰富的科技资源，具备了较强的科研能力，北京成为我国最重要的综合性科研与教育中心。

二、转型探索时期（1978—1995）：敢为人先，科技与经济结合

1978年到1995年，是国家科技创新体系的转型探索时期。这一

---

① 马林.北京市科技发展历程回顾［J］.北京党史，2006（1）：57-60.

时期，邓小平开创了改革开放新篇章，提出了"科学技术是第一生产力"的论断。在此背景下，敢为人先、科技与经济结合的发展理念得到充分彰显，科学技术摆在了经济社会发展的重要地位，得到前所未有的重视。与此同时，高新技术企业开始成为重要的技术创新主体，在科技创新方面发挥着日益重要的作用，市场逐步成为配置科技资源的基础力量。

1978年3月，邓小平在全国科学大会上提出"科学技术是生产力""知识分子是工人阶级的一部分""四个现代化，关键是科学技术的现代化"等著名论断，将科技的地位提升到新的高度，迎来了"科学的春天"。大会审议通过了《1978—1985年全国科学技术发展规划纲要（草案）》。会上，北京地区有320个先进集体、1189个先进个人和1340项重大科技成果受到表彰和奖励，广大科技人员受到了极大鼓舞。4月，为了贯彻全国科学大会精神，市科委制定了《1978—1985年北京市科学技术发展规划纲要》，提出了4个奋斗目标，即：6个重点科技领域的主要方面达到70年代的世界先进水平；建成25～30个具有先进水平的科学研究机构和试验基地，市属专业科研机构的科研人员达到1.5万人；形成专业科研机构、高等院校与生产第一线科技组织相结合的科学体系；科研成果能有效形成生产能力，大幅度提高劳动生产率[①]。1988年，邓小平进一步提出了"科学技术是第一生产力"的论断。1992年春，邓小平在南方谈话中再次指出："经济发展得快一点，必须依靠科技和教育。"这些论断的提出为我国解放思想、加速现代化建设指明了方向。

1978年12月召开的党的十一届三中全会上，党中央做出"以经济建设为中心、实行改革开放"的重大战略决策，进一步为科技事业的发展提供了战略指引。1980年底，国家科学技术委员会召开全国科技工作会议，形成了《关于我国科学技术发展方针的汇报提纲》，提出将"科学技术与经济、社会应当协调发展，并把促进经济发展

---

① 马林.北京市科技发展历程回顾［J］.北京党史，2006（1）：57-60.

作为首要任务"作为今后一个时期科学技术发展的方针之一。1982年,党的十二大报告首次把发展科学技术列为国家经济发展的战略重点,10月召开的全国科技奖励大会上提出了"科学技术工作必须面向经济建设,经济建设必须依靠科学技术"的战略指导方针,成为此后20余年科技工作的基本战略导向,也是描绘全国科技体制改革蓝图的基本方针。

随着党和国家工作重心的转移,北京在经济建设、社会发展等领域也开始了改革实践。1980年4月,中央书记处对首都建设方针做出4项重要指示,明确提出进行"适合首都特点的经济建设",并指出北京不再发展重工业。为落实中央指示精神,自1981年起,北京市以解决科技与经济结合为重点,逐步推进科技体制改革。1982年11月,北京市第五次党代会召开,明确提出"走以提高经济效益为中心的新路,积极发展适合首都特点的经济",强调要进一步搞好经济调整。

这一时期,北京地区的科学技术得到快速发展,集中表现在航天、数码通信设备等重点领域。1980年,我国"东风五号"洲际导弹全程飞行试验取得圆满成功,标志着我国洲际导弹技术发展到一个新的水平;1987年,我国第一个电子邮件节点在北京计算机应用技术研究所正式建成,互联网由此在中国诞生;1988年,北京正负电子对撞机首次对撞成功,填补了我国高能加速器领域的长期空白。

北京市在不断推进科技体制改革的同时,先后实施了星火计划、工业技术振兴计划、火炬计划、重大科技成果推广计划、城市建设与城市管理科技发展计划等一系列科技专项计划,内容涉及与首都社会发展紧密联系的许多领域。到1997年,这些科技专项计划已经成为以项目计划为主体,跨行业、跨部门,多种形式、多种渠道管理的综合性项目年度计划,为北京科技发展打开了新局面。

这段时期,北京地区的科技创新由被动起步进入主动谋求发展阶段,尊重科技、勇于探索、敢为人先在全社会逐渐成为共识。正是在这种理念的引领下,北京的民营科技机构应运而生。陈春先等中关村的一批科技人员率先冲破传统科研和经济体制束缚,"下海"创办民营科技企业,促进科技成果转化。到1987年底,在中关村大街、成府路和海淀路一带,涌现出以电子信息业为主的各类科技企业148家,形成了中关村"电子一条街"的发展格局。以"两通两海"(四通公司、信通公司、京海公司、科海公司)为代表的一批企业采取"自筹资金,自愿组合,自主经营,自负盈亏"的"四自"原则,走出一条将科技成果转化为生产力的新路。1988年5月,经国务院批准,以中关村为中心的新技术产业开发试验区建立,北京市高新技术产业迎来了迅猛发展阶段。

三、继往开来时期(1995—2012):科教兴国,科学发展

1995年至2012年,是国家创新体系建设时期,也是新中国科技发展理念继往开来的重要时期。这一时期,江泽民和胡锦涛根据国内外形势的新变化和我国经济社会发展的新要求,对我国科技发展有了新的认识和论述,推动了科技发展理念的继承和发展。

1995年,江泽民提出"科教兴国"战略,这是继1956年党中央号召"向科学进军"、1978年全国科学大会召开之后,中国科技事业发展进程中的第三个重要里程碑,极大地促进了经济的发展和社会的全面进步。这一时期,知识经济和国家创新体系等理念得到了学界和政府的高度重视。北京市提出了"科教兴市"战略,深化科技体制改革,大力促进高新技术及其产业发展,有力促进了北京科技与经济的紧密结合。同年,党中央、国务院发布《中共中央、国务院关于加速科学技术进步的决定》,首次正式提出实施"科教兴国"发展战略,强调"把经济建设转移到依靠科技进步和提高劳动者素质的轨道上来,加速实现国家的繁荣强盛"。1996年,全国人大八届四次会议正式通过了国民经济和社会发展"九五"计划和2010年远景目标,"科教兴国"成为我国的基本国策。

进入21世纪,胡锦涛围绕"实现什么样的发展以及怎样发展"

这一主题，提出了要坚持科学发展观。由此，国家创新体系和创新型国家建设提上日程。2001年，《国民经济和社会发展第十个五年计划纲要》提出"建设国家创新体系"。2005年10月，胡锦涛在党的十六届五中全会上，明确提出了建设创新型国家的重大战略思想。同年，党中央、国务院发布了《国家中长期科学和技术发展规划纲要（2006—2020年）》，明确了"自主创新，重点跨越，支撑发展，引领未来"的十六字科技工作指导方针，提出到2020年进入创新型国家行列。

自1995年以来，北京市科技工作抓住实施"科教兴国"战略和发展"首都经济"的重大机遇，不断深化科技体制改革，构筑首都区域创新体系，推动首都经济社会全面、协调和可持续发展。从1998年开始，市政府陆续批准市属技术开发型和社会公益型科研院所的转制方案，对科研机构实施分类改革。1999年12月，北京市委八届四次全会提出了《中共北京市委关于加强技术创新，发展高科技，实现产业化的意见》。2000年开始，北京市按照"大北京"的概念，组织实施了"首都二四八重大创新工程"，加快了中关村科技园区的建设步伐。这一时期，以中关村科技园区为代表的高新技术产业稳步增长，首都创业孵化体系建设成效显著，在国内走在了前列。

2008年奥运会成功举办之后，北京市委、市政府及时决策，将"绿色奥运、科技奥运、人文奥运"三大理念转变为北京城市长期科学发展的战略方针，提出建设"人文北京、科技北京、绿色北京"的宏伟目标。这是北京城市长期实践发展积累的结果，是贯彻落实科学发展观的正确决策。

2010年11月，北京市委在《关于制定北京市国民经济和社会发展第十二个五年规划的建议》中提出：积极实施"科技北京"战略，努力打造"北京服务"和"北京创造"品牌，着力发展高端产业，推动产业转型升级。借助奥运筹办机遇，在科学发展观指导下，北京市坚持首都经济发展方向，加快发展方式转变，加大经济结构调整转型力度，努力实现经济又好又快发展。大力发展高技术产业和现代制造业，中芯国际、拜耳、北京奔驰等一批重大优质项目落户北京。2009年，中关村国家自主创新示范区获国务院批复，相继出台中关村"1+6"试点政策。创新驱动势能不断增强，以中关村为代表的高技术企业引领"北京创造"品牌建设。

总体来看，伴随着"科教兴国"战略和国家创新体系建设的推进，这一时期北京的科技发展思路更加明确，政策体系逐步完善，公立应用型研究院所的企业化改制和实施"知识创新工程"等均收到良好效果；科学发展成为经济发展的方针，科技与经济的可持续发展日益受到关注，市场配置科技资源的能力逐步增强，企业在科技创新中的主体地位日趋凸显；以中关村科技创业园区为龙头、高校与科研院所为先导的首都区域创新体系基本形成，为今后北京进一步依托科技促进发展奠定了坚实基础，为全国做出了示范和表率。

四、全国科技创新中心建设时期（2012年至今）：创新驱动，高质量发展

党的十八大以来，习近平开启了中国社会由"富起来"到"强起来"的新时代。习近平提出了"我国要建设世界科技强国""创新是第一驱动力""我国经济已由高速增长阶段转向高质量发展阶段"等一系列科学论断，系统论述了"创新、协调、绿色、开放、共享"五大发展理念，使我国科技发展理念得到了进一步的发展和升华。

2012年11月，党的十八大指出，要把科技创新摆在国家发展全局的核心位置，坚持走中国特色自主创新道路，实施创新驱动发展战略。党的十八届五中全会明确指出"创新、协调、绿色、开放、共享"的全新发展理念，将坚持创新发展摆在国家发展全局的核心位置，推进理论、制度、科技、文化的全面创新。随后出台的《"十三五"国家科技创新规划》明确提出"创新是引领发展的第一动力"，强调大幅提高国家科技实力和创新能力的发展目标，包括全面提升自主创新能力、增强科技创新支撑引领作用、同步提升创新型人才规模和质量等。

2013年，中共中央政治局在北京中关村以"实施创新驱动发展战略"为题举行第九次集体学习。会上，习近平提出五个方面的任务，即着力推动科技创新与经济社会发展紧密结合，着力增强自主创新能力，着力完善人才发展机制，着力营造良好政策环境，着力扩大科技开放合作。2014年8月8日，习近平在《中国科学院"率先行动"计划暨全面深化改革纲要》上批示，强调"要面向世界科技前沿，面向国家重大需求，面向国民经济主战场"。这是习近平在公开场合首次提出"三个面向"，为我国科技创新指明了主攻方向。2015年，习近平提出"创新是引领发展的第一动力"。2016年5月，全国科技创新大会召开，习近平总书记发出建设世界科技强国的号召。同月，《国家创新驱动发展战略纲要》发布，提出了到2020年进入创新型国家行列、到2030年跻身创新型国家前列、到2050年建成世界科技强国的"三步走"战略目标，形成了创新驱动发展战略的顶层设计。2017年，党的十九大明确提出，我国经济已由高速增长阶段转向高质量发展阶段，并将科技创新作为推动高质量发展、支撑供给侧结构性改革、加快新旧动能转换的重要支撑。

党的十八大以来，在以习近平为核心的党中央坚强领导下，全国科技发展有了新的方向和目标，北京科技发展也随之步入新时代。习近平总书记多次视察北京并发表重要讲话，明确北京"四个中心"城市战略定位。2015年，《京津冀协同发展规划纲要》发布，京津冀协同发展的顶层设计基本完成，推动实施这一战略的总体方针已经明确。2016年，国务院印发《北京加强全国科技创新中心建设总体方案》，明确了北京加强全国科技创新中心建设的总体思路和保障措施，开启了北京全国科技创新中心建设新篇章。2017年9月，党中央、国务院批复《北京城市总体规划（2016年—2035年）》，成为北京未来城市发展的法定蓝图。此次规划强调了北京"政治中心、文化中心、国际交往中心、科技创新中心"的四个中心定位，明确了2020年、2035年、2050年三个阶段性目标，并从"创新、协调、绿色、开放、共享"五个方面建立了由42条指标组成的评价指标体系，开启了首都现代化建设的新航程。2020年是全面建成小康社会目标实现之年，是全面打赢脱贫攻坚战收官之年。未来15年是我国从全面建成小康社会向基本实现社会主义现代化迈进的关键时期，也是实现跻身创新型国家前列目标的重要阶段。当前，科技部会同相关部门正在着力推进《国家中长期科技发展规划（2021—2035年）》研究编制工作。

为实现创新驱动发展，这一时期北京的科技体制改革更加重视激发微观主体的活力，包括改善营商环境和鼓励创新等措施密集出台。比如，制定通过了《北京市促进科技成果转化条例》等一系列政策，聚焦全市科技创新重点领域和关键环节，提出30条改革措施，为北京建设全国科技创新中心保驾护航。

在创新驱动战略的指引下，北京坚持面向世界科技前沿，不断强化基础研究和关键核心技术攻关，科技创新综合实力显著增强，全市研究与试验发展（R&D）经费投入强度保持在6%左右，超过了纽约、柏林等国际知名创新城市。其中，基础研究投入占比从2015年的13.8%提升至2019年的15.9%。截止到2019年底，北京累计获得国家科技奖奖项占全国30%左右；每万人发明专利拥有量是全国平均水平的10倍，实现翻番。全国"领跑"世界的技术成果中，在北京产生的技术成果占55.7%，涌现出马约拉纳任意子、新型基因编辑技术、天机芯、量子直接通信样机等一批世界级重大原创成果，达到国际领先水平的技术成果在全国占据绝对优势。在世界上，首次发现三重简并费米子，率先完成酿酒酵母12号染色体的设计与人工化学合成，率先研制成功5纳米碳基光电集成电路，性能达到世界最高水平；京东方全球首条第10.5代TFT-LCD生产线交付；研制出全球首款人工智能处理器、首个商用的"深度学习"神经网络处理器寒武纪。北京在若干领域开始成为全球创新的并跑者甚至领跑者。

2020年10月29日，中国共产党第十九届中央委员会第五次全体会议通过《中共中央关于制定国民经济和社会发展第十四个五年规划和二〇三五年远景目标的建议》，面向我国全面建成小康社会、实现第一个百年奋斗目标之后，乘势而上开启全面建设社会主义现代化国家新征程、向第二个百年奋斗目标进军的第一个五年，提出了全面开启社会主义现代化国家建设新征程的五年规划，进一步强化了科技创新在我国现代化建设全局中的核心地位，明确要求"把科技自立自强作为国家发展的战略支撑，面向世界科技前沿、面向经济主战场、面向国家重大需求、面向人民生命健康，深入实施'科教兴国'战略、人才强国战略、创新驱动发展战略，完善国家创新体系，加快建设科技强国"，并明确提出"支持北京形成国际科技创新中心"，为新征程北京"科创中心"建设赋予了新的时代使命。

为深入贯彻党的十九届五中全会精神，北京市委第十二届委员会研究制定了《中共北京市委关于制定北京市国民经济和社会发展第十四个五年规划和二〇三五年远景目标的建议》，提出2025年国际科技创新中心基本形成，科技创新引领作用更加凸显，数字经济成为发展新动能，战略性新兴产业、未来产业持续壮大的发展目标。

总体而言，在高质量发展的新阶段，北京深刻把握首都发展的阶段性特征，牢固树立新发展理念，围绕"四个中心"城市战略定位，深入实施"人文北京、科技北京、绿色北京"战略，以首都发展为统领，以推动高质量发展为主题，在更深层次、更高水平上推进科技创新，以科技创新支撑引领高质量发展。

第二节　北京科技发展理念演进的主要特点

从上述科技发展理念的演进历程可以看出，新中国的科技发展理念始终对我国科技创新实践发挥着指导和引领作用，是中国特色社会主义理论与科技创新实践相结合的产物，既一脉相承又不断创新发展。从区域来看，北京的科技发展理念是贯彻落实国家大政方针和国家科技发展战略，并结合北京科技发展实践而形成和发展的，是北京科技创新实践的反映与总结。从演进角度来分析北京科技发展理念，大体有五个主要特征：服务于国家重大发展战略需求，顺应北京城市功能定位的转变，关注科技体制机制的建立健全，重视对首都经济社会发展的支撑，彰显鲜明的创新文化特质。

一、服务于国家重大发展战略需求

新中国成立以来，党和政府高度关注科学技术事业的发展，并根据不同历史时期经济社会发展的需要制定了科技发展战略，走出了一条中国特色科技强国之路。

从新中国成立到党的十一届三中全会以前，国家科技基础薄弱，发展的主要方针是"重点发展，迎头赶上"。我国选择优先发展与重工业和国防事业有关的尖端科学技术，以便迅速增强国家工业基础和国防力量。20世纪五六十年代是极不寻常的时期。为抵制帝国主义的武力威胁和核讹诈，20世纪50年代中期，以毛泽东为核心的第一代党中央领导集体，审时度势，高瞻远瞩，为了保卫国家安全、维护世界和平，果断做出了独立自主研制"两弹一星"的战略决策。北京地区的大批优秀科技工作者，包括许多在国外已经有杰出成就的科学家，如钱学森、邓稼先等，怀着对新中国的满腔热爱，以身许国，坚决响应党和国家的召唤，义无反顾地投身到这一神圣而伟大的事业中。1964年，中国成功爆炸第一颗原子弹，成为世界上第五个拥有核武器的国家。1967年，中国成功爆炸第一颗氢弹，成为世界上第四个掌握氢弹技术的国家。1970年，中国发射首枚地球人造卫星"东方红一号"。"两弹一星"的成功研制，标志着我国国防科技工业和核工业达到了世界先进水平，奠定了我国有重要国际影响力的大国地位。

党的十一届三中全会以后，我国的科技工作重心发生转移。改革开放初期，在"科学技术工作必须面向经济建设，经济建设必须依靠科学技术"的方针指引下，科技发展成为国民经济建设的战略重点之一。随着改革开放的深入，党和国家提出并实施了面向新世纪的"科教兴国"战略，开创了新时期中国科技现代化历程的又一次理论创新和实践探索。我国加入世界贸易组织（World Trade Organization，简称WTO）之后，不仅为我国带来了国外先进的发展经验、科学技术等，也对我国科学技术的发展带来了严峻挑战。中国的科学家、科研机构一方面要积极与国外进行交流，一方面还要应对发达国家的技术入侵。为此，我国把增强自主创新能力、建设创新型国家作为面向未来的重大战略选择，将"自主创新，重点跨越，支撑发展，引领未来"作为我国科技工作的指导方针，这也标志着全党全社会对科技进步和创新重要性的认识达到了一个新的高度。党的十八大以来，以习近平为核心的党中央大力实施创新驱动发展战略，推动科技发展新旧动能的转换，坚定不移地走科技强国之路。

在服务国家重大战略需求的同时，北京地区的科学家还在其他科技领域取得令人瞩目的成就。1958年，中国科学院、北京大学等单位成功获得人工合成牛胰岛素结晶，从而让中国在合成多肽方面达到国际领先水平。同年3月，中国第一台国产电视机——北京牌电视机诞生，电视机从此开始走进千家万户。1967年，为抗击恶性疟疾，我国启动自上而下、军民合作的"523任务"。中国中医研究院（今中国中医科学院）的屠呦呦在参与该任务的研究中，为青蒿素的发现做出了重要贡献。1969年，首都北京开通了中国第一趟地铁——北京地铁1号线。目前，北京地铁运营里程已达600多公里，全国的地铁总里程超过5500公里，运营规模位居世界第一。1975年9月，北京大学教师王选把几千兆的汉字字形信息压缩后存进了只有几兆内存的计算机内,这是中国首次把精密汉字存入计算机。这些伟大成就的取得为北京的科技发展事业奠定了良好基础。

改革开放以来,为顺应国家科技发展战略,服务国民经济社会发展,北京地区的科研人员做出了杰出贡献,取得了一系列重大科技成果。例如:1979年,北大汉字信息处理技术研究室用自行研制的汉字激光照排系统输出印制中文报纸;1987年,北京计算机应用技术研究所建成我国第一个Internet电子邮件节点,揭开了中国人使用互联网的序幕;1988年,我国第一座高能加速器——北京正负电子对撞机首次对撞成功,这是继原子弹、氢弹爆炸成功,人造卫星上天之后,我国在高科技领域又一重大突破性成就,不仅让我国在世界高能物理领域占据了一席之地,也促进了我国在加速器、探测器、互联网和高性能计算等高技术领域的发展;1999年,北京基因组研究所(中国)、北京师范大学等科研院所和高校参与了人类基因组计划;2000年10月31日,我国自行研制的第一颗导航定位卫星"北斗导航试验卫星"发射成功,中国成为继美、俄之后第三个拥有自主卫星导航系统的国家;2002年,中国科学院计算技术研究所研制出我国首枚高性能通用微处理芯片"龙芯1号";2008年,中国航天科技集团公司研制的"神舟七号"载人飞船发射升空;2017年,中国科学院物理研究所参与研制的世界首台光量子计算机在中国诞生;2019年9月25日,北京大兴国际机场正式投运,以"中国速度"创多项纪录——世界规模最大的单体机场航站楼,世界最大的减隔震航站楼,全球首座双层出发、双层到达的航站楼,全球第一座高铁从地下穿行的机场,世界最大的无结构缝一体化航站楼。

在贯彻实施国家科技发展战略的路上,北京实现了多项"第一",探索了数不清的"首创"。第五次国家技术预测的结果显示,北京创新发展取得了令世人瞩目的成就,在全国领跑世界的技术成果中,北京占55.7%,为国家安全、经济发展、社会进步和民生改善提供了重要支撑。

党的十九届五中全会赋予了北京新的使命——建设国际科技创新中心，北京市把目标锁定在2025年。北京市委书记蔡奇指出，"十四五"规划编制要开门纳谏、集思广益，围绕中央对北京的要求，立足城市战略定位，坚持新发展理念，以供给侧结构性改革为主线，以科技创新催生新发展动能，以高水平对外开放打造国际合作和竞争新优势，构建北京新发展格局。[①]今后，随着全国科技创新中心建设的推进，北京的科技创新能力将会进一步提升，辐射带动全国科技发展，早日建成国际科技创新中心，为我国建设科技强国提供有力支撑。

二、顺应北京城市功能定位的转变

新中国成立至今，北京先后编制完成了七版城市总体规划，北京的城市定位也随之进行了调整和变化。为顺应首都城市功能定位的转变，北京的科技发展理念也随之发生改变。

新中国成立初期至20世纪80年代，北京分别于1953年、1957年、1958年编制了3个版本的总体规划，这段时期的城市功能定位为"全国政治、经济和文化中心"，大力发展以重工业为核心的工业经济。1953年编制的《改建与扩建北京市规划草案的要点》中提出，"首都应该成为全国的政治、经济、文化的中心，特别是要成为我国强大的工业基地和科学技术中心"[②]。受我国经济发展所处历史阶段的影响，当时所理解的经济建设内涵被束缚在传统意义上的工业化，建设经济中心被误解成必须发展工业，特别是重工业。在这种思想指导下，北京的科技发展主要是重点发展国防科技、支撑重工业发展。到20世纪60年代初，北京基本形成了以化工、机械、冶金为支柱的重型工业结构及明显的"二、三、一"产业发展格局。以重工业为核心的工

---

① 蔡奇.谋划好"十四五"发展 当好北京高质量发展排头兵[EB/OL].http：//cpc.people.com.cn/n1/2020/0926/c64094-31875894.html.

② 汪江龙.首都城市功能定位与产业发展互动关系研究[J].北京市经济管理干部学院学报，2011（12）：23-27.

业经济发展战略，在很大程度上改变了北京在新中国成立初期一直作为纯消费城市的地位，对于城市建设和首都经济发展起到了一定的积极作用，但同时也带来了严重的环境污染、交通拥堵、文物破坏等一系列问题。未从长远考虑北京的资源环境约束，不利于首都可持续发展和城市功能的全面实现。

20世纪80年代至90年代中期，北京城市功能定位为"全国政治中心和文化中心"，"经济中心"的定位逐步弱化，产业体系从以工业为主导向以服务业为主导转型。1982年编制的《北京城市建设总体规划方案》再次强调了北京的城市功能定位是"全国政治中心和文化中心"，不再提"经济中心"和"现代化工业基地"。在这个阶段，北京将工业结构和产品结构的优化作为产业结构调整的主线，并加快调整工业布局，对市区有严重污染的工厂和与城市建设有矛盾的工厂向市中心区以外搬迁。1994年，北京第三产业在国民经济中的比重首次超过第二产业，产业结构由"二、三、一"发展格局初步提升为"三、二、一"的发展格局，为科技与经济、民生的有机结合奠定了良好基础。

20世纪90年代中期至21世纪初期，北京编制完成《北京城市总体规划（1991—2010年）》《北京城市总体规划（2004—2020年）》两版城市总体规划，将城市功能定位为"全国政治中心、文化中心和国际交往中心"，并提出了"首都经济"发展战略。《北京城市总体规划（1991—2010年）》提出，北京城市性质是"全国的政治中心和文化中心，是世界著名的古都和现代国际城市"，增加了"世界著名的古都和现代国际城市"的内容，不仅进一步强调了城市发展的文化内涵，而且根据我国现代化建设和对外开放进程对首都城市的要求，在城市总体规划中第一次提出了北京要成为国际交往中心的定位。1997年底，北京市第八次党代会提出了"首都经济"的概念，其主要内容是立足首都、服务全国、走向世界的经济，其本质是知识经济，核心是发展高技术产业。2004年编制的《北京城市总体规划（2004—2020年）》提出，要把北京建设成为"国家首都、世界城市、文化名城、宜居城市"，首次提出"宜居城市"发展目标，对首都城市的宜居功能提出了更高要求。这一阶段，围绕充分履行首都城市功能，北京在实践中不断深化和完善"首都经济"发展思路，现代制造业、总部经济、文化创意产业、生产性服务业等高端、高效、高辐射力产业逐步被纳入"首都经济"发展的产业范畴，促进了北京经济向服务化、知识化、总部化、绿色化方向发展。

进入新时代，首都北京的发展与党和国家的使命更加紧密联系在一起。2017年，中共中央、国务院批复了《北京城市总体规划（2016年—2035年）》。新版总体规划是站在新的历史起点，贯彻落实习近平总书记视察北京重要讲话精神和治国理政的新理念、新思想、新战略，紧紧扣住迈向"两个一百年"奋斗目标和中华民族伟大复兴的时代使命，围绕"建设一个什么样的首都，怎样建设首都"这一重大问题，谋划首都未来可持续发展的新蓝图。

《北京城市总体规划（2016年—2035年）》明确指出，"北京城市战略定位是全国政治中心、文化中心、国际交往中心、科技创新中心"，增加了"科技创新中心"功能定位，明确了"建设国际一流的和谐宜居之都"的城市发展目标。在科技创新中心方面，新版规划明确指出，要充分发挥丰富的科技资源优势，不断提高自主创新能力，在基础研究和战略高技术领域抢占全球科技制高点，加快建设具有全球影响力的全国科技创新中心，努力打造世界高端企业总部聚集之都、世界高端人才聚集之都；坚持提升中关村国家自主创新示范区的创新引领辐射能力，规划建设好中关村科学城、怀柔科学城、未来科学城、创新型产业集群和"中国制造2025"创新引领示范区，形成以"三城一区"为重点，辐射带动多园优化发展的科技创新中心空间格局，构筑北京发展新高地，推进更具活力的世界级创新型城市建设，使北京成为全球科技创新引领者、高端经济增长极、创新人才首选地。这为北京推进全国科技创新建设指明了方向，也为北京深入实施创新驱动发展战略，构筑首都发展新优势提供了重大机遇。

三、关注科技体制机制的建立健全

新中国成立以来，北京科技发展取得了举世瞩目的进步。在此期间，北京的科技体制既非一成不变，亦非无章可循，而是有着清晰的轨迹——在国家的科技创新体系框架下，结合首都的特点和区域社会经济发展的具体要求，不断发展和完善。

（一）落实国家科技发展战略，制订北京科技发展规划

新中国成立初期，为了走自己的路，克服我国科技人才缺乏、技术落后、经济底子薄等困难，毛泽东于1956年提出了"重点发展，迎头赶上"的科技发展方针。为落实国家的这一科技赶超战略，从1963年起，北京市就开始编制、实施与国家科技发展长远规划、中期发展计划配套的北京市科技发展长期规划、中期发展计划，编制出台了《1963—1972年北京市农业科学技术发展规划纲要》《1963—1972年北京市工业、交通、城市建设科学技术发展规划纲要》。

1978年"科学的春天"来临之后，随着中国改革开放的不断深入，国家计委、科委陆续推出一系列专项计划，北京市相应地也开始制订和实施与国家科技发展专项计划相对应的有关计划，编制了《1978—1985年北京市科学技术发展规划纲要》《北京市科技发展长远规划（1983—2000年）》。

到20世纪90年代，基本形成了适应当时北京市社会经济需求的科技计划体系，编制了《北京市1991—2000年科技发展十年规划》，明确了科技发展的主要任务，即：加强科技成果的推广应用；选择电子信息技术、机电一体化技术、新型材料和生物技术4个通用性强、影响面广，能带动、促进更多行业技术发展的领域作为优先发展的高新技术领域；推动重点行业的科研与技术攻关。

进入21世纪后，为适应新的形势和发展的需要，北京市采取了一系列重大改革措施，编制了《北京市中长期科学和技术发展规划纲要（2008—2020年）》。规划紧紧围绕北京发展和服务全国的重大需求，按照"需求导向"原则进行科技部署，确定实施18个北京市

重大科技专项，包括资源环境、生产性服务业、民生服务、现代制造业、新农村建设、科技奥运等重点领域，进一步强化自主创新，加快成果转化，全面提升科技支撑首都经济社会发展的能力。

与此同时，北京市还从国民经济建设的第三个五年计划开始，在每个国民经济建设的五年计划阶段，都相应地制订了科学技术发展的五年计划，编制了《北京市"十五"时期科技发展规划》《北京市"十一五"时期科技发展与自主创新能力建设规划》《"十二五"时期科技北京发展建设规划》《北京市"十三五"时期加强全国科技创新中心建设规划》等。这些计划和规划为北京科技发展提供了方向指导，有效地促进了北京的科技创新与发展。

"十四五"时期（2021—2025年）是"两个一百年"奋斗目标的历史交汇期，是在新的起点上推进高质量发展、开启全面建设社会主义现代化国家新征程的第一个五年，编制好"十四五"规划意义重大。为加强与国家中长期科技发展规划衔接，凸显北京科技创新中心在国家创新战略中的地位，北京正在紧锣密鼓地编制《北京市"十四五"时期加强全国科技创新中心功能建设规划》。

（二）推进科技体制改革，不断完善政策体系

为促进科技与经济紧密结合，充分发挥科学技术第一生产力作用，北京市进行了持续不断的科技体制改革，制定出台了一系列科技政策。2012年出台的《中共北京市委北京市人民政府关于深化科技体制改革加快首都创新体系建设的意见》，按照"中央已经突破的，落实到位；本市的成功经验，总结提升；其他省、自治区、直辖市已经突破的，借鉴参考；国外的成功经验，积极考虑"的具体思路，坚持继承与创新相结合，在贯彻落实国家政策措施、深化科技体制改革等方面，提出了加快中关村国家自主创新示范区建设等5项重点任务。

2019年，北京市印发的《关于新时代深化科技体制改革加快推进全国科技创新中心建设的若干政策措施》，围绕强化科技创新中心

功能、构建高精尖经济结构和加强前沿基础研究等重点，从加强科技创新统筹、深化人才体制机制改革、构建高精尖经济结构、深化科研管理改革、优化创新创业生态等方面做出全面改革部署，为新时代北京深化科技体制改革、不断提高首都治理体系和治理能力现代化水平提供了根本遵循。

为深化科技体制改革，促进科技创新，北京市还出台了《北京市促进科技成果转化条例》《北京市深化市级财政科技计划（专项、基金等）管理改革实施方案》《北京市进一步完善财政科研项目和经费管理的若干政策措施》《关于加强首都科技条件平台建设进一步促进重大科研基础设施和大型科研仪器向社会开放的实施意见》《北京市人民政府关于大力推进大众创业万众创新的实施意见》等相关政策法规，基本覆盖科技创新及产业化所有领域，政策触及科技、财税、组织人事等相关政府部门、区域、行业、科研机构、企业、高等院校及科技人才等各类主体，渗透于科技、经济、金融、社会发展等各界，为科技的创新与发展提供了制度保障。

（三）探索实践科研院所改革，不断提升科技创新能力

1978年全国科学大会以后，科学技术事业进入了崭新阶段，恢复并新建了一批科研机构。到1990年底，北京地区拥有各类科研机构2127个，其中，北京市所属167个（其中市直属83个），中国科学院所属43个，国务院各部门所属277个，高等院校所属139个，大中企业所属337个，民办科研机构1164个。自此，北京初步形成了学科配套、门类齐全的科研体系，并不断探索实践科研院所的试点改革。

根据《中共中央关于科学技术体制改革的决定》的文件精神，北京市从1985年开始对市属独立科研机构进行了分类改革，对从事技术开发研究机构，实行有偿合同制；对从事社会公益和技术服务工作的科研机构，实行总体任务包干制；对兼有社会公益和技术开发性任务的科研机构，实行介于技术合同制和经费包干制之间的"一所（院）两制"。为优化科技力量布局和资源配置，北京市于1999年提

出《关于市属技术开发型科研院所转制的意见》，进一步推动技术开发类科研机构转制，加速以企业为主体的技术创新体系建设。与此同时，强化建设新型科研体系。为发挥首都人才聚集、科技资源雄厚的优势，鼓励在京设立企业科技研发机构，引导企业成为创新主体，北京市制定了《关于鼓励在京设立科技研究开发机构的规定》，颁布实施了《北京市科技研究开发机构自主创新专项资金实施办法》，通过设立自主创新专项资金，培育企业成为创新主体。为提升科技创新能力、建设创新型城市，北京市还非常重视创新人才培养，相继出台了《北京市科技新星计划管理办法》《北京市高级人才奖励管理规定》《关于加强自主创新人才队伍建设的若干政策措施》《关于实施海外高层次人才引进的意见》等。这些政策文件，注重调动科研机构和科技人员的积极性，强化对科技创新主体的培育与发展，有效促进了北京科技创新能力的提升。

四、重视对首都经济社会发展的支撑

改革开放以来，北京牢固树立"科学技术是第一生产力"的观念，不断提升科技对首都经济社会发展的支撑引领作用，使企业创新的主体地位逐步增强。高新技术产业日益成为北京经济增长的主要力量，中关村国家自主创新示范区对新技术、新经济的引擎作用日益突出，科技创新促进北京产业结构不断优化升级，推动社会科技水平稳步提升，引领着人民群众生产生活方式的变革进步。

（一）高新技术产业成为北京经济增长的主要力量

北京高新技术产业的发展大致经历了三个阶段：第一阶段始于1958年，发展重点为电子产业。市政府组建了北京电子工业办公室，一批电子信息、广播通信企业相继上马。第二阶段始于1988年，国务院批复在中关村设立北京高新技术产业开发区，1999年8月更名为中关村科技园区，由此拉开了北京高新技术产业开发区建设的大幕。出现的一大批各种类型的科技企业，推动了北京高技术产业的纵深发展。第三阶段为快速发展阶段,随着"科技北京"作为城市发展战略得到贯彻落实,北京高新技术产业得到进一步提升,科研创新能力不断增强。据统计,2018年,北京国家高新技术企业达到2.5万家,平均每天新设创新型企业199家;中关村示范区高新技术企业超过2.2万家,独角兽企业80家,居全国首位;规模以上高新技术制造业增加值实现两位数增长,规模以上文化产业收入达到1万亿元,金融、科技、信息等优势服务业对经济增长的贡献率达到60%以上。[①]目前,北京的十大高精尖产业是新一代信息技术、集成电路、医药健康、智能装备、节能环保、新能源智能汽车、新材料、人工智能、软件和信息服务业、科技服务业。

(二)中关村国家自主创新示范区对新技术、新经济的引擎作用突出

中关村发展成为当今中国的高新技术中心,大致经历了四个阶段:第一阶段是1980年至1988年的中关村电子一条街时期,一批科技人员率先突破传统思想进行创业;第二阶段是1988年至1999年的北京市高新技术产业开发试验区时期,初步形成了若干有代表性的产业集群;第三阶段是1999年至2009年的中关村科技园区时期,崛起了电子信息、软件、生物制药等多个有代表性的产业集群及相应的多个龙头企业;第四阶段是2009年至今的中关村国家自主创新示范区时期,进一步强化创新驱动为未来的发展动力。如今,中关村国家自主创新示范区已经发展为一区十六园,成为我国的高新技术中心和新经济的发动机。近年来,中关村在互联网、大数据、纳米材料、机器学习、智能硬件等领域的很多技术创新与全球同步甚至领先,正引领经济的发展潮流,诞生了一批引领潮流的"双创"模式,涌现出以创新工场等为代表的一批创新型孵化器。据统计,2018年,高新技术企

---

① 北京去年每天新设创新型企业199家 独角兽企业数量居全国首位 [EB/OL].
http://bj.people.com.cn/n2/2019/0926/c349239-33389583.html.

业总收入5.9万亿元，约占全国高新区的1/6；实现增加值8330.6亿元，约占北京市的1/4，对北京市的经济贡献率由2013年的两成提高到2018年的近四成，形成了人工智能、工业互联网等一批优势产业，引领全国发展。[①]

（三）科技促进北京产业结构不断优化升级

北京先后经历了消费型城市、生产型城市和服务型城市转变的过程，第三产业比重也随之呈现先降低再增加的变化趋势。新中国成立初期，北京是一个典型的消费型城市，城市经济以农业和服务业为主。到1952年，第二产业所占比重仍略低于第三产业。1953年，北京第一次城市总体规划指出，北京不仅是政治、文化和科技中心，还是工业中心。到改革开放前，北京仍在积极发展工业，尤其是重工业。1978年，北京第二产业比重达到70.96%，是服务业的3倍以上。改革开放后，政府对北京的职能有了新的认识，并反思了工业优先的发展思路。1982年，城市总体规划明确将北京定位为全国的政治和文化中心，并要求严格限制工业发展。[②]此后的1992年，城市总体规划又进一步强调要大力发展服务业，这使得20世纪70年代末到90年代末的20年间，服务业占比以平均每年近两个百分点的幅度增加。[③]自1994年第三产业首次超过第二产业后，服务业就开始主导北京的经济发展。进入21世纪，北京积极参与国际分工，服务业比重依然持续提高。2019年，第三产业实现增加值29542.5亿元，比上年增长6.4%，高于地区生产总值增幅0.3个百分点，对经济增长的贡献率达到87.8%，其中金融、信息服务、科技服务等优势行业持续发挥带动

① "中关村指数2019"出炉！创新引领作用凸显，双创生态显著优化［EB/OL］. https://baijiahao.baidu.com/s?id=1647717932703467875&wfr=spider&for=pc.

② 陈军.北京工业发展30年：搬迁、调整、更新［J］.北京社会科学，2009（4）：103-103.

③ 武凌君，陈怡霖.新中国70年北京市产业结构演变的历程、特点和启示［J］.北京党史，2019（5）：40-45.

作用。^①以现代高端服务业为核心、科技创新为动力、经济节点功能为特征的服务型经济得到进一步巩固。

（四）社会科技水平稳步提升，科技成果惠及百姓民生

现代城市可持续发展和现代化建设离不开科技的支撑。中国加入世界贸易组织（WTO）后，特别是奥运的申办成功，为北京的科技发展带来了难得的机遇。北京的科技工作正在融入全球经济一体化进程中，在更大范围和更深层次上发挥其辐射和渗透作用，推动着首都现代化建设与发展。近几年，北京科技工作紧密围绕首都城市社会发展中的热点、难点和重点问题，以建设国际一流的和谐宜居之都为目标，积极开展科技攻关和成果应用，在环境保护、城市交通改善、可持续发展社区建设、市民科学素质培养等方面取得了重大进展。北京市实施了首都蓝天行动、清洁空气行动计划等科技惠民专项，加快垃圾处理、生态功能提升等领域的技术开发和示范应用。利用物联网（IoT）技术加强对燃气、热力、电力、给排水等"城市生命线"信息的实时监测；持续支持基于无线通信的列车自动控制系统（CBTC）核心技术开发和产业化，设计建设国内首条全国产化车辆、信号系统的无人驾驶线路——燕房城市轨道交通线。率先建成全国规模最大的重大疾病临床数据和样本资源库，形成20项国际有影响力的创新成果，制定136项诊疗技术规范和标准，筛选170项科技成果向5000家（次）医疗机构推广。从"农田"到"餐桌"的全过程质量技术保障体系，为"舌尖上的安全"保驾护航；支持零度以上高品质动态人工造雪和储雪一体化技术与装备研究、二氧化碳人工造雪节能环保先进技术的示范应用等，为冬奥赛事提供支撑和保障。^②

---

① 2019年北京市经济运行情况分析：GDP为35371.3亿元增长6.1%［EB/OL］. https：//s.askci.com/news/hongguan/20200202/1401001156581.shtml.

② 北京市科学技术委员会.北京科技年鉴2018［M］.北京：北京科学技术出版社，2019.

五、彰显鲜明的创新文化特质

文化兴，则国运兴；文化强，则国运强。文化是根脉，是一个国家、一个民族的灵魂，也是一个城市的生命和底色。今天已经没有人否认科技和经济发展需要文化动力，建立在知识报国、求真务实、敢闯敢拼核心理念基础上的创新文化，是北京科技创新与社会经济全面发展的主要精神动力。

（一）知识报国的科学家精神

知识报国是我国知识分子的优良传统。中华人民共和国成立之初，百废待兴。在中国共产党的领导下，中国科学工作者协会着力争取留学生回国，发展新中国的科学技术。于是，一批在海外学习和工作的科学家毅然归国，为祖国建设鞠躬尽瘁。在这段历史的背后，是一长串闪光的名字：华罗庚、钱学森、师昌绪、邓稼先、郭永怀、梁思礼、朱光亚……后来，这批科学家和留学生成为共和国科技事业的主要奠基人。钱学森在祖国满目疮痍、百废待兴之际，放弃国外优渥生活，冲破重重阻挠回国工作；郭永怀在飞机失事的那一刻，用身体保护了重要技术资料的完整无缺，用生命践行了"随时准备为党和人民牺牲一切"的誓言；邓稼先清楚知道钚-239有极强的核辐射，但他仍然舍身寻找核弹弹体、排查实验事故，并在生命的最后历程中依然争分夺秒为国家撰写核武器发展建议书。这些科学家在经济、技术基础薄弱和工作条件十分艰苦的情况下，自力更生，发愤图强，完全依靠自己的力量，用较少的投入和较短的时间，完成"两弹一星"等伟大工程，使中华民族的脊梁挺了起来。

科学是无国界的，但科学家是有祖国的。改革开放以来，陈竺、王晓东、施一公等一大批优秀中青年科学家先后学成回国。有的科学家即使留在海外，也大多心系祖国，通过各种方式为中国的科技事业贡献力量。北京是归国留学人员集中的地方。多年来，各行各业的广大人才继承和发扬我国先进知识分子的优良传统，坚持科技报国理想，把为祖国富强、民族振兴、人民幸福贡献力量作为毕生追求，刻苦钻研、勇于创新，取得了丰硕的科技成果，为北京和我国科研事业做出了重要贡献。

（二）求真务实的科学精神

科学精神的核心是求真求实，灵魂是开拓创新，基础是观照人文伦理。北京地区的科学家们执着探求真理、勇攀科学高峰，开辟新领域、敢为天下先，治学严谨、恪守科学道德，是科学精神的践行者。程开甲、吴文俊、屠呦呦等科学家就是其中的典型代表。

程开甲基于自己几十年的科研实践经验，强调自主创新首先需要从实际出发，在工作实践中发现新问题，才能有创新。吴文俊在"文革"期间立足于数学机械化研究，当时受到了一些人的反对，但他坚持自己的选择，几年后他的研究成果得到了国外的承认。屠呦呦，一生潜心研究治疗疟疾的"青蒿素"，经历了190次失败，还因亲自服药试验导致肝中毒，面对困难仍锲而不舍，最终获得成功，并于2015年获得诺贝尔生理学或医学奖。科学研究活动是一个不断实践、认识、再实践、再认识的长期的、曲折的、复杂的探索过程。北京的科学家们在科学研究过程中，表现出了寻根究底、锲而不舍的钻研精神和勇于批判、敢于挑战的创新意识，体现了他们一生热爱科学、追求真理的崇高目标。正是科学家们求真务实、勇于创新、淡泊名利、潜心研究的科学精神，推动他们在科学生涯发展中不断开拓进取、锐意探索，为北京和我国科技事业的发展立下卓越功勋。

（三）敢闯敢拼的企业家精神

在科技创新过程中，科学家固然重要，但要把科学技术转化成现实生产力，实现行业内颠覆性改革，没有企业家不行。而敢为人先、勇于冒险、崇尚创新的企业家精神则是一个个优秀企业家的精神力量。中关村之所以能够成为国家自主创新示范区，其精神动力主要源自这里一直洋溢着企业家精神。40多年以来，几代企业家在这里前赴后继、创新创业，谱写了一个个企业创新成长、发展壮大的传奇。

20世纪80年代，从第一个下海吃螃蟹的陈春先开始，到创办"两海两通"的王洪德、陈庆振、万润南、金燕静，再到段永基、柳传志、楼滨龙、彭伟民、王小兰、王永民、何鲁敏等，以敢为天下先的勇气和冒险精神，打破铁饭碗，走出院所的高墙下海弄潮。20世纪90年代，郭凡生、闫俊杰、刘迎建、陈卫、王江民、张朝阳、张树新等，专心致志抓住某一市场领域的需求，并围绕核心业务进行创新投入，努力使公司成为各自领域的领头羊。21世纪以来，中关村迈开国际化的脚步，成批的"海归"开始集体抢滩中关村，如留美归来的邓中瀚创立中星微电子公司，研制推出数字多媒体芯片；李彦宏创建百度，提供网络搜索服务；等等。在大量"海归"创业的同时，一些具有企业成功背景的创业者也加入中关村企业家行列，如曾成功创建唐山怡安生物公司的尹卫东与北京大学合资建立北京科兴生物公司，从事疫苗研制开发生产；摩托罗拉公司销售经理董德福创建德信无线公司，从事手机专业设计；前华为副总裁李一男创建港湾网络公司，从事网络交换设备的开发生产。新一代中关村企业家，有的具有国外学习研究经历，有的具有国内外大公司工作背景，有的具有国内外成功创业的经验，从创业之初就带领高水平的团队瞄准国际国内高端市场开展创新，取得的成果往往达到了世界级水平。中关村几代成功创业者身上，不同程度地体现了敢于冒风险、勇于创新、善于整合资源、团结协作、执行高效等特点的企业家精神，展现出与众不同的中关村气质和文化。

第三节　新时代对北京科技发展理念提出新要求

思想是行动的先导，理念引领发展实践。自新中国成立以来，党和政府始终把科技发展放在重要的位置，从"向科学进军"到"科学技术是第一生产力"，从"科教兴国"到"建设创新型国家"，独立自主地建立起现代科学技术体系，走出了一条具有中国特色的科技发展道路。当前，在我国科技强国的建设征程上，北京正在加快建设全国科技创新中心，更加需要有新的科技发展理念来统领全局。

一、迎接世界新科技革命需要更宽广的科技视野

2016年召开的全国科技创新大会上，习近平总书记提出了建设世界科技强国的目标。习近平总书记在党的十九大会议上明确提出，到2035年基本实现社会主义现代化，到2050年前后基本建成社会主义现代化强国。这既是基于我国科技创新、经济社会发展的趋势形成的科学研判，又是对主动把握新科技革命带来的重大战略机遇提出的新的更高要求。对于北京来说，则更需要加强战略谋划，立足实际，以国际视野，抓住发展机遇，创新体制机制，激发科技创新活力，乘势而上，建成具有全球影响力的科技创新中心。

（一）正确认识新科技革命带来的影响

当前，新一轮的科技革命与产业变革正在蓄势待发。历次科技革命表明，新科技革命是一次重大转折，抓住了就是机遇，抓不住就是挑战。抓住新科技革命机遇的国家或地区，能够保持世界先进水平或后来者居上；忽视或失去新科技革命机遇的国家或地区，一般表现平平，甚至国际地位下降。习近平总书记指出，"21世纪以来，全球科技创新进入空前密集活跃的时期，新一轮科技革命和产业变革正在重构全球创新版图、重塑全球经济结构"，"形势逼人，挑战逼人，使命逼人"。因此，对于北京来说，不仅要认识到科技革命对经济社会

的促进作用，而且要充分意识到重大变革带来的影响和挑战。同时，需要面向世界科技前沿，牢牢抓住新一轮科技革命和工业革命的重大机遇，准确把握世情、国情、市情变革大趋势和新方向，加强战略谋划，创新体制机制，走出一条适合自己的科技创新之路。

面向科学前沿，加强原始创新。当前，全球创新活动进入一个新的密集期，呈现出多点突破、交叉汇聚的生动景象，绿色、健康、智能引领创新方向，一些基本科学问题面临着重大突破。以新一代信息技术（如人工智能）、新能源技术、新生物技术、新材料技术为主要突破口的新科技革命，将从蓄势待发状态进入群体迸发的关键时期，颠覆性技术不断涌现。习近平强调："抓住新一轮科技革命和产业变革的重大机遇，就是要在新赛场建设之初就加入其中，甚至主导一些赛场建设，从而使我们成为新的竞赛规则的重要制定者、新的竞赛场地的重要主导者。"对于北京来说，需要充分发挥国家科技创新中心的作用，面向世界科学前沿，加强原始创新，加快建设新型研发机构，力争在更多领域引领世界科学研究方向，加大对人类科学探索的贡献。围绕脑科学、量子科学、人工智能等前沿领域，部署一批能够"领跑后天、并跑明天"的科技战略任务，开展前瞻性基础研究和重大技术突破，推进变革性研究。

（二）积极应对复杂多变的国际经济形势

当前，国际社会处在大发展、大变革、大调整之中，国际形势正在发生深刻复杂的变化。这个变化有积极的方面，突出体现在科技发展迅速，创新不断涌现，世界经济在积聚新的增长动能，各国之间的相互联系、相互依存进一步加深，各国利益深度融合等方面。与此同时，国际社会中的一些深层次矛盾在累积发展，国际形势也在经历一些颇为复杂的变化，使得未来一段时期内国际秩序演变的不确定性增大，致使科技创新在国际合作方面所面临的困难和阻力有所上升。中美贸易战对于我国贸易产生的冲击是难以估量的，对我国对外贸易发展带来的风险是持续的，使我国的许多科技产品出口面临一定的挑战。这些问题与挑战，对北京促进产业转型升级、提升全球影响力具有一定的负面影响。因此，对于北京来说，迫切需要提升科技对经济社会的支撑水平，通过技术创新、应用创新与商业模式创新的融合发展，突破跨国公司在传统产业领域对我们的技术锁定、价值锁定和市场锁定，推动战略性新兴产业的可持续发展，赶上新一代产业变革的潮流，加快构建"高精尖"产业体系，并为我国实现经济转型升级、高质量发展做出表率。

（三）重视吸纳培养高端人才

新科技革命加剧了科技前沿领域的竞争，也加剧了国际高端人才的争夺。为了在尖锐复杂的国际斗争中抓住并用好新科技革命机遇，世界主要国家都在努力将自身建设成为对优秀科技人才具有吸引力的国家，纷纷出台吸引科技人才的政策，使高端科技人才的竞争日趋激烈。近年来，美国不仅重视国内基础人才培养，而且与世界各国特别是与我国争夺基础人才的战略意图凸显。如：美国在全球设立了近500个猎头公司，将各国的顶尖人才挖掘到美国；不断修改它的移民政策，对技术移民给予优待等。[①]2016年，日本出台了吸引外国高级人才的新政策。其中明确规定，这些拥有专业知识的高级人才只要在日本居住3年，就可以获得永久居留权；对于高水平经营人才（包括高级行政人员和企业经营者等），则最快只需要逗留1年即可获得永久居留权。这成为全球最低门槛的永久居留资格申请制度。作为我国科技创新中心的北京，拥有北京大学、清华大学等著名高校和一批国家级的科研院所，对北京打造成中国科技创新中心是有强大科技力量支撑的。然而，如果将其放到全球创新先行者和引领者的高度，北京这样的硬件似乎并不突出。另外，由于多种原因，北京吸引人才的软环境还有待优化，创新文化氛围还不够浓厚，人才引进的体制机制也还有待进一步完善。

---

① 冯昭奎.论新科技革命对国际竞争关系的影响 [J].国际展望，2017（5）：1-20.

二、全国科技创新中心建设需要新的规划部署

建设全国科技创新中心，是中央赋予北京的新定位，既是北京的使命和责任，也是北京发展的必由之路。2014年2月，习近平总书记视察北京的重要讲话，明确了北京全国政治中心、文化中心、国际交往中心、科技创新中心的城市战略定位。其中，全国科技创新中心是首次提出。2016年9月，国务院印发的《北京加强全国科技创新中心建设总体方案》明确提出，要使北京成为全国创新引领者、高端经济增长极、创新人才首选地、文化创新先行区和生态建设示范城。2017年9月，中共中央、国务院批复《北京城市总体规划（2016年—2035年）》，提出要大力加强科技创新中心建设，坚持提升中关村国家自主创新示范区的创新引领辐射能力，规划建设好中关村科学城、怀柔科学城、未来科学城、创新型产业集群和"中国制造2025"创新引领示范区，形成以"三城一区"为重点，辐射带动多园优化发展的科技创新中心空间格局。因此，为加快全国科技创新中心建设，需要发挥好主阵地中关村国家自主创新示范区的载体作用、"三城一区"主平台的辐射引领作用，集聚优质创新资源、创新体制机制，营造良好的创新文化环境。

（一）需要继续发挥中关村国家自主创新示范区的重要载体作用

2013年9月，习近平总书记在中央政治局第九次集体学习期间发表重要讲话时强调，中关村已经成为我国创新发展的一面旗帜，面向未来，要加快向具有全球影响力的科技创新中心进军。中关村是我国第一个国家级高新区，始终身处世界高新技术产业潮头，引领着我国高新技术产业发展的方向。20世纪80年代，中关村积极参与电子计算机革新浪潮，催生了方正、联想等世界知名的电子领军企业。20世纪90年代，又紧追世界互联网科技革命风潮，新浪、网易、搜狐和百度等一大批互联网企业应运而生。21世纪以来，中关村把握移动互联网的发展趋势，培育出小米、京东方等一批全国知名的企业，持续巩固在全国高新技术产业开发区的领头羊地位，是北京市重要的

增长极和创新载体，也是中国科技的制高点和创新文化的策源地。因此，为更好地发挥中关村作为全国科技创新中心建设主阵地的载体作用，当好实施创新驱动发展战略的旗手，坚持国际视野、对标国际一流，以高端化、国际化、特色化、生态化为发展方向，加强政策引领、产业引领、区域引领，支撑带动北京全国科技创新中心建设，服务促进我国建设世界科技强国。

（二）需要进一步发挥"三城一区"主平台的辐射引领作用

"三城一区"是北京建设全国科技创新中心的主平台。近年来，随着科技创新中心建设的推进，"三城一区"建设发展全面提速，中关村科学城"聚焦"特色鲜明。基础研究"领跑"成果不断涌现，一批关键技术攻关取得阶段性进展，如：新型超低功耗碳基晶体管、世界首款自由电子辐射芯片的研制；怀柔科学城"突破"加速推进，综合性国家科学中心建设全面展开，综合极端条件实验装置建设顺利推进；未来科学城要着力"搞活"促进"三个转变"，盘活存量资源，加强协同创新，推动神华等多家单位共建氢能技术协同创新平台；北京经济技术开发区"转化"效应显现，国家新能源汽车技术创新中心、"大数据智能管理与分析技术"国家地方联合工程研究中心获批建设，与"三大科学城"成果转化对接进一步加强。[①]与此同时，我们也需要清醒地看到，"三城一区"建设还存在一些亟须解决的问题，如"三城一区"主平台的地位还需进一步强化，联动发展机制还需进一步健全，还存在创新资源分布不均衡、各自发展基础不同等问题，央地统筹、产学研用、融通创新以及建立符合国际惯例、首都特色的科学城管理体制机制亟待建立健全。因此，更好发挥"三城一区"主平台支撑引领作用，需要聚焦"科学"与"城"的功能，抓好"三城一区"的规划编制与实施，创新管理体制，将中关村科学城

---

① 许强.关于"三城一区"建设发展情况的报告［EB/OL］.http：//www.bjrd.gov.cn/zt/cwhzt1507/hywj/201811/t20181123_187509.html.

建设成具有全球影响力的科技创新策源地和自主创新主阵地，将怀柔科学城建设成世界级原始创新承载区，将未来科学城打造成全球领先的技术创新高地，将北京经济技术开发区进一步升级成为高精尖产业主阵地。

（三）亟待科技创新与制度创新双轮驱动

《北京城市总体规划（2016年—2035年）》明确提出了科技创新中心建设目标，到2020年初步建成具有全球影响力的科技创新中心，到2035年成为全球创新网络的中坚力量和引领世界创新的新引擎，到2050年成为世界主要科学中心和科技创新高地。世界科技发展史表明，世界科技创新中心的形成和转移取决于多种因素的综合作用，其背后最主要的逻辑在于重大技术革命和制度创新促成了新的增长极，激发了新市场、新产业，在区域层面上体现为全球性的科技创新中心也会相应地从某个区域或国家转移到新的区域或国家。推进科技创新不仅需要推进科技的创新，而且需要大力推进制度的创新。因此，为建成具有世界影响力的科技创新中心，一是需要创新人才管理制度，在人才引进、培养、利用等方面不断创新，吸引培养世界顶尖人才，聚天下英才而用之；二是需要创新科技计划管理模式，在科技计划经费管理、项目管理等方面不断创新，探索建立外籍专家领衔或参与承担国家和本市重大科技计划（项目）机制；三是需要促进科技金融创新，优化政府资金投入方式，支持科技金融创新发展；四是需要营造良好的创新文化环境，以创新能力培养为重点，呵护和涵养敢于质疑、探求未知的科学精神，形成崇尚创新、宽容失败的文化氛围。

三、推进首都经济高质量发展需要以新发展理念为指引

科技发展理念的更新与经济发展方式的转变紧密相连、相互促进。党的十九大报告指出，我国经济已由高速增长阶段转向高质量发展阶段。推动高质量发展，是中国经济在经过40余年高速增长之后

实现可持续发展的必然选择，是贯彻落实新发展理念的必然要求，是遵循经济发展客观规律的必然结果，具有历史必然性。习近平在党的十八届五中全会上提出了创新、协调、绿色、开放、共享的新发展理念。这五大发展理念规定了高质量发展的核心内容，也对北京科技发展提出了新要求。

（一）科技创新是创新发展的主要驱动力

创新发展是新发展理念之首，也是经济高质量发展的第一动力。习近平总书记指出，"要充分认识创新是第一动力，提供高质量科技供给，着力支撑现代化经济体系建设"。以科技创新驱动高质量发展，是贯彻新发展理念、破解当前经济发展中突出矛盾和问题的关键，也是加快转变发展方式、优化经济结构、转换增长动力的重要抓手。北京作为全国科技创新中心，拥有极为丰富的科技资源，全国50%以上的"两院院士"、近30%的"千人计划"人员聚集在这里，国家级高新技术企业占全国的20%。如何整合利用这些科技资源，最大限度将蕴含其中的创新活力激发出来，实现经济高质量发展，是北京的使命所在，更是优势所依。

当今世界，新一轮科技革命和产业变革蓬勃兴起，颠覆性技术创新层出不穷，新产业新业态相继涌现，科技创新已成为驱动创新发展的核心动力，需要充分发挥科技创新在高质量发展中的引领作用。在经济高质量发展阶段，北京需要依靠科技创新，培育发展新动力，完善科技创新的体制机制，优化劳动力、资本、土地、技术、管理等要素配置，激发创新创业活力，推动新技术、新产业、新业态蓬勃发展。

（二）科技创新是协调发展的重要影响因素

协调发展体现在地区差距、产业结构、投资消费结构等多个方面，是实现经济高质量发展的必由之路。科技创新对各类主体的协调发展具有重要影响，不仅体现在经济增长方面，而且会对国家或地区的产业结构优化、经济转型或产业升级产生促进作用。然而，在市场经济条件下，科技创新驱动也有可能加速地区之间的差距，因此，对于北京来说，需要坚持协调发展理念，并以实现协调发展为目标推动科技创新。一方面要促进科技创新自身协调发展，加强科技创新体系建设，着力破解关键核心技术难题，补齐技术短板，在巩固原有技术优势的基础上进一步挖掘科技创新潜力，增强科技创新后劲；另一方面，发挥科技创新对推动经济社会协调发展、城乡区域协调发展的积极作用，为促进新型工业化、信息化、城镇化、农业现代化同步发展提供有力支撑。

（三）科技创新是绿色发展的关键与精髓

绿色发展是经济高质量发展的重要标志，也是科技创新的重要方向。一方面，科技创新应充分发挥对绿色发展的支撑作用，推动多学科交叉融合，开展绿色低碳技术研究；构建市场导向的绿色技术创新体系，强化产品全生命周期绿色管理；大力发展节能环保产业、清洁生产产业、清洁能源产业，助推经济高质量发展。另一方面，科技创新需以绿色发展为导向，在开发新技术、新产品以推动经济增长的同时，也应重视生态环境保护。

（四）科技创新是开放发展的必然选择

开放发展是实现经济高质量发展的重要途径。开放发展孕育着竞争，而科技竞争已成为综合竞争力的焦点，离不开科技创新。习近平指出："当今世界，新科技革命和全球产业变革正在孕育兴起，新技术突破加速带动产业变革，对世界经济结构和竞争格局产生了重大影响。"科技创新已成为增强综合国力和国家核心竞争力的决定性因素。只有依靠科技进步支撑、加强自主创新，才能牢牢把握开放发展的主动权，在愈加激烈的竞争中处于有利地位。同时，开放发展也加强了国家、地区之间的相互交流，为引进先进技术和人才提供了便利。通过扩大开放带动创新、促进改革，有助于更好地利用国际国内两种资源、两个市场，并为科技创新提供新平台。因此，对于作为科技创新中心的北京来说，需要坚持国际视野，以实现开放发展为目标推动科技创新，积极开展国际交流合作，深入参与全球科技创新治理，主动设置全球性创新议题，积极参与重大国际科技合作规则制定，共同应对粮食安全、能源安全、环境污染、气候变化以及公共卫生等全球性挑战。

（五）科技创新是共享发展的必由之路

共享发展是经济高质量发展的最终目标，必须依靠科技创新。科技创新带来的生产效率提高是实现共享发展的基础，决定着广大人民群众共享的数量、质量和层次。科技创新使得更多科技产品走近大众，为人们带来了极大便利。在"互联网+"强力推动下，北京的共享经济在各领域不断涌现新模式，渗透领域广泛，目前不仅在关乎百姓衣、食、住、行等生活服务领域，而且在知识技能共享、企业生产管理服务、提供创业空间、促进成果转移转化等生产服务和创新服务领域，共享经济模式也在不断推陈出新，如网约车、共享单车、共享汽车、知识共享、互联网医疗等领域在北京创新活跃，引领全国共享经济新发展浪潮。随着共享经济的不断发展，生产服务、科技创新服务、公共服务等领域也开始探索在生产能力、智能硬件、云端存储、物流仓储等领域不断拓展，未来共享经济将成为传统企业转型、推动产业升级、带动小微企业共同发展的重要推动力，这些都需要依靠科技创新。

四、建设国际一流和谐宜居之都需要强化科技支撑

习近平总书记在2014年视察北京时指出，"努力把北京建设成为国际一流的和谐宜居之都"。为贯彻落实习近平总书记的重要讲话精神，《北京城市总体规划（2016年—2035年）》对建设国际一流的和谐宜居之都给出了具体的时间表：到2020年，建设国际一流的和谐宜居之都取得重大进展；2035年，初步建成国际一流的和谐宜居之

都；2050年，全面建成更高水平的国际一流的和谐宜居之都，"成为富强民主文明和谐美丽的社会主义现代化强国首都、更加具有全球影响力的大国首都、超大城市可持续发展的典范，建成以首都为核心、生态环境良好、经济文化发达、社会和谐稳定的世界级城市群"。在科技已日益渗透社会生活各个方面的当今时代，建设国际一流的和谐宜居之都，需要强化科技对城市建设和社会发展的引擎支撑作用，聚焦智慧城市建设、海绵城市建设、城市治理能力和生态环境保护等方面，不断夯实民生科技基础，提升科技的支撑和服务能力。

（一）城市建设对科技创新的需求

当前，许多发达国家或地区将建设智慧城市作为重新构造城市机构、推动公共服务均等化等问题的利器，大力发展城市建设，推进新型城镇化，实现产业化与信息化融合，解决大城市病及城市群合理建设的实际问题。中共中央、国务院关于对《北京城市副中心控制性详细规划（街区层面）（2016年—2035年）》的批复指出，"要努力建设国际一流的和谐宜居之都示范区、新型城镇化示范区和京津冀区域协同发展示范区，建设绿色城市、森林城市、海绵城市、智慧城市、人文城市、宜居城市，使城市副中心成为首都一个新地标"。为解决大城市病，建设具有智慧城市、海绵城市等特点的城市，就必须依靠科技创新。科技创新是智慧城市、海绵城市建设的基础和途径。建设智慧城市，需要高度集成、融合各种科技创新技术来统筹整合各类城市信息系统，如通过应用物联网、云计算、大数据等信息技术来改变城市中各种资源的交互方式，对于城市交通、民生、环保、安全等在内的各种需求做出快速、智能的响应，从而提高城市运行的效率。海绵城市建设涉及绿色屋顶、下沉式绿地、生物滞留设施、渗透塘、湿塘、雨水湿地、植草沟等多项技术，也离不开科技的支撑与创新。

（二）社会治理对科技创新的需求

党的十九届四中全会《决定》提出，"必须加强和创新社会治理，完善党委领导、政府负责、民主协商、社会协同、公众参与、法治保障、科技支撑的社会治理体系"，将科技支撑作为完善社会治理体系的重要内容。北京是一个特大城市，近年来随着经济的快速发展，城市的交通出行、环境治理、治安维稳都面临巨大压力，城市住房、医疗、教育等资源严重不足。传统的人工管理方式已经无法满足城市规模日益增长、城市管理日益复杂的需求。因此，为更好地服务首都经济发展和改善人民生活，需要加强和创新社会治理，把握好以数字化、网络化、智能化为标志的信息技术革命带来的机遇，大力发展民生科技，充分发挥科技对社会治理的支撑作用，着力推动大数据、云计算、5G技术、人工智能、区块链、物联网等现代科技在社会治理中的应用，推动设施联通、信息互通、工作联动，形成微端融合、服务联动的智慧政务网，打造数据驱动、人机协同、跨界融合、共创分享的智能化治理新模式，实现对社会运行的精确感知、对公共资源的高效配置、对异常情形的及时预警、对突发事件的快速处置，提升社会治理的科学化精细化智能化水平。

（三）生态环境保护对科技创新的需求

习近平总书记在全国生态环境保护大会上指出，"良好生态环境是最普惠的民生福祉。民之所好好之，民之所恶恶之。环境就是民生，青山就是美丽，蓝天也是幸福。发展经济是为了民生，保护生态环境同样也是为了民生"。近年来，随着非首都功能的疏解和生态环境保护的推进，北京的生态环境明显改善，天更蓝，水更清，实现了从"APEC蓝""阅兵蓝"到2019年的"常态蓝"；城市污水管网实现全覆盖，污水处理率达93.4%，达到发达国家城市水平；城乡水环境质量得到改善，近三年平原区地下水埋深回升2.72米。习近平总书记指出，"要突破自身发展瓶颈、解决深层次矛盾和问题，根本出路就在于创新，关键要靠科技力量"。因此，生态环境保护需要科技创新做好全面支撑，以建设国际一流的和谐宜居之都为目标，全面提升环境科技创新能力，努力实现环境治理体系和治理能力现代化，为子孙后代留下美丽家园，为中华民族赢得美好未来。

五、打造京津冀世界级城市群需要加强协同创新

推动京津冀协同发展，是党中央、国务院在新的历史条件下做出的重大战略决策，目的是通过区域优势互补、互利共赢，走出一条科学的可持续发展的道路。对于北京来说，促进京津冀协同发展，构建以首都为核心的世界级城市群，既是贯彻落实中央和市委重要战略决策的必然要求，又是落实首都"四个中心功能定位"的重要内容。2014年2月，习近平总书记主持召开京津冀协同发展座谈会并发表重要讲话，京津冀协同发展上升为国家战略。在习近平总书记重要讲话精神的指引下，各项工作有序推进，《京津冀协同发展规划纲要》和《北京城市总体规划（2016年—2035年）》等政策文件陆续出台，京津冀区域发展整体性不断增强，协同发展取得了显著成果。同时，我们也必须看到，京津冀三地间存在着创新能力差距过大、缺乏区域创新链等问题与短板，需要进一步加强京津冀协同创新共同体建设，促进科技资源开放共享和交流互动，推进北京科技成果在京津冀地区的转移转化和产业化。

（一）推进京津冀协同创新共同体建设

习近平总书记指出，京津冀协同发展根本要靠创新驱动，要形成京津冀协同创新共同体，建立健全区域创新体系，整合创新资源，以弥合发展差距、贯通产业链条、重组区域资源。《京津冀协同发展规划纲要》提出，实施创新驱动发展是有序疏解北京非首都功能、推动京津冀协同发展的战略选择和根本动力。京津冀是全国乃至全球重要的创新要素聚集地，科技人才、企业家、高技能劳动力丰富，行业领先企业和研发机构众多，具有不亚于长江三角洲和珠江三角洲的资源优势和发展潜力，有条件通过区域协同在创新驱动发展方面走在全国前列，成为新时期引领我国经济的又一战略性增长极。因此，对于北京来说，需要进一步发挥科技创新中心的引领带动作用，大力推进协

同创新共同体建设，集聚和利用高端创新资源，加强与津冀之间的科技合作，开展重大与共性关键技术联合攻关，共同培植国家战略科技力量，打造我国自主创新的重要源头和原始创新的主要策源地。

（二）促进京津冀区域科技合作与交流

近年来，京津冀科技协同创新发展态势良好，三地创新分工格局基本形成，北京在科技协同创新中发挥了核心引领作用，但依然面临着三地间科技创新能力差距过大、科技资源开放共享和交流互动尚待加强等问题。因此，需要继续完善科技创新资源开放共享机制，搭建区域科技合作平台，推动大型科学仪器设备共享共用，加强教育资源合作共享，积极引导三地高校合作办学、统筹优化学科专业建设、提高区域优质高校资源共享水平；加快创新要素的互动交流和优化配置，探索完善科技资源市场流动机制，鼓励企业跨区域整合重组，促进科技要素跨区域自由流动和优化配置；健全跨区域人才多向流动机制，搭建科技人才信息共享平台，加强科技人才和科技管理人员联合培养与交流合作；继续深化与津冀地区的科技创新合作，支持雄安新区建设，加强与滨海新区创新的对接，促进科技成果的转移转化。

（三）推进京津冀区域产业结构的优化升级

实施京津冀协同发展，有利于北京疏解非首都功能，落实"四个中心"城市功能定位，给北京带来难得的发展机遇，同时也使北京面临巨大的挑战。京津冀产业协同发展不仅可以优化产业布局，促进产业跨区域整合，还可以加快京津非核心产业功能向河北疏解转移，实现三地产业优势互补、良性互动、互利共赢，进而带动整个京津冀地区的协调发展。然而，京津冀产业协同发展现实中仍存在一些亟待解决的难题，如产业同构现象严重、产业辐射带动不足、污染现象严重等。世界城市群发展经验表明，城市群的发展不仅与核心城市密切相关，而且与其周边地区的经济发展水平紧密有关，需要有良好的区域发展环境。例如，长江三角洲与珠江三角洲发展，就是上海、深圳等城市拉动区域经济联动，形成经济圈。目前京津冀城市群区域内经济落差较大：北京、天津高于全国平均水平，河北省11个城市较落后，特别是交通走廊上的北京、保定、石家庄、沧州之间经济落差大。如何降低经济落差梯度、促进产业协同发展也是将来需要面对的问题。科技是第一生产力，也是创新驱动的第一动力。因此，在未来一段时期内，需要进一步加强科技创新，围绕京津冀产业协同发展，推进科技成果在京津冀区域转移转化和产业化，共同培育新动能、新优势，促进产业转型升级与经济效益提升，不断推动京津冀协同发展取得新的更大成果，向着构建世界级城市群的战略目标不断迈进。

第二章

挺起脊梁：新中国成立初期北京科技支撑中国站起来

新中国成立之初，国家面临内忧外患的局面。科技首先要解决的是国防安全、经济安全等涉及国家生存的重大问题。在当时的举国体制下，新中国大多数科技资源位于首都北京，或者经由北京转战到航天、国防、生命科学等各条前沿战线上。北京的科技工作者也大量参与其中。在那段历史时期，大批爱国学者克服重重困难辗转回国，报效满目疮痍的祖国。许多科学家和科技人员抛家舍业、隐姓埋名，为国家的航天科技、为"两弹一星"贡献出了青春甚至生命。无数的科技工作者为在一穷二白的基础上建立起现代工业体系、为民族产业赢得尊严，废寝忘食，夜以继日，鞠躬尽瘁，无私奉献。在北京这片热土上，发生了大量可歌可泣的科学故事，充分展现出那一段革命岁月中自力更生、军民融合、共克时艰的时代精神和伟大情怀。

第一节 百废待兴时期科技发展面临迫切需求

新中国成立初期，经济与科技发展基础薄弱，一穷二白、百废待兴，加之西方国家对我们的全面封锁，国家在国防、工业等各方面对科技的急迫需求就摆在人们面前。发展自主自强的科技研发体系、提升我国的科技研发能力，已成为当时国家战略层面的重大问题。

一、新中国成立初期我国面临严峻的国际国内形势

（一）新中国从战争废墟中站起来，百废待兴

新中国成立之初所承接的是个一穷二白、千疮百孔的烂摊子。按照毛泽东的说法，"穷"就是没有多少工业，农业也不发达；"白"就是一张白纸，文化水平、科学水平都不高。

北京，作为六朝古都，在中华五千年文明史上占有重要位置，然而在新中国成立之前的1948年，作为一个拥有200万人口的大城市，全年工业产值不过1.05亿元，工人不足8万，日常需要的工业品不能自给自足。1949年，在工农业总产值中，农业总产值占70%，工业总产值仅占30%。旧中国的工业不但比重小，而且基础薄弱、门类残缺不全、技术落后、生产水平低，没有形成独立完整的体系，甚至连牙膏、香皂、钉子等日用小商品也不能生产。

与工业体系相似，旧中国留下来的科学基础也是很薄弱的，科技人才奇缺，水平参差不齐，各学科发展也不平衡。

新中国成立后，中国科学院为配合调整旧有研究所和建立新研究所，并为以后在计划和研究方面与院外专家联系做准备。1949年12月和1950年3月，对国内及尚在国外的专家情况进行了两次调查，由数学、物理、化学、生物、地质、地理、天文等学科的200多位专家投票推荐专家。两次投票的结果为：被推荐的专家共865人，得票过半数者仅160人，尚在国外者171人。据1952年统计，全国科技人员

不足5万，"专门从事科学研究实验工作的人员约有六百多人"。①

在科学发展上，许多重要的现代技术，如计算机技术、半导体技术、无线电电子学、自动化和远距离操纵技术等，我国还没有掌握。只有对仪器设备要求不是很高的"地质学、生物学、气象学等带有地域性质的，和可以不依靠近代实验设备而进行工作的部门，如数学和理论物理研究等"，"在中国才获得了适当的发展"。而世界上"某些新发展的科技部门，如原子核物理学、实验生物学，虽吸引了我国科学工作者的注意"，"但当时得不到充分发展"。这种落后状况与一个大国极不相称，也不能满足大规模经济建设的需要。作为一个落后的农业国，我国的自然科学和技术比世界发达国家落后几十年甚至上百年，原子核物理学、空气动力学、电子学、半导体物理学等领域几乎是空白或者十分薄弱。

在1954年的一次谈话中，毛泽东发出感慨，我国只能造桌椅、茶碗茶壶和粮食之类的东西，连一辆汽车、拖拉机、坦克、飞机都不能造。

通过实现科学技术质的发展与飞跃，全面大规模开展经济建设，全部或部分完成国民经济各部门的技术改造，实现社会主义工业化，成为新中国成立初期的发展总目标。

（二）科技落后，国家军事安全受到威胁

中国是个大国，要有强大的陆、海、空军，才能保障国家的军事安全与战略利益。但在新中国成立之初，我们的军队没有足够的武器装备和军事技术人员，离现代化还差很远。武器装备落后就要吃亏。早在抗日战争时期，毛泽东就深刻地认识到日本帝国主义在武器及技术方面大大领先于我国，增加了我军取胜的难度，在一定程度上延长了日本帝国主义走向灭亡的时间。在抗美援朝战争中，我军由于武器装备落后，更是吃了许多亏。

---

① 毛泽东选集第二卷［M］.北京：人民出版社，1991.

20世纪五六十年代，美国凭借其拥有核武器，积极推行霸权主义政策，给我国的军事安全带来巨大的挑战。在50年代初期，将战火燃至中朝边境的鸭绿江畔，并令其第七舰队悍然进驻台湾。60年代初期，美国发动越南战争，威胁我国南方的边境安全，它凭借的就是先进的武器装备和原子弹技术。

早在1950年7月中旬，美国国务院政策设计委员会的一份研究报告就提出，如果中国或苏联军队在朝鲜参战，美国应该使用原子弹，并认为这可以取得决定性的军事胜利。同年11月20日，美国参谋长联席会议建议应着手研究对朝鲜、中国东北以及内陆实施核打击的目标问题，他们认为倘若中国全力以赴地进行干预，那么使用原子弹是必要的。与此同时，美国有关部门就可能使用原子弹的数量、目标地区以及使用时间和运输方式等问题展开了研究。11月30日，杜鲁门参加记者招待会表示"我们一直在积极考虑使用原子弹"。"联合国军"总司令麦克阿瑟，美国政府内一些人，例如国家安全资源委员会首脑赛明顿和驻联合国原子能委员会代表巴鲁奇以及美国四大退伍军人组织的领导等各种右派势力，几乎都在积极鼓吹使用原子弹，对中朝军队实施核袭击。麦克阿瑟甚至狂妄地建议，投掷20～30颗原子弹轰炸中国，在中朝之间沿鸭绿江设置一条放射性地带。1950年底，麦克阿瑟曾提交一份"迟滞目标"清单，他估计需要26颗原子弹，其中用4颗原子弹轰炸"敌人进攻部队"，用4颗原子弹袭击"敌人空军的重要集结地"。后来，在朝鲜战争期间，为了继续向中国施加心理压力，艾森豪威尔等多次提出使用核武器。

美国的核威胁行为，让成立初期的新中国深深认识到核武器对中国的军事战略意义。正如毛泽东所说，"在今天的世界上，我们要不受人家欺负，就不能没有这个东西"。中国要想在世界上反对霸权主义，就必须集中力量在国防尖端科技上赶上和超过霸权主义的超级大国。1952年7月，毛泽东指出，"我们现在已经进到了建军的高级阶段，也就是掌握现代技术的阶段"。

（三）西方不承认新生政权，对我国进行政治和经济封锁

第二次世界大战后，在苏美两大阵营对峙的国际政治格局中，新中国的成立击碎了美国战后亚洲新秩序规划，使美国的"中国蓝图"成为泡影。这使得以美国为首的资本主义阵营非常敌视我们，并联合其他资本主义国家对新中国进行外交孤立和经济封锁。它们不但不承认新中国政权的成立，而且还采取各种手段阻止其他国家承认新中国，阻止新中国在联合国享有应有的权利和地位。

对1949年10月1日诞生的新中国，美国采取了强硬态度，即"不承认、不接触、不通商"，对我国实行全面封锁。1949年11月，在中华人民共和国成立伊始，美国秘密纠集17个国家，成立"输出管制统筹委员会"，因其总部在巴黎，又称"巴黎统筹委员会"（简称"巴统"）。该组织成立的宗旨是限制成员国向社会主义国家出口战略物资和高技术，对社会主义阵营实施高技术封锁。该组织内部有专门的中国委员会，单独给中国定制了500项禁止项目，包括军事武器装备、尖端技术产品和战略产品。政治上，美国公开支持退居台湾的国民党，企图利用国民党的残余势力对新中国的建设进行捣乱和破坏。文化上，美国利用自由主义的思想对我国进行侵蚀，企图颠覆新生的人民政权。面对严峻的东西方国际形势，我国不得不独立自主地探索自己的经济建设道路。

1958年以后，中苏关系走向紧张，进一步加剧了新生政权的生存危急。1960年初，苏联全面撕毁经济、军事合同，在1个月内撤走在华工作的1390名专家。1968年，双方关系更是降到最低点，苏联在中苏边境屯兵数百万，造成了中苏边境长期对峙的局面。

新中国从独立和安全的角度出发，下决心独立自主发展国防尖端科技。中国在经济、政治、军事、科技上，都被迫逐步走上自力更生、艰苦奋斗的发展道路。

二、中央科技工作在艰难险阻中探索前进

在国内发展基础薄弱、国际政治生态恶劣的历史条件下，为了迅速发展社会生产力、摆脱困局，科技界积极行动起来，快速搭建科技体系。1949年新中国刚刚成立，中国科学院建设计划就已经进入议程。1953年，我国开始执行发展国民经济的第一个五年计划（1953—1957年），为了配合国家经济建设计划，科学研究工作也逐渐进入有计划的研究轨道。

（一）科学界空前团结的首次盛会

新中国成立后，面对即将开始的大规模经济建设，我国充分利用和依靠中国科技队伍和各方面知识分子，通过团结、动员、教育和改造，使之成为新中国经济和文化建设的骨干力量。党中央积极支持中国科学工作者协会关于举行全国自然科学工作者代表大会并建立全国性科技工作者联合组织的倡议。这次会议成为新中国成立之初团结和凝聚新中国科技力量的首次盛会。

1950年8月18日到24日，经过中国科学社、中华自然科学社、中国科学工作者协会、东北自然科学研究会四个团体发起筹备的全国自然科学工作者代表大会在北京隆重举行。大会历时七天，其宗旨是贯彻《中国人民政治协商会议共同纲领》第43条"努力发展自然科学，以服务于工业、农业和国防的建设。奖励科学的发现和发明，普及科学知识"。参加会议代表469人，其中有中央人民政府有关科学机关、人民解放军和人民革命军事委员会所属科学机关及各地区、各民族科技工作者，他们中有我国第一流的科学家、科技界的领导干部、青年科学工作者。

周恩来作的题为《建设与团结》的报告中号召全国科学工作者在《中国人民政治协商会议共同纲领》基础上团结起来，为建设繁荣富强的新中国努力奋斗。他高度评价了会议的历史意义，指出它是全国自然科学工作者"团结的大会""向前开步走的大会"。

这次会议基本上确定和提出了中国共产党在新中国成立后的科技

工作路线和方针，即提倡科学为人民服务，科学理论和研究同国家建设的实际相结合。许多科学家指出，由于新中国的政府是人民的政府，科学组织应改变旧时代与政府对立的状况，成为与政府部门密切结合的专门学术研究团体。这表明广大科技工作者对共产党领导下的中国科技事业的理解与支持。这次会议上提出的一个重要的新思想是：新中国的科学工作应该成为人民群众的事业，科学家不但应把自己的理论应用到群众的建设活动中去，通过自己的工作，提高工农群众的科技文化水平；而且应走出个人研究的小圈子，到群众的生产实际中总结经验，促进科学的发展，把科学公开化，变成亿万普通人民的事业。

依据大会决议成立了两个重要的科学组织：一是全国自然科学专门学会联合会，主席李四光、副主席侯德榜等，它以团结号召全国科技工作者从事自然科学研究以促进国家经济文化建设为宗旨；二是中华全国科学技术普及协会，主席梁希、副主席茅以升等，它以普及自然科学知识、提高人民群众科技水平为宗旨。这两个由中国共产党领导的新型的全国性科技团体诞生后，迅速开展工作。从1951年起，全国科联派代表参加世界科协执行理事会扩大会、理事会和科学大会。在短短几年内，召开了100多次全国性学术会议，创办学术刊物达70余种，在国际学术交往上冲破帝国主义的封锁，与40多个国家与地区的科技团体建立了联系，还创办了一批科普事业，如天文馆、出版社、科普刊物等。这两个科技组织，为团结广大科技工作者、发展新中国的科学技术事业做出了较大的贡献。

（二）研究制订科技发展规划

新中国成立伊始，由于科学落后、基础薄弱和人才不足，科技难以满足国家建设和发展的急需。随着十二年科技规划的制订，计划管理和协作攻关等体制机制逐步建立，不仅解决了一批当时社会经济发展迫切需要解决的科技问题，还填补了一些重要科研空白，夯实了科技发展的基础，对我国科技事业的飞跃发展起到了决定性的作用。

"有组织、有计划地开展人民科学工作"成为当时新中国开展科学工作的基本方针。从新中国成立初期一直到改革开放前，我国的科技体系初步确立，在国防尖端科技和农业发展等方面取得了必要的战略性成果。

1. 十二年科技规划

1956年1月14日，中共中央在北京召开了关于知识分子问题的会议。周恩来在会议上作报告，向全国人民发出"向科学进军"的伟大号召，提出在科学、文艺事业上施行"百花齐放、百家争鸣"的方针。会议强调"科学是关系我们的国防、经济和文化各方面的有决定性的因素"。会议上提出，由国家计划委员会（简称国家计委）牵头在3个月内制订《1956—1967年科学技术发展远景规划》（简称《十二年科技规划》）。科技发展的远景目标是要"把我国科学界所最短缺而又是国家建设所最急需的门类尽可能迅速地补充起来，使十二年后，我国这些门类的科学和技术水平可以接近苏联和其他世界大国"。这是新中国开展科技规划工作的起始点。[1]

1956年1月31日，国务院召开由中国科学院、国务院各有关部门、高等学校的负责人和科技人员参加的制订1956—1967年科学技术发展远景规划的动员大会。同年12月，《1956—1967年科学技术发展远景规划纲要（草案）》经过反复修改，经中共中央、国务院批准后执行。

《十二年科技规划》是我国第一个全国性的科技发展远景规划。在"重点发展、迎头赶上"的指导方针下，提出了"迅速壮大中国的科技力量，力求使某些重要和急需的部门在12年内接近或赶上世界先进水平，使国家建设中许多复杂的科技问题能够逐步依靠自己的力量加以解决，做到更省、更快、更好地进行社会主义建设"的目标；确定了57项国家重点科技任务；对科研机构的设置、干部的使

---

① 中华人民共和国科学技术部.中国科技发展70年（1949—2019）[M].北京：科学技术文献出版社，2019.

用和培养以及国际合作方面都做了相应规划。

执行《十二年科技规划》以后，我国科学技术事业有了很大发展。专业的科学技术研究工作队伍得到壮大，进口了大量成套设备，掌握了新建工厂的生产技术，改造了许多原有的工厂，建立了重工业的初步基础。第二个五年计划期间，进一步掌握了国外技术，翻版设计和建设了不少大规模工厂，后期又围绕着发展国防尖端技术的任务，研究、设计和试制了大量新型材料和设备，开始大踏步向尖端技术进军。另外，针对我国的自然条件和自然资源进行了大规模的调查研究，掌握了大量资料。在农业方面，开展了广泛的研究试验，并总结群众生产经验，在农林牧副渔等生产领域进行了大量农业技术改革的基础工作。在工业方面，初步掌握了许多现代的基本生产技术，开始发展新兴工业技术，推动我国在工业现代化的道路上实现了迅速跨越。在基础科学和技术科学方面，许多薄弱或空白的学科得以建立和发展，原子能、喷气技术、电子学、半导体技术、自动控制、高分子化学和计算技术等新专业和新学科，在几乎是空白的基础上初步建立起来。

2. 十年科技规划

20世纪60年代初，国内外形势发生重大变化。由于种种原因，苏联单方面废除国防新技术协定，终止派遣专家，片面撕毁同我国签订的600多个合同。在撤走专家时，苏联还同时带走了全部图纸、计划和资料，并停止供应我国建设急需的重要设备，我国250多个企业和事业单位的建设处于停顿或半停顿状态。

中共中央深刻感受到单靠别人帮助、受别人制约的科技政策的不足之处，认识到中国必须走适合自己的发展道路。中国科学技术要想起飞，必须走"独立自主、自力更生"的道路。如何更充分地利用科学家的力量来解决国民经济、国防尖端和基础科学中的重大问题，成为当时科研工作的重要课题。

1962年春季到1963年春季，在党中央和国务院领导下，我国各方面的专家学者参与，独立制订了《1963—1972年科学技术发展规划》(简称《十年科技规划》)。《十年科技规划》确定了"自力更生、迎头赶上"的科学技术发展方针，提出了"科学技术现代化是实现农业、工业、国防和科学技术现代化的关键"的观点。

鉴于当时我国还是一个农业大国，《十年科技规划》的重点仍然在农业方面，提出总结提高农民生产经验，祖国农学遗产与发展现代科技相结合，科学研究与推广普及相结合，针对约占耕地2/3的好地或较好地，主要是大量生产商品粮、棉、油的地区和高产地区的土地，多快好省地进行农业技术改革，探寻尽快实现农业发展纲要规定指标的科学途径。

《十年科技规划》提出了关于技术经济研究的任务，对各项技术的具体内容进行经济效果的计算与分析比较。指出要加强10个方面的技术经济分析研究，包括：合理利用土地，农林牧副渔综合经营，农业技术改革，食品营养构成，燃料动力，原料材料选择，采用新工艺新装备和发展产品品种，建筑工业，综合运输，工业生产力的结构、布局和生产规模等。

《十年科技规划》同时注重基础科学、技术科学和工程技术三者的密切结合，做到理论联系实际，提高科学技术水平。将基础科学分为数学、物理学、力学、化学、生物学、地学、天文学7个学科，制订专门规划，并且在这个基础上提出了41个重点课题，以便有效地配合解决我国社会主义建设中的重大的科学技术问题，特别是在配合解决农业公关和尖端技术发展上做出重要贡献，在某些重大的科学理论问题上取得重要成果。《十年科技规划》的内容非常丰富和细致，对各项工作做了比较全面的安排，为后来的科研成就奠定了良好基础。

新中国成立初期一直到改革开放前，虽然受到1957年"反右"斗争扩大化、1958年"大跃进"、三年困难时期、苏联反目等历史因素影响，但是总体来说，这一阶段我国的科技体系初步建立，在国防尖端科技和农业发展等方面取得了必要的战略性成果。

第二节　迎难而上构建适应国家需求的科技体系

一、着手搭建科技创新的"四梁八柱"

随着新中国经济建设和科技工作的迅速铺开，北京地区的科技工作体系得以快速构建并逐步完善，科研机构及相关机构的建设逐渐形成规模。系统的科研机构和科研组织的建设为科技人员涵养和科技工作的有序开展构筑了坚实的基础。

1949年11月1日中国科学院在北京成立后，随着国家对旧有科研机构的整顿改组，又在北京地区新建了一批部属和市属研究机构和科技管理机构。到1956年，北京地区共有市属以上科研机构65个。1958年，随着科学技术事业的发展，中华人民共和国科学技术委员会、北京市科学技术委员会等各级科技管理机构陆续成立。到1966年，北京共有政府下属科研机构203个，其中中国科学院下属科研机构25个，部委下属科研机构145个，北京市属科研机构33个[①]。

这一时期，在中国科学院、产业部门的研究机构、高等院校和地方研究机构四个方面组成的北京地区科研工作系统中，中国科学院是学术领导和重点研究的中心，产业部门和高等院校的研究机构是两支主要力量，地方研究机构是不可缺少的助手。随着中国科学院、中央八大院校等在北京的设立与建设，再加上北京本地已有的北京大学、清华大学以及各类科研机构，北京不仅成为全国科技资源最密集的地区，同时也确立了在国家科技体系中的核心地位。

（一）中国科学院在京科研机构的建设

民国时期，北京已经存在一些科研机构。一是由国家设立的专

---

① 北京市科学技术志编辑委员会.北京科学技术志（上卷）[M].北京：科学出版社，2002-12.

门学术研究机构，如1928年成立的国立中央研究院，总部设在南京，下属13个研究所。二是地方性的研究机构，如北平研究所，下属9个研究所。三是一些由群众社团设立的研究机构和由工业、企业、部门设立的研究所，如由中央文化教育基金会董事会主持、成立于1940年的中国地理研究所，由14个文化学术团体和机关联合成立于1927年的西北科学考察团，由中国著名实业家卢作孚主要资助并任院长的中国西部科学院等。还有中共中央在1939年5月建立的延安自然科学研究院。这些研究机构的科研人员在新中国成立前的短短几十年里，艰苦创业，为中国科学事业的发展奠定了一定的基础。然而，随着国民党政府走向衰败，大多数科研机构已濒于瘫痪，名存实亡。

为使新中国的科技事业持续发展，中国共产党和一些科学家在筹建新生的人民政府的同时，已开始考虑重新组建一个新的全国性研究机构，以便迅速地开展全国科学研究工作。

1949年3月，中共中央迁往北平，组织筹备新的中国人民政治协商会议。自然科学工作者团体推荐了15名代表参加全国政治协商会议。代表们根据1949年5月在平召开的全国自然科学工作者代表会议筹备会精神，向政协会议提交了关于建立国家科学院的提案，提案指出："设立国家科学院，统筹及领导全国自然科学、社会科学的研究事业，使生产与科学、教育密切配合。"科学家们提出，新的科学院的建立，主要是将原有的国家科学研究机构加以整理和改组。

1949年9月，《建立人民科学院草案》确立了国家科学院的基本框架。1949年9月27日在中国人民政治协商会议第一届全体会议上通过的《中华人民共和国中央人民政府组织法》第18条规定，在政务院（1954年以后改称"国务院"）之下设立的科学院，其职能一是以新中国经济发展为目标开展科学研究活动，二是行使负责管理自然科学和社会科学一切事物的行政职能。会议提出建立中国科学院，并指定中共中央宣传部部长陆定一负责筹建工作。

1949年10月12日，中央人民政府任命郭沫若为中国科学院院长，陈伯达、李四光、陶孟和、竺可桢为副院长。1949年10月25日召开的政务院第二次会议决定，科学院的正式名称为中国科学院，新中国第一个全国性科研机构诞生。中国科学院的迅速组建为新中国科技事业的发展奠定了重要的人才基础和组织基础。

中国科学院成立后，在党的领导下，迅速开展了工作。首先，确定了办院方针，强调中国科学院将成为工农业及国防方面解决科学理论及技术问题的最高机构。同时扭转过去科学研究与现实脱节、放任自流的散漫趋势，并担负起计划并指导全国科学研究的任务。其次，接管和调整了研究机构，大力加强中国科学院自身的组织建设。科学院分批接收旧有研究机构，将原有的24个研究单位调整为17个单位，并筹建4个新单位，形成17个自然科学、4个社会科学的研究所。再次，团结争取和教育改造科学家，包括进行人才调查，聘请专门委员，积极争取和协助滞留国外科学家和留学生归国，组织政治学习和思想教育，开展思想改造运动，等等。最后，配合第一个五年计划，加强完善自身的学术和组织领导。其间，中国科学院还采取了一系列重大措施，派遣中国科学院代表团访问苏联，掀起学习苏联热潮。

根据全国大规模经济建设的需要，中国科学院进行全国科技布局，在若干地区建立分院。在北京地区科研机构组建方面，1949年11月5日，中国科学院接收了北平研究院在北京的原子学、物理学、化学、动物学、植物学和史学6个研究所，以及中央研究院在北京的历史语言研究所图书史料整理处。中国科学院北京部分的框架组建初步形成。1950年3月21日，中国科学院华东办事处在上海成立。1950年4月6日，中国科学院华东办事处南京分处成立。

1955年6月1日至10日，中国科学院举行了学部成立大会，199名学部委员出席了大会。学部的成立，标志着中国科学院渐臻成熟。中国科学院的成立和早期工作，使新中国成立初期处于一盘散沙状态的中国科技队伍，有了一个组织上的核心，并做了一些统一计划和指导工作。在调查国家自然条件和勘察自然资源、基础研究、人才培养与国际交流、促进科技为经济建设服务等方面也取得了突出成绩。

可以说，中国科学院是在旧中国已有的全国性研究机构基础上建立起来的全国性研究机构。新中国诞生伊始就迅速建立了中国科学院，这是中国共产党领导新中国科技发展采取的第一个重大措施。

在中国科学院顺利建设的基础上，中国快速形成了以中国科学院为核心，以行业研究院为骨干，以地方科研所为补充的技术研发与应用一体化的科研体系。

（二）国务院部委属科研机构的建设

北京在新中国成立前陆续成立了一批专业化的科研机构。1919年北洋政府时期，北京生物制品研究所成立，这是北京研制和生产生物制品最早的科研机构。1928年成立了中央研究院，蔡元培任院长。1929年成立北平研究院，李石曾任院长。1939年日本侵华时建立了北平农事试验场，1949年5月改建为华北农业科学研究所（中国农业科学院的前身）。

从1950年3月起，国务院各部门在京相继建立了铁道科学研究院、中国原子能科学研究院、重工业部钢铁工业试验所（后改为冶金部钢铁研究总院）、有色金属工业综合试验所（后改为北京有色金属研究总院）、轻工业部造纸工业研究所等一批科研机构。到1955年，北京已建有21个科研单位。

1956年初，中共中央发出了"向现代化科学进军"的口号，中国科学技术事业得到了快速发展。1960年，国务院各部门在京的科研机构发展到138个，科研机构遍布各个行业，从事科学研究的人员达到73097人。部委属在京科研机构成为北京科技资源的一支重要力量。

1961年，根据中共中央关于"调整"的方针，结合贯彻执行《科研工作十四条》精神，对国务院各部门在京的科研院所进行了精简调整。到1963年底，科研机构为122个，固定职工人数为56433人，其中科技业务人员36168人，高级、中级研究人员分别为949人、2436人。

（三）科技教育机构的建设

北平和平解放后，在教育行政部门备案注册的高等院校共有13所。其中，公立学校有6所，包括北京大学、清华大学、北平师范大学、北平铁道管理学院、北平艺术专科学校、北平体育专科学校；私立大学有4所，包括中法大学、中国大学、朝阳学院、华北文法学院。外国教会或基金会创办的大学有3所，分别为燕京大学、辅仁大学、协和医学院。此外还有铁路专科学校、蒙藏学校和北平助产学校等。为做好高等院校的接管工作，北平市军事管制委员会（简称军管会）专门设置了文化接管委员会。1949年1月10日，军管会接管了清华大学，清华大学成为北平接管的第一所公立大学。此后至1951年2月12日，政府陆续顺利完成了对在京各类大学的接管工作。

1949年3月，北平市委向中央报送了《关于大学的处理方案》，第一次提出把原有院校与迁平的解放区学校进行通盘筹划、调整的设想。其后以老解放区迁到北京办学的华北大学、华北大学工学院、华北大学农学院为基础加以扩展，组建成立了第一批新的高等学校。1949年6月，外国语学校成立。9月，国立美术学院成立。同年，北京大学、清华大学和华北大学三校的农学院合并，1950年4月定名为北京农业大学。[①]

新中国成立以后，需要大批专业技术人才，以适应国家大规模建设的需求。但是，新中国所承继的教育体系却不能满足这个需要。据初步估计，"一五"计划需要在工业、运输和地质勘探等各方面拥有各级技术人员30万人左右，拥有技术工人110万人左右。而在1952年，我国在冶金、采矿、石油等轻重工业领域以及运输、建筑工业、地质勘探等系统中只有初级以上技术人员14.8万人，约占系统职工总数的4.5%，并且高级专门人才少，人员业务素质差，不具备独立

---

① 北京市科学技术委员会.北京科技70年（1949—2019）[M].北京：北京科学技术出版社，2020.

设计和建造大型复杂工矿企业的能力。当时中国高等院校的工程技术学院和学科容量很小，每年仅能招收新生1.6万人左右，与工业建设的需要相距甚远。

另外，我国工科教育在学科设置、教学内容、教学方法和教学制度等方面，也不能适应苏联援助的工程项目对专门人才的要求。1952年，在当时"全面学习苏联"的形势下，中共中央决定在"以培养工业建设人才和师资为重点，发展专门学院，整顿和加强综合性大学"的总方针指导下，依据苏联高等教育制度，对全国各高等院校进行大规模的院系调整。

为此，中央有关部门在北京统一建立了8所高等学府，全国高等院校除留北京大学、复旦大学等十几所综合大学外，按专业设置拆拼重新组合成立各科专业学院。以航空、地质、矿业、石油、钢铁等为主的"八大学院"应运而生并声名远播。这八大学院分别是北京航空学院（现北京航空航天大学）、北京地质学院（现中国地质大学）、北京矿业学院（现中国矿业大学）、北京林学院（现北京林业大学）、北京医学院（现北京大学医学部）、北京钢铁学院（现北京科技大学）、北京石油学院（现中国石油大学，校址已迁往昌平区，原址现为中国石油勘探研究院）、北京农业机械化学院（现中国农业大学东校区）。北京大学、清华大学和正在建设的"八大院校"，聚集在今中关村和学院路一带，这里很快就形成了一个人才济济的科学中心。

这些高校开展科技教育，以为国家工业化建设培养人才为目标，人才教育与学科建设紧密结合。其特点是：学校建设紧密结合工业化需求，除去清华大学、北京大学这样的综合大学外，在各个行业领域，北京都设立了一批高水平的专业类高等院校。如人文类的中国人民大学，理工类的北京工业学院，航空类的北京航空学院、北京钢铁学院、北京地质学院、北京化工学院等，农林类的北京农业大学与北京林学院等。此外，医药类、师范类、语言类、财经类、政法类、体育类、民族类、艺术类等各专业类学校的设立过程中，北京也囊括了排名全国前列的院校。将人才培养与国家经济发展的需求紧密结合，尤其是与工业化发展目标紧密结合，培养了大批适用人才，有力地支撑了国家工业体系的建立。

（四）北京市级科研院所机构建设

新中国成立后，北京市在市级层面也建立了自己的科研机构和科研队伍，包括：建设了一批市属科研机构，一些行业成立了自收自支科研与开发机构，一些厂矿企业相继建立了自己的企业研究室和研究所等研究与开发机构等。

1. 北京市属科研机构建设

1955年，北京市结核病肺病肿瘤研究所成立，这是北京市属最早的独立研究机构。1956年首都工农业生产技术大规模发展时期，为适应经济建设对科学技术的迫切需求，北京相继在建筑工程、农业、林业、水产、医药、卫生、建材、劳动保护等领域建立了一批研究机构。到1960年，市属科研机构20个，职工2489人，其中科技人员1071人。

1962年，北京科研院所在整顿调整中继续发展。到1963年，科研机构增至33个，固定职工3746人，其中科技人员2654人。

"文化大革命"期间，北京又先后建立了制药、计算、光电、新技术、汽车等18个市属研究院所。[1]

2. 自收自支科研与开发机构

北京还有一批自收自支科研与开发机构，也获得了快速发展。1957年，北京服装行业率先在本市成立了北京市服装研究所，其后北京市玩具研究所、北京市装潢设计研究所等行业自收自支的科研与开发机构相继诞生。至1985年，这类研究机构有17个，职工5437人，其中从事科技活动的人员3863人，占职工总数的71%，科学家和工程师995人。1987年，国务院发布《进一步推进科技体制改革

---

[1]　北京市科学技术志编辑委员会.北京科学技术志［M］.北京：科学出版社，2002-12.

的若干规定》，北京行业性自收自支科研与开发机构进一步发展。到1990年，北京行业性自收自支科研与开发机构增至23个，职工5277人，其中科技人员3022人。

3．厂矿企业科研机构

1950年8月，中央人民政府政务院发布了《关于奖励有关生产的发明、技术改进及合理化建议的决定》，鼓励发明创造，改进技术，发展生产。据此，北京一些厂矿企业相继建立技术革新、技术革命小组，广泛开展技术改造，增加新产品，提高产品质量水平等活动，并在此基础上逐步建立企业研究室和研究所等研究与开发机构。

1956年，北京核仪器厂首先建立了厂办研究所，继而北京化工厂、北京新立机械厂、清河毛纺织厂、国营向东机械厂等也先后成立了研究所。到1961年，北京共建厂矿企业所属研究与开发机构29个，包括研究所10个、研究室19个。职工197人，其中科技人员145人，大学以上技术人员67人。[①]

20世纪70年代，创办企业坚持自力更生，开展群众性的技术革新、技术改造活动，厂办科研机构的规模和数量进一步扩大。至1975年，北京厂办研究机构41个，职工总数为2261人，其中科技人员1169人。

（五）地区科技组织建设

1949年5月，中国科学社、中华自然科学社、中国科学工作者协会和东北自然科学研究会等4个科学团体发起，邀请国内科学技术各界知名人士在北平共同组成中华自然科学工作者代表会议筹备委员会，吴玉章任筹备委员会主任。

1950年8月18日至24日，中华自然科学工作者代表会议在清华大学礼堂举行，有代表469人参加。会议决定成立中华全国自然科学专

[①]　北京市科学技术志编辑委员会.北京科学技术志［M］.北京：科学出版社，2002．

门学会联合会（简称全国科联），选举李四光为主席；成立中华全国科学技术普及协会（简称全国科普），选举梁希为主席。

1951年、1953年，北京市自然科学专门学会联合会（简称市科联）和北京市科学技术普及协会（简称市科普）分别成立。茅以升为市科联主任委员，钱崇澎为市科普主席。1963年，在市科联、市科普联合筹备的基础上，成立了北京市科学技术协会（简称市科协）。北京自然科学方面的学会，到1955年有22个，1966年上半年达到43个。

二、初步建立相对完备的科技管理体系

建国初期，为有序推进科技工作，全力支持、积极参与国家与北京地区的经济与社会建设，科技系统初步建立了相对完备的科技管理体系。

（一）中央设立国家科委管理国家科技工作

1949年9月27日，中国人民政治协商会议第一届全体会议决议通过了《中央人民政府组织法》，明确在政务院（1954年以后改称国务院）下面设立科学院，来行使管理全国科学研究事业的职能。中国科学院的成立对于调查和了解全国的科研机构与人才、协调全国有限的科研资源、指导全国的科研活动、建立新中国的科研体系起到了重要作用。在这个体系中，中国科学院既是全国学术领导机构又是重点研究的中心。同时部分工业部门和高校也承担了部分科技管理职能和研究任务。

在制订编制《十二年科技规划》初期，为加强规划的组织领导，在周恩来的领导下，1956年3月国务院成立了科学规划委员会，负责全国科学技术发展远景规划的制订工作。600多名各种门类和学科的科学家被调集参加了规划编制工作，还邀请了16名苏联专家来华介绍世界科学技术的发展水平和发展趋势。为加强对全国科学技术工作的领导，1956年6月国务院又批准成立了国家技术委员会，作为组织全国技术工作的职能部门。1957年，科学规划委员会职责扩大成

为掌管全国科学事业方针、政策、计划和重大措施的领导机关。1958年，中共中央成立科学小组，组长为聂荣臻。1958年11月，国家技术委员会和国务院科学规划委员会合并，设立中华人民共和国科学技术委员会（简称国家科委），负责全国的科技工作。国家科委的基本任务之一就是制订国家科学技术发展的年度计划和长远规划，作为国民经济计划的一个组成部分，并且要采取有力措施，保证规划和计划的贯彻实施。

1964年1月，国家科委重新制定了《中华人民共和国国家科学技术委员会工作条例》，规定了国家科委的总目标和具体任务，以加强国家科学技术最高管理机构的工作效能，切实担当起领导全国科学技术工作的责任。

总体来说，新中国成立初期的科技管理组织结构较为简单，上下层关系已经初步形成，科技管理的职能主要由中国科学院和国家科委执行。"文化大革命"期间，科技管理组织体系有所变化。1967年7月，中国科学院革命委员会成立。国家科委于1970年成立军事管制委员会。1970年7月，两个委员会合并成立新的中国科学院革命委员会，承担原国家科委的全国性科学技术管理工作。国务院于1971年设立科教组，负责原国家科委和教育部的工作，而到1973年，国务院科教组的科技组并入中国科学院，以科学技术办公室的名义负责全国民用科技工作的管理。科技管理工作在这一时期基本处于停滞状态。

（二）北京市科委的成立引导市级科技工作

1958年10月25日，北京市人民委员会第二次会议决定成立北京市科学技术委员会（简称市科委），作为北京市人民委员会主管科学技术工作的职能机构。直属单位有市科协、市计量处、天文馆等。

1961年，遵照中央"调整、巩固、充实、提高"的方针，市科委机关进行了精简，人员减至45人。1963年之后，根据工作发展需要，市科委机关相继增设了发明技术改进处、技术干部处、人事处。情报处改为事业单位。1964年，市科委机关编制增至54人，实有61人。1965年2月，市人民委员会编制委员会批准市科委机关机构再次紧缩，编制为40人。"文化大革命"期间，市科委工作受到一定影响。1966年"文化大革命"开始后，市科委工作处于停顿状态。1969年1月，北京市革命委员会决定撤销市科委。1969年3月，北京市革命委员会计划组建北京市科技小组，负责全市科技计划的制订、安排和实施。1972年6月，北京市批准成立北京市科学技术局，开展相关工作。

市科委从成立之日起，就开始依据国家、地方所制订的科技发展规划、中长期计划，并结合北京市实际情况，以年度为周期组织制订并具体实施科技发展年度计划。从1963年起，市科委开始编制实施与国家科技发展长远规划、中期发展计划配套的北京市科技发展长期规划及中期发展计划。

1964年6月，北京市委批准并实施市科委编制的《工业、农业三年（1963—1965年）科学技术计划》。这是北京市第一个科技发展中期计划，它确定了北京市工业、农业方面的研究计划、研究课题和重点课题。

从国民经济建设的第3个五年计划开始，北京市为配合建设需要、发展科学技术事业，在每个国民经济建设的五年计划阶段都相应地制订了科学技术发展的五年计划。

《工业、农业三年（1963—1965年）科学技术计划》以工业、农业发展需求科技为重点关注领域。在工业方面确定了以半导体、精密合金、精密机械、仪器仪表、石油化工等12个方面的219个研究课题，其中重点课题51项。在农业方面根据提高单位面积产量、综合发展农林牧副渔、逐步解决粮菜肉乳果供应不足的要求，确定了现代化农业实验研究中心、500万亩旱涝保收稳产高产农田、副食品农业基地、旱涝碱综合治理、山区综合利用等5个重点综合研究方向、13项专题研究计划，共208个研究课题。

1966年4月，市科委编制提出了"三五"科技发展计划。该计划提出了十大重点任务：高运算速度、大存储容量第三代计算机；石油、化工自动化仪表；光学和电子光学仪表；自动化精密机床和新型农业机械；稀土及其应用；石油化工和新型特种塑料；硅单晶等无机非金属材料；煤制剂等生物催化技术；放织染整技术；以激光、低温超导等技术物理为重点的研究工作。

1972年3月，北京市"四五"科技计划小组编制了"四五"科技发展计划。该计划内容包括农业、冶金、化工、机械、仪表、轻工、综合利用、医疗卫生、城建、自动化系列、新技术研究、科研机构建设等12个方面共计250个科技项目。

通过科技计划的编制实施，北京实现了对科技发展工作的有效管理和引导。

三、在国家科技发展中贡献北京力量

新中国成立初期，科技基础薄弱，科技资源紧缺，为使其尽可能满足社会发展的强烈需求，人民政府在一些重大的科研项目上，集中国家的科研力量，通力合作，取得了许多重要的科技成就。北京在这些全国高度协同的重大项目攻关中，充分发挥了自身雄厚的科技资源优势，为重大科技项目研发做出了卓越的贡献。

（一）新中国成立初期综合考察中的协同攻关

新中国集中科技力量、协同攻关的做法，就是从新中国成立初期的综合考察开始的。

即将进行的大规模的社会主义建设，要求对各种资源进行全面、综合和合理的开发利用。但是新中国成立时，我国广大地区，特别是边远地区的自然条件与自然资源的科学资料几近空白。为此，国家和政府对自然资源综合考察工作给予了高度重视。

早在1951年，中央文化教育委员会委托中国科学院组织了西藏考察队，对西藏进行地质、地理、气象、水利、农业、牧业、植物、土壤、社会、历史、语言、文艺、医药卫生等各个学科的初步考察。

工作队分地质地理、农业气象、语言文字、社会科学、医药等5个组。队员除了来自中国科学院有关研究所外，北京大学、清华大学、燕京大学、北京农业大学等多家北京机构也参与其中，中央人民政府有关部门和医疗卫生机构也派员参加，另外还有重庆大学、西南地质调查所等单位参加。

此后，国家又多次开展了针对西藏、川西、滇西北、海南岛、华南等地区的资源考察工作。例如，1952年，中国科学院进行了对海南岛、雷州半岛和广西南部的考察，并在此基础上，于1957年建立了有关华南热带生物资源综合考察队。1959年至1960年，中国科学院和原国家体委组织中国珠穆朗玛峰登山科学考察队，编写出版了《珠穆朗玛峰地区科学考察报告》。

在国家《1956—1967年科学技术发展远景规划》中，就规定了4项资源综合考察与区域开发战略研究的任务：西藏高原和横断山区综合考察及开发方案研究；新疆、青海、甘肃、内蒙古地区综合考察及其开发方案的研究；热带地区特种生物资源的研究与开发；重要河流水利资源综合考察和综合利用研究。为了组织和实施上述综合考察任务，经国务院批准，中国科学院于1956年成立了综合考察委员会（简称综考会），竺可桢副院长兼任主任，漆克昌任副主任。从此，我国大规模的自然资源综合考察事业蓬勃发展起来。综考会作为中国科学院唯一的跨学科、跨部门的自然资源综合考察协调机构和研究单位，在这一事业中发挥了重要作用。

由北京多家单位和机构共同参与的新中国成立初期的全国大范围综合资源考察，不仅积累了大量宝贵的第一手科学资料，填补了边远或未开发地区资源科学的空白，而且为区域资源开发和国民经济发展战略决策提供了重要依据。

（二）原子弹、导弹的研制过程中参与全国大协作

新中国真正形成全国大协作、集中全力攻关的局面，是在原子弹、导弹的研制过程中。

研制核武器是新中国成立初期中国政府的一项沉重的财政负担。从我国当时的经济实力、工业状况、军工基础等方面来看，发展原子弹、导弹的时机和条件都不是很成熟。至于核科学专家，新中国成立时只有10来个人，中国科学院近代物理研究所成立一年以后，仅聚集了30多人，可参与导弹研究的高级专家，国内当时也只有21人。但是，出于对国家安全的考虑，不得不做出研制的决策。

　　为了保证研制工作的顺利进行，中共中央出面，协调和解决各种相关问题。中国科学院将1000多名科技人员送到二机部，仅金属所就调去了副所长张沛霖和近100人的核燃料科技队伍。1960年，中央批准张爱萍关于请求尽快调齐有关科研部门急需的技术骨干和大学生的报告。中央书记处为此专门发出通知，要求各有关省、自治区、直辖市指定组织部长负责，进行认真挑选审查，如数选调。这项工作很快落实下去，100名有实际工作经验的技术骨干、4000名大学生、2000名中技毕业生充实到国防科研队伍中。而新材料和配套产品的研制、生产等相关的辅助工作，则由国家经委、国家计委、国防工办、物资部等部门联合组织落实。

　　据初步统计，在研制第一颗原子弹的过程中，全国有26个部院，20个省、自治区、直辖市的900多家工厂、科研机构和高等院校联合。其中有大量的科学家和技术人员或从北京出发奔赴各地，或在北京开展相关理论研究工作等。他们不计名利，秘密参与这些研究项目，解决了近千项重大课题。

　　在研制原子弹、导弹的过程中，中国形成了全国大协作的局面。这种协作，由于有了中央专委这样具有高度权威的机构的统一组织和领导，才能够在短时间内，克服科学技术力量薄弱、国防工业基础较差等不利因素，取得巨大的成功。

第三节　崇高科学家精神树立的不朽丰碑

新中国成立初期，在爱国精神的感召下，大批海外学子回国，与国内的科技工作者一起，为新中国的建设做出了卓越的贡献。其中有一大批归国学者来到北京定居，在北京参与国家科技建设工作。他们不怕生活条件艰苦、科研条件简陋，克服重重困难，燃烧着自己的激情和力量，撒播着对祖国、对科技工作的热爱，也影响了一代又一代的青年科学家。后来他们中的许多人成为新中国科技事业的重要奠基者。

一、大批优秀学者排除万难回国效力

据教育部的初步估计，截至1950年8月30日，我国在外的留学人员有5541人。其中美国有3500人，日本有1200人，英国有443人，其他国家有398人。其中自然科学方面的科技人员占70%，社会科学方面的科技人员占30%。他们多数于1946年至1948年出国，并在各学科领域学有所成。在他们得知新中国成立后便跃跃欲试，陆续踏上了归国的艰难路程。

新中国的成立，在海外留学人员中产生极大反响。1949年8月始，钱保功等一批留美学生几经辗转，历时4个月回到北京，掀开了海外学子大规模归国浪潮的第一页。党和国家对海外学子归国非常重视，也在积极采取各种措施促进海外学子归国的进程。当时的国际形势并不利于海外学子归国工作的开展。在国际上，美英政府为了限制新中国的发展，对留学人员返回祖国采取了阻挠的行动。由于大部分的海外学子在这些国家，争取他们回国的工作一时困难重重。

1952年12月11日，张兴铃等15名被扣留的留学生联名致函周恩来，表达了他们回归祖国的鲜明态度和赤子之心，呼吁中国政府给予有力的援助。对此，中国政府给予了积极回应。1955年，中美两国大使级会议在日内瓦举行时，中方进行了多次交涉和斗争，迫使美国

同意放行学者、留学生归国。钱学森、郭永怀、林兰英、张文裕等一批知名学者就是此后获准回国的。

在新中国的呼唤和感召下，大批学者和留学生不顾美英等国政府的层层阻挠，不顾路程遥远艰难，毅然回到祖国的怀抱。当时，著名科学家钱学森、李四光、赵忠尧等人便是几经磨难、几经险恶回到祖国的。据统计，1949年至1957年近8年时间内，归国人员在3000人左右，占新中国成立前在外留学生、学者总数的50%以上。他们与我国从1951年始派往东欧、苏联的留学人员形成我国科技界中两支中坚力量，成为我国各个学科领域的开拓者和带头人，在中国的科技事业发展中发挥了巨大的作用，尤其对我国第一个五年计划的实施做出了重大的贡献。

1957年以后，由于国际形势趋于紧张，加上国内"反右"运动扩大化等原因，海外知识分子归国的热情受到了不同程度的影响，归国数量开始减少，热潮趋于消退。

二、科学家们自力更生、艰苦奋斗的家国情怀

新中国成立之初，物质条件极端艰苦，科研条件基本为零。被爱国热情鼓舞的科技工作者们，不计得失、不计名利、自力更生、艰苦奋斗、无私奉献，克服了许多生活和工作上的困难，在艰难的岁月中坚守报国理念，取得了辉煌成就。

（一）从零做起，构筑中国现代科技基础

新中国成立之初，从美、英等国义无反顾回国报效祖国的爱国知识分子，与国内的科技工作者们一起，不畏生活条件艰苦，自力更生创造科技条件，克服各种难以想象的困难，在祖国各条科研战线上贡献着自己的力量。

这些回国的海外人员基本上都是当时中国的高级知识分子，他们所拥有的知识特别是自然科学方面的知识是新中国非常缺乏的。这些科学家遍布数学、力学、物理学、化学、天文学、地学、生物学、农

学、药学、工程技术等各个领域，为新中国的经济建设和科学发展提供了宝贵的人才资源、科技知识资源。

许多科学家不顾利害得失，带着自己的科技资源与科技成果毅然回国。如，赵忠尧1950年回国时为新中国购入了当时的紧缺设备——加速器的大部分部件，并于1955年和1958年主持建成我国最早的两台质子静电加速器，发展了真空技术、高电压技术、离子源技术，也为核物理研究创造了条件。张文裕、王承书夫妇，花了整整一年的时间，在密歇根大学附近的3个邮局，陆续寄出300多包书，这些书的重量加起来，足足有2吨多重。随后二人也回到了祖国。

科学家们在祖国科技工作的艰难时刻勇挑重担。新中国原子能事业创建初期，从这批归国人员中抽调300多人参加原子能工作或转入有关专业学习，其中有程开甲、郭永怀、朱光亚、邓稼先、陈能宽等人。正是由于这些归国知识分子的知识储备，才使得新中国在苏联撕毁合同、撤走专家之后，能够自力更生地研制出原子弹和氢弹。

新中国成立之初的这一批知识分子全面参与了国家科技建设，并做出了重要贡献。不仅仅是"两弹一星"等项目，科学家们用自己的科技知识推动了国家社会发展的各个领域的建设工作。如，李四光带领着一批地质学者如黄汲清、翁文波、张文佑等在各方面的通力配合下，采用大规模的地面磁法、重力法、反射波人工地震、电测法等技术勘探，终于在1958年找到了石油构造。华罗庚的"优选法""统筹法"，为新中国的经济建设节约了不少成本。他还于1952年提出发展电子计算机的呼吁。泥沙科学家钱宁回国后，先后完成了《泥沙动力学》《河床演变学》《高含沙水流运动》等著作，为探索这方面的规律、培养治理江河的专门人才做出了贡献。现代结核病控制工作奠基人、防痨专家阚冠卿于1950年回国，当年就提出迅速普及儿童卡介苗接种，到1957年，北京城区新生儿接种率已达92%，极大地提高了新生儿的成活率。1950年从美国回来的黄宛，在国内推广普及心电图知识，在国内奠定了标准12导联心电图学理论，奠定了介入诊治技术的基础。生物遗传学家沈善炯，回国后先是应医药工业急需，改行研究抗生素，"文化大革命"后才转回遗传学的研究，同样做出了突出的贡献。

从英美归国的知识分子，派往苏联、东欧的留学人员，以及国内自己培养的优秀科技人员，他们一起成为中国科技领域的中坚力量。他们有的成为高新科技领域和基础学科的开拓者，有的成为科技战线的领导人和组织者，有的成为国际学术机构的领导人，为发展新中国的科技事业做出了重大贡献。据初步统计，仅在新中国成立前后回国的专家学者中，成为中国科学院学部委员的有113人，占全体学部委员的1/3以上（不含1992年后新当选者）。他们当中获得国家自然科学二等奖、国家发明一等奖、国家科技进步一等奖以上奖励的有132人；荣获"两弹一星"功勋奖章的23人中，有21人是当时归国的海外学者。

（二）中关村"特楼"里的科学家们[①]

在新中国的科技工作者群体中，有这么一群曾经工作和生活在北京中关村"特楼"里的科学家，他们身上的爱国主义情怀和艰苦奋斗的崇高品质，正是当时无数忘我工作的科技工作者所具备的科学家精神的集中体现。

1. 中关村"特楼"的建成与科学家们的会聚

在中关村鳞次栉比的高楼中，"科源社区"中心的13号、14号、15号3座小楼，曾经大师云集，先后入住的有钱学森、钱三强、何泽慧、汪德昭、郭永怀、童第周、贝时璋、罗常培、吕叔湘、顾准等60余人。他们绝大部分为最早的中国科学院院士，也有"两弹一星"功勋获得者、"863计划"的倡导者，几乎每一位都是某一领域的开山鼻祖。

1949年，中国科学院成立后，要把分布在南京、上海等地的中央研究院各研究所迁到北京，因此选定了当时还是一片荒地的中关村

---

① 北京日报报业集团.中关村"特楼"，深藏功与名![N].北京日报，2019-08-27.

地区作为"永久院址"。

1951年，北京市政府批准用地后，这里最先建起来的是近代物理研究所，以安置赵忠尧从美国带回的核物理研究器材。1952年，在蜂蝶飞舞的菜地、蛙声鼓噪的稻田和坟冢隐没的荒野中，一座混凝土大楼破土而出。这就是后来人称共和国科学第一楼的"原子能楼"。截至1966年，中国科学院直属机构118个，其中有22个集中在中关村。

中关村的近代物理研究所很快由5人发展到150人，大批科研人员聚集于此，他们的居住问题也亟待解决。1954年，在今天的中关村东区建起了一批住宅楼，其中3座三层小楼，总共48户，因其内部条件和外部环境最好，安排高级知识分子居住，而被称为"特楼"。这3座小楼，灰砖、黑瓦、朱红色木窗格，就是现在的科源社区13号、14号、15号楼。从南京、上海迁往北京的一批科学家住进了较早建成的14号和15号楼。此外，新中国成立头两年来从海外归来的科学家，像赵忠尧、叶渚沛等人也成了这里的住户。1955年到1956年海外回国知识分子中的许多人则大都住进了新落成的13号楼。当时在中关村，还有社会科学的4个研究所。因此，一批人文社会学家也把家迁到了"特楼"，如吕叔湘、罗常培、陆志韦等。"特楼"里还住过一些党政干部。他们大都是在党内文化水平高，能和科学家们打成一片的，如恽子强、卫一清、白介夫等。

2. 科学家们以苦为乐、拥有饱满的生活热情

那时的中关村荒草长得比小孩高，南边有很多坟地，西山的狼经常跑到中关村。尽管配备着厨房、卫生间、浴缸等的3座楼，在当时的中国已经算是高端的了，但是对于刚从国外回来、已经用惯了吸尘器、冰箱、电视机，习惯了弹钢琴、喝牛奶的科学家们来说，这样的生活水平仍然算是艰苦的。但科学家们仍然充满欣喜。钱学森的儿子钱永刚说，当时"爸爸妈妈都很愉快，因为这里毕竟是自己的国土，自己的家"。

钱学森一家在中关村安家时，中关村到处是林立的脚手架和刚刚

开挖的地基，而他也在为新中国的科学"打地基"。1956年，他参与制订的《十二年科技规划》，决定了我国重点发展的学科和项目。钱学森作为综合组组长，用他的远见卓识，把当时还非常神秘的计算机、导弹、原子能等列入其中。"两弹一星"甚至"神舟飞船"的发展，都是由此打下基础的。

"向科学进军"的蓝图铺展开来，钱学森急不可待地致信康奈尔大学的郭永怀，邀请他到中国科学院力学所工作，信中还提到了两家在"特楼"的住房。"我们已经为你在所里准备好了你的'办公室'，是一间朝南的在二层楼的房间，淡绿色的窗帘，望出去是一排松树。希望你能满意。你的住房也已经准备了，离办公室只五分钟的步行，离我们也很近，算是近邻。"

根据钱学森的回国经验，郭永怀为了顺利回国，烧掉了自己的论文手稿和笔记。同船的张文裕和王承书夫妇则受到美国的严格审查，以至于船晚开了两个小时。同船的两家人，后来在"特楼"又成了邻居。出任力学所副所长后，郭永怀一家入住13号楼。他的夫人李佩，本来被安排到中国科学院外事局工作，但为了就近照顾丈夫和5岁的女儿，就在中国科学院行政管理局西郊办公室当起了副主任。

"特楼"刚建成时，周围仍是荒郊，配套设施大都没有。居住面临着许多困难，没有商业网点，没有幼儿园、学校和医院……李佩把在国外的经验用到了中国。在她的组织下，吕叔湘的夫人、赵忠尧的夫人、赵九章的夫人、邓叔群的夫人、梁树权的夫人组成了"家属委员会"，许多有关生活上的事，卫生、学习、安全、子女教育……都由她们担当了起来。中关村建起了幼儿园，还对名副其实的乡村小学——保福寺小学加以改造，现在名气很大的中关村第一、第二、第三小学都脱胎于此。让科学家给小学生上课这个传统，也是李佩那时开创的。为解决缺医少药问题，李佩还请一位退休后住在女婿家的沈大夫建起了医务室。这位女婿就是"两弹一星"元勋陈芳允院士。直到1960年建立了中关村医院，中关村地区的医疗条件才有了较大改善。

科学家们自己动手优化自己的生活环境。那时，每周都有这样一个傍晚，平常"神龙见首不见尾"的科学家们，全家一道出现在楼前，不是开Party，而是出来打扫卫生、美化环境。中关村一街路口还建起了一座"福利楼"，里面有餐厅、理发室、乒乓球室等便民设施。卖原版书的外文书亭和用篆字做招牌的餐厅，都让这里变得与众不同。现在成了"网红"的中关村茶点部，在当时就是由李佩向中国科学院提议，北京市政府特批，专营西式糕点的地方。为确保口味正宗，还把天津起士林的井德旺请来担任主厨。不但科学家爱这一口儿，上岁数的"老北京"也会想起这么句话：老莫的蛋糕，新侨的面包，中关村的西点。中关村还建了礼堂，尽管音响效果不佳，但邀请来演出的都是大腕，梅兰芳的绝唱就是在这里完成的。

这些待遇看似优厚，但相对于科学家们所放弃的，实在不值一提。汪德昭在巴黎的居所，有大得可以开音乐会的客厅，有飘着玫瑰香的花园；李佩在康奈尔大学旁边的家，是一幢维多利亚风格的独幢别墅，风景绝佳；张文裕和王承书有两辆私家车，因为归心似箭，来不及变卖，干脆都送了人；杨承宗回国之前，刚接到了法国国家科学研究中心年薪55.5万法郎的聘书。

3. 科学家们严谨、勤奋的工作作风

科学家们聚在一处，最大的好处是随时随地可以"头脑风暴"。那些参与国防的专家"知道的不能说"，家人朋友"不知道的不能问"，因此很少私下谈论具体工作。但他们总能在花坛边、楼道里，找到相关学科的大咖，巧妙地聊出心里的困惑，听者也能心领神会，提出启发性的意见。钱学森的兴趣广泛、视野广阔，另一个单元搞生物的贝时璋、13号楼的化工专家郭慕孙、地理所的黄秉维，都能和他聊到一处，还能碰撞出火花来。郭永怀和汪德昭住楼上楼下，夫人们也是旧识，一次聊天时说起铀235的分离问题，搞声学的汪德昭在既有方法之外，另辟蹊径，提出用超声波进行分离。力学和声学两个学科就在笑谈中有了交集。聊得最畅快的，是我国第一个人造卫星研究机构——"581组"。这个组的组长、副组长都是这3座楼里的住户。"581组"成立后，赵九章家经常宾客云集，专家们在一块小黑板前写写画画，阐述着自己的想法。讨论过后，赵九章的房间经常是孤灯一盏亮到天明。

新中国的头十几年，是中关村"特楼"的黄金时期，对搞科研的这些归国科学家来说，也是真正发挥他们工作热情和聪明才智的时候。[①]

三、一批开创中国科技全新局面的尖端成果

新中国成立之初，钱学森、邓稼先、钱三强、华罗庚、李四光等一批杰出科学家，心有大爱、情系国家，坚持开展着科学和技术研究事业，为我国科技事业发展奠定了坚实的基础，注入了艰苦奋斗、自强不息的灵魂。经过广大科学家与科技工作者的卓绝奋斗，这一时期我国在航空航天、基础理论研究、医药等领域取得了一系列重大科技成果。

（一）第一枚导弹发射成功，开启中国航天发展历程

中国第一枚导弹是仿制苏联的P-2短程弹道导弹，命名为"东风一号"，射程约600公里。它于1958年4月开始仿制，1960年11月5日试射成功。"东风一号"发射成功，标志着中国向掌握导弹技术方面迈出了突破性的一步，但是没有实战部署，仅作为技术储备。它的仿制成功，为我国后来研制射程达1300公里的"东风二号"导弹打下了坚实基础。第一枚"争气弹"的成功发射，打破了霸权国家"中国的导弹永远上不了天"的预言，开辟了我国战略导弹部队的通天之路。从此，中国航天开启了从无到有、从小到大、从弱到强的发展历程。东风破晓，气贯长虹，中国航天事业自此迎来了崭新天地。

说起中国导弹事业的起步，就不能不提到"中国的导弹之父"、著名科学家钱学森。1955年10月，钱学森历经磨难与曲折从美国回

① 边东子.风干的记忆：中关村特楼内的故事［M］.上海：上海教育出版社，2008.蔡恒胜，柳怀祖.中关村回忆［M］.上海：上海交通大学出版社，2011.

到中国。1956年10月8日，钱学森负责筹建的我国第一个火箭、导弹研究机构——国防部五院宣告成立。这一天，正好是钱学森回国一周年的日子。

1957年10月，中苏签署《关于生产新式武器和军事技术装备以及在中国建立综合性原子能工业的协定》，苏方承诺在核武器和导弹研制方面给予中国帮助。1957年12月，两枚苏制P-2教学导弹连同地面设备秘密运抵京郊的一所学院内。不久，五院的技术人员全部集中到学院，一边学习，一边进行仿制工作。

为了争取时间，同时也受制于生产条件，导弹的许多部件都是在北京以外的工厂协作生产的。航天档案馆珍藏的一幅"1059"器材供应分布图显示，全国几乎所有省、自治区、直辖市，1400多个单位直接和间接参与了仿制工作。在这张全国协作网上，主要的承制厂就有60多家，遍及全国各地，涉及航空、电子、兵器、冶金、建材、轻工、纺织等多个领域。

导弹仿制过程中，我们发挥主动性与自力更生的精神，克服了许多困难。但是，苏联运来的资料中缺少关键的发动机试车台及试车规程方面的资料。发动机总设计师任新民带领团队发愤图强、废寝忘食，用两个月时间编制出了试车台设计任务书。1960年3月，中国科技人员终于建成了自己设计、自己建造的大型液体火箭发动机试车台，并于1960年10月17日成功完成"P-2"导弹发动机90秒的典型试车。这是决定导弹能不能出厂、投入发射的关键之一。

1960年2月，国防科委下达命令，要求5月底6月初，发射苏制近程地对地导弹。正当基地按计划厉兵秣马准备试验任务的时候，苏联专家以我国的液氧不合格为由，拒绝用我国自己生产的液氧发射导弹，并用各种借口不提供发射用液氧，阻挠我国导弹事业的发展，原定的发射计划不得不推迟。经过总设计师、一部主任梁守槃的仔细分析计算，最后果断使用了我国自己生产的液氧。1960年7月16日，苏联政府中断了合同，撤走专家，带走了关键的技术资料和图纸，刚刚起步的中国航天事业面临着夭折的危险。基地部队和科技人员把一切工作的出发点和落脚点都放在独立自主、自力更生基础上，全力发展自己的导弹试验，尽快地掌握试验发射技术。基地掀起了学习理论和钻研业务、开展技术练兵的热潮。一个个技术难点被攻破，一张张技术资料和图纸被完成。

1960年9月10日，我国成功发射了苏制近程地对地导弹。1960年11月5日上午，聂荣臻元帅坐镇指挥，我国第一枚国产地对地近程导弹"东风一号"喷射着浓烈的火焰，在雷鸣般的轰响声中拔地而起，直冲蓝天，发射取得圆满成功。

（二）"两弹一星"横空出世，保国安宁

20世纪50年代中期，为了抵御帝国主义的武力威胁，打破它们的核讹诈、核垄断，尽快增强我国的国防实力，保卫和平，党中央果断做出了自力更生研制"两弹一星"的战略决策。

1. 原子弹研发

1956年，在中央制订的发展我国科学技术的《十二年科技规划》中，原子能研究被列为第一项重要任务。创建初期的中国核工业，曾得到过苏联的技术援助。但是在1959年，中苏关系破裂，新中国刚刚起步的原子能事业，刚刚起步就面临着半途而废的境地。虽然如此，我国科研人员并没有因此而放弃研制原子弹，而是一路坚持攻克很多难关。

1964年10月16日，中国第一颗原子弹在新疆罗布泊爆炸成功，中国在原子弹理论、结构设计，以及各种零部件、组件、引爆控制系统的设计和制造等方面，都达到了相当高的水平。

"两弹元勋"邓稼先曾说过，核武器事业是经过成千上万人的努力才取得成功的。中国第一颗原子弹成功爆炸的背后，既有我们现在熟知但在当时隐姓埋名的科学家，也有千百万普通的科技工作者。在研究原子弹并将其成功引爆这个长长的链条上，他们是各个环节的"操刀者"、亲历者。他们经历了一生中最难忘、最骄傲的青春年华。

邓稼先自己就是在接受了秘密研制原子弹的任务后，离开了家，

离开了孩子，隐姓埋名28年。一次实验中，他不幸受到核辐射，身患癌症。1986年7月29日，在与妻子团聚后仅一年，邓稼先在北京逝世，终年62岁。

邓稼先的老师王淦昌亦如此。1960年，53岁的他接受国家秘密任务，改名为王京，隐姓埋名28年。

彭桓武，核武器研究所的副所长。新中国成立初期，生活条件艰苦。当时的核武器研究所很多人得了浮肿病，好多人的肝功能不正常，缺乏营养，饿着肚子，一天也要工作十几个小时。彭桓武的腿和脚肿得连布鞋都穿不上了，但他是核武器研究所的副所长，他要不上班，其他人员的工作就要停摆。

郭永怀，1968年12月5日在基地做完第一颗热核弹头实验准备工作后，乘坐回北京的飞机失事，不幸牺牲。他牺牲的时候，把装有数据的皮包紧紧地抱着。①

王方定，中国科学院院士，当时是只有30来岁的助理研究员，攻关点火中子源任务。在棚子里，夏天到了40度，他们还要戴着防毒面具做实验；冬天零下十几度，他们做实验时冻得直跺脚。经过3个寒暑，试制成功了4个中子源，经过检验，全部符合要求。

在国家经济最困难的时候，远在新疆罗布泊的核试验基地更是雪上加霜。罗布泊本来植物就很稀少，可以吃的如榆树叶子、沙枣树籽，甚至骆驼草，几乎都被科研人员们拿来充饥了。饥饿难耐的时候，有的人冲一杯糖水或用酱油冲一杯汤作为"加餐"，"加餐"后立刻又埋头开展科研工作。终于在1964年10月16日，我国第一颗原子弹爆炸成功了，这一消息传遍了全世界。我国独立自主研制的原子弹成功爆炸，让中国人终于挺直腰杆，打破了核大国的垄断，保护了祖国不受欺负，让世界对我国刮目相看。

---

① 葛能全.原子弹与脊梁——1964年的今天，中国第一颗原子弹爆炸成功［J］.红色年华，2014（5）.

2．氢弹的研发

在开展核弹研究的同时，我国已经开始考虑氢弹的研究工作。1961年，中国科学院近代物理研究所34岁的副研究员于敏被调至二机部（中国工程物理研究院前身）开展氢弹原理研究。于敏、黄祖洽、何祚庥等科学家组成的理论预研制小组，在短短几年间一共写出了69篇文章，以解决氢弹的结构问题和氢弹启动的可行性问题。1967年6月17日，中国第一颗氢弹在新疆罗布泊空爆成功。这次试验是中国继第一颗原子弹爆炸成功后，在核武器发展方面的又一次飞跃，标志着中国核武器的发展进入了一个新阶段。从第一颗原子弹爆炸到第一颗氢弹试验成功，中国的速度为世界之最。美国用时7年3个月，苏联为6年3个月，英国为4年7个月，法国为8年6个月，而我国仅用了2年8个月。

3．人造地球卫星的设计制造

1970年4月24日，在孙家栋等一批科学家和工程技术人员的多年努力之下，中国发射的首枚地球人造卫星"东方红一号"成功进入预定轨道。这是我国自行设计、制造的第一颗人造地球卫星。它的发射成功，使我国成为世界上第五个独立自主研制和发射人造地球卫星的国家。人造卫星上天，使我国拥有了世界上两大尖端科技。正是由于各方面的胜利，尼克松来到中国，开启中美建交前奏。中国逐渐走出被西方列国封锁的局面。

（三）第一艘核潜艇成功下水，向海图强

继"两弹一星"之后，在没有任何外援的情况下，我国仅用10年时间就研制出了国外几十年才研制出的核潜艇。

早在1958年，总体研究单位就做过一些核潜艇的研究探索工作，提出过许多种总体设想方案。1965年6月，我国正式开始鱼雷核潜艇的战术技术指标论证，拟定战役战术任务建议书报告，并于1965年11月上报中央。1966年7月至11月，完成扩大初步设计。1967年8月到1968年3月，相关单位联合完成技术设计。1968年11月23日总体

开工建造，1970年12月26日，我国首艘核潜艇建成下水，1971年4月1日到8月16日完成了系泊试验，8月23日开始了航行试验。1972年10月到1973年12月，核潜艇进厂检修。1974年1月到4月，又进行了第三阶段检验性航行实验。1974年8月1日，第一艘鱼雷核潜艇由中央命名为"长征1号"，型号定为091型核潜艇，正式交付海军使用，研制周期历时9年，从此中国拥有了自己的核潜艇。这种代表着世界海军科技领域最新变革的武器，开始成为新中国海军的撒手锏，在多次与外国海军的对峙中，中国海军的核潜艇都是一马当先，为维护祖国的主权和威严立下了汗马功劳。

核潜艇的研究设计和建造比常规潜艇要复杂得多，仅涉及的研究课题就有近百项，新研制设备近500项，配套协作单位有3000多个，分布在24个省、自治区、直辖市，涉及28个部、院。所有参与单位，都积极承担协作任务，为研制核潜艇添砖加瓦。核潜艇工程涉及的新学科包括了流体、结构强度、核动力装置及主要设备、特辅机、反潜鱼雷及其发射装置、水声、通信、综合导航、自动舵、导弹发射装置、人工大气环境、耐压船体用高强度低合金钢的冶炼、轧制和反应堆压力壳特殊钢的研制、反应堆本体、主蒸发器、主汽轮机、冷却剂泵等许多机电新设备和仪器仪表的研制等关键课题。

黄旭华被誉为"中国的核潜艇之父"，是中国第一代攻击性核潜艇和战略导弹核潜艇的总设计师。核潜艇研发团队由黄旭华带队，初期只有29个人，平均年龄不到30岁。当时，美国、苏联等国家已先后研制出核潜艇，但这一切都是国家核心机密，我们很难拿到哪怕一点儿现成的技术资料。核潜艇到底什么样，谁也没见过；里面什么构造，谁也不清楚。唯一知道的就是它威力巨大——一个高尔夫球大小的铀块燃料可以让潜艇航行6万海里，这对尚处于起步阶段的新中国国防来说极为重要。没有知识积累，研发团队就大海捞针、遍寻线索，甚至靠"解剖"玩具获取信息。一次，有人从国外带回两个美国"华盛顿号"核潜艇模型玩具。这让我国第一代核潜艇总设计师黄旭华如获至宝，把玩具拆开、分解。他兴奋地发现，里面密密麻麻的设备，竟与他们一半靠零散资料、一半靠想象推演出的设计图基本一样。"再尖端的东西，都是在常规设备的基础上发展、创新出来的，没那么神秘。"从此，黄旭华更加坚定了信心。没有现成条件，他们就"骑驴找马"，创造条件，甚至靠着算盘打出一个个数据。

"时刻严守国家机密，不能泄露工作单位和任务；一辈子当无名英雄，隐姓埋名；进入这个领域就准备干一辈子，就算犯错误了，也只能留在单位里打扫卫生。"进入核潜艇研制团队之初，面对领导提出的要求，黄旭华毫不犹豫地答应了。

隐姓埋名，就意味着要甘做无名英雄，意味着自己的毕生努力可能无人知晓。对于这一点，黄旭华和他的同事丝毫没有在乎。"一年刮两次7级大风，一次刮半年""早上土豆烧白菜，中午白菜烧土豆，晚上土豆白菜一道烧"……1966年，黄旭华和同事们转战辽宁葫芦岛。在当年，这是一座荒芜凄苦、人迹罕至的小岛。岛上粮食、生活用品供应有限，同事们每次到外地出差，都"挑"些物资回岛，最厉害的"挑夫"，一个人竟从北京背回23个包裹。就是在如此艰苦环境里，研究团队攻克了一个又一个难关。

1970年8月30日，核潜艇陆上模式堆实现了满功率运行。仅仅4个月之后，1970年12月26日，我国自主研制的第一艘核潜艇成功下水。艇上零部件有4.6万个，需要的材料多达1300多种，全部自主研制，我国也成为世界上第五个拥有核潜艇的国家。

1974年8月1日，第一艘核潜艇被命名为"长征一号"，正式编入海军战斗序列。向海而兴，中国由此迈向建设海洋强国的崭新征程，中华民族向海图强的世代夙愿正逐步变为现实。

（四）基础科学和应用科学研究勇攀高峰

新中国成立后，北京地区在基础研究和应用研究领域取得了不俗的成绩。华罗庚的"典型域上的多元复变函数论"、钱学森的"工程控制论"、王淦昌发现的"反西格玛负超子"等，在国际上均有很大影响。彭桓武的"原子弹和氢弹的理论研究"及邓稼先的"核弹爆炸过程的模拟计算"为中国战略核武器的研制做出了巨大的贡献。在医药科技、交通科技，以及半导体、计算机等新兴科技领域，科技人员同样做出了不俗的成绩，取得了一系列成果，为国家以及北京的科学技术发展奠定了坚实基础。

1. 追求哥德巴赫猜想的数学梦想

1742年，德国数学家哥德巴赫给欧拉的信中提出了以下猜想：任一大于2的整数都可写成3个质数之和。但是哥德巴赫自己无法证明它，于是就写信请教赫赫有名的大数学家欧拉帮忙证明，然而一直到去世，欧拉也无法证明。1920年，挪威的布朗证明了"9+9"。此后，各国科学家共同参与，开启了哥德巴赫猜想之旅。直到2013年5月，巴黎高等师范学院研究员哈洛德·贺欧夫各特发表了两篇论文，宣布彻底证明了哥德巴赫猜想。在此期间，中国的科学家陈景润、王元、潘承洞等人都贡献了自己的卓越智慧。

20世纪50年代至60年代初，王元首先在中国将筛法用于哥德巴赫猜想研究，并证明了命题{3，4}，1957年又证明{2，3}，这是中国学者首次在此研究领域跃居世界领先地位。1962年，中国的潘承洞和苏联的巴尔巴恩证明了"1+5"，王元证明了"1+4"。

1966年5月，中国数学家陈景润证明了"任何一个充分大的偶数都是一个素数与一个自然数之和，而后者仅仅是两个素数的乘积"（即"1+2"），成为哥德巴赫猜想研究上的里程碑。该证明结果被国际数学界称为"陈氏定理"。

1973年，王元与华罗庚合作证明用分圆域的独立单位系构造高维单位立方体的一致分布点贯的一般定理，被国际学术界称为"华—王方法"。20世纪70年代后期，王元对数论在近似分析中的应用做了系统总结。

由于在数学工作中的突出贡献，陈景润、王元、潘承洞在1978年共同获得中国自然科学奖一等奖。

2. 人工合成结晶牛胰岛素反响巨大

从1958年开始，中国科学院上海生物化学研究所、中国科学院上海有机化学研究所和北京大学化学系3个单位联合，以钮经义为首，由龚岳亭、邹承鲁、杜雨苍、季爱雪、邢其毅、汪猷、徐杰诚等人共同组成一个协作组，在前人对胰岛素结构和肽链合成方法研究的基础上，开始探索用化学方法合成胰岛素。

人工合成结晶牛胰岛素的第一步，是胰岛素A链和B链的拆合。即先把天然胰岛素拆成两条链，再把它们重新合成胰岛素。中国科学院上海生物化学研究所于1959年突破了这一难题，重新合成的胰岛素是同原来活力相同、形状一样的结晶。第二步，进行胰岛素A链和B链分别合成，并和天然的A链和B链相组合。A链的合成由中国科学院上海有机化学研究所和北京大学化学系合作负责，B链的合成由中国科学院生物化学研究所负责。这种牛胰岛素的半合成在1964年获得成功。第三步，把经过考验的半合成的A链与B链相结合。1965年9月17日完成了结晶牛胰岛素的全合成。经过严格鉴定，它的结构、生物活力、物理化学性质、结晶形状都和天然的牛胰岛素完全一样。这是世界上第一个人工合成的蛋白质，为人类认识生命、揭开生命奥秘做出了重要贡献，开辟了人工合成蛋白质的时代。这项成果获1982年中国自然科学奖一等奖。

3. 青蒿素的成功发现与研制

20世纪60年代，疟原虫对奎宁类药物已经产生了抗药性，严重影响到治疗效果。青蒿素及其衍生物能迅速消灭人体内的疟原虫，对恶性疟疾有很好的治疗效果。屠呦呦受古代中医典籍《肘后备急方》启发，成功提取出的青蒿素被誉为"拯救2亿人口"的发现。

1967年5月23日至30日，国家科委和解放军总后勤部于北京召开有关部委、军委总部直属机构和有关省、自治区、直辖市、军区领导及有关单位参加的全国疟疾防治药物研究大协作会议，并提出开展全国疟疾防治药物研究的大协作工作。由于这是一项紧急的军工任务，以开会日期为代号，简称"523任务"。当时国家组织成立全国疟疾防治药物研究领导小组，成员有国家科委、国防科工委、解放军总后勤部、卫生部、化工部、中国科学院等部门。

1969年，中医研究院中药研究所（简称北京中药所）加入"523任务"的中医中药专业组。北京中药所于1969年1月接受"523任务"，并指定化学研究室的屠呦呦担任组长，组员是余亚纲和郎林福。

1972年3月8日，屠呦呦作为北京中药所的代表，在"全国523办公室"主持的南京中医中药专业组会议上作题为《用毛泽东思想指导发掘抗疟中草药工作》的报告，汇报了青蒿乙醚中性粗提物的鼠疟、猴疟抑制率达100%的结果，引起全体与会者的关注。资料显示，复筛时屠呦呦从本草和民间的"绞汁"服用的说法中得到启发，考虑到有效成分可能在亲脂部分，于是改用乙醚提取，青蒿的动物效价才有了显著提高，由30%～40%提高到95%以上。

1972年12月初，经鼠疟试验证明，利用硅胶柱分离方式洗脱出的针状结晶青蒿素"针晶Ⅱ"（后称青蒿素）是唯一有抗疟作用的有效单体。

2011年9月，屠呦呦获得被誉为诺贝尔奖"风向标"的拉斯克奖。2015年10月8日，中国科学家屠呦呦获2015年诺贝尔生理学或医学奖，成为第一个获得诺贝尔科学奖的中国人。多年从事中药和中西药结合研究的屠呦呦，创造性地研制出抗疟新药——青蒿素和双氢青蒿素，获得对疟原虫100%的抑制率，为中医药走向世界指明了一个方向。

第四节　科技引领下的北京工业发展新格局

新中国成立初期，工业基础薄弱、技术落后，为了改变这种局面，实现社会主义工业化，巩固国民经济恢复的成果，实现"一五"计划和贯彻过渡时期总路线，我国在全国范围内开展了技术革新运动。

在北京地方经济建设这条战线上，广大科技工作者、厂矿技术人员大力开展技术革新，突破技术瓶颈，创新开发新工艺、新产品，在以消费为主的城市原有经济基础上，快速搭建起了完整的现代工业体系。

一、技术革新助推工业体系构建

新中国成立以前，北京是一个生产落后的消费城市，全市人口约200万，工业企业约2万家，其中手工业约1.6万家，绝大多数为店铺和作坊等手工生产。百人以上规模的仅有石景山钢铁厂、门头沟煤矿和长辛店铁道工厂等几十家。1949年，北京GDP仅为2.8亿元，全市工业总产值按1952年不变价折算仅1.69亿元。[①]

1950年1月31日，聂荣臻市长在"纪念北京解放一周年"的广播讲话中，提出了"变消费型城市为生产型城市"的口号。1952年1月18日，《人民日报》发表《把基本建设放在首要地位》的社论，号召立即把最优秀的干部、技术人员和技术工人抽调到基本建设部门，要有计划地通过教育、训练的办法来培养各种技术人员，"使我们的伟大祖国迅速地走上工业化的道路，使我国的工业生产不但能够在原有企业中提高设备利用率，并依靠工人群众技术熟练程度的提高、先进经验的推广和劳动组织的改善，大大提高劳动的生产率"。换言之，要迅速走上工业化的道路，就必须进行技术革新。1953年9月8日，

---

① 北京市经济委员会.北京工业志·综合志［M］.北京：北京燕山出版社，2003.

周恩来在《过渡时期的总路线》一文中，针对"我们的经济遗产落后，发展不平衡，还是一个农业国，工业大多在沿海。我们文化也是落后的，科学水准、技术水准都很低"的落后状况，强调"一五"计划的基本任务包括建立国家工业化和国防现代化的基础、相应地培养技术人才。在市政府的大力倡导与中央的大力支持下，北京同全国一起，开展了轰轰烈烈的技术革新运动，开始在一穷二白的基础上大力构建北京的工业体系，开展了以工业为中心的大规模建设。

1954年6月23日，《人民日报》刊登了介绍北京市各厂矿行政领导干部注意学习鞍钢技术革新运动的先进经验，开始采取措施加强对群众技术革新运动领导的情况。9月18日，《人民日报》发表了题为《正确地开展技术革新运动》的社论，指出"技术革新运动必须有正确的统一的具体的领导"。"正确的领导"就是要根据企业目前的技术基础和生产上的具体要求，制订本企业的技术措施计划，有目的、有计划地领导群众进行技术革新。"统一的领导"就是行政、工会、青年团要在党委的统一领导下，根据行政上提出的技术要求，对这个运动做统一的布置和安排。"具体的领导"就是领导与群众相结合，从群众中来，到群众中去，将企业管理水平的提高与群众性的技术革新运动结合起来。1954年12月12日，《人民日报》发表《必须把技术革新运动继续开展下去》的社论，再次强调，"各企业行政方面和工会组织，应在党的统一领导下，结合本企业的生产任务和具体情况，研究进一步开展技术革新运动的办法，加强对于技术革新运动的领导，对技术革新运动中的各种困难必须认真地加以解决，对于已有的经验教训必须认真地加以总结"。

新中国成立初期，北京的经济建设与技术革新取得显著成就，与当时国际上的物质援助和技术援助也是分不开的。新中国"一五"期间建设的北京华北无线电联合器材厂，即718联合厂，是由周恩来亲自批准，王铮指挥，在苏联、民主德国援助下建立起来的。特别是1953年5月15日中苏签订《苏联政府援助中国政府发展中国国民经济的协定》，苏联向我国提供技术援助、派遣专家等，这为北京学习国外先进技术与经验提供了有利的条件。苏联建设社会主义的经验对于我们是十分宝贵的，他们的先进经验也是技术革新的成果。

加强群众的技术教育、提高文化水平，成为新中国成立初期北京技术革新运动的一项重要内容。由于北京原来的工业基础落后，工人的技术水平整体偏低、文化程度比较低下，因此，加强工人的技术、文化及基本科学知识的学习成为技术革新运动中一项重要工作内容。早在1949年12月，陈云就指出："要建设好我们的国家，提高广大人民的生活水平，需要发展工业，这就需要技术。我们有勇敢战斗的精神，这很好，但还不够，还要掌握科学技术，并且发扬中国的优秀文化。"开展技术革新运动的重要办法是推广苏联的先进技术和国内行之有效的重要先进技术。而这些技术必须在加强群众的技术教育、提高文化水平的基础上才能广泛采用和推广。在技术革新运动中，中共中央把技术教育和文化教育提到了基础性的地位。1954年5月6日，《人民日报》介绍了许多工厂加强技术教育和文化教育工作的情况。许多工人通过学习掌握了文化知识，为进一步学习技术创造了条件。

经过技术革新运动的力量助推，到"一五"时期末，北京已经新建了华北无线电厂，北京电子管厂，京棉一、二、三厂等一批企业；改造扩建了石景山发电厂、第一机床厂和琉璃河水泥厂等许多企业，初步奠定了北京现代工业的基础。到1957年，全市工业总产值达到21.4亿元，比1949年增长了10倍以上。

到1978年改革开放前，北京在技术工人以及各界的共同努力下，在迅速工业化的战略指导下，工业特别是重工业得到快速发展，建设形成了以钢铁、石油化工、机械、仪表为重点，包括煤炭、冶金、建材、农机、汽车、轻纺、医药等在内的门类比较齐全的新兴产业体系。

在热烈的技术革新氛围中，大量的工业新产品被不断设计、制造出来。1958年6月20日，北京第一汽车附件厂试制出"井冈山"牌小轿车，开进中南海。1958年8月1日，由中国科学院计算技术研究所研制、在四机部738厂制造的中国第一架通用数字电子计算机诞生。1959年9月，北京汽车制造厂研发试制成功"北京"牌轿车。这也是北京造车历史上第一台具有量产能力的政务用车。1963年，北京电子仪器厂研制生产出国产化八管半导体收音机（牡丹牌"8402"型）。1965年，北京无线电技术研究所研制成功精度为万分之一的数字电压表。1966年4月20日，两辆BJ130型2吨轻型载货汽车驶出北京二汽厂。1969年1月8日，北京汽车制造厂研发的轻型军用越野车，正式通过了解放军总参谋部、中华人民共和国国防科工委的审核鉴定，正式编号为BJ212，并进入人民解放军装备序列。1969年10月1日，首都北京开出了中国第一趟地铁——北京地铁1号线。

这一张长长的成绩单，就是展示新中国成立初期北京产业工人和技术人员奋发有为和不断追求技术革新的美丽画卷。北京今天的繁花似锦，是他们在画卷上绘出了关键的第一笔。

二、优秀工业产品技术创新案例

北京在全新工业体系下，凭借着技术人员和工人们一往无前、舍我其谁的精神，创造出了众多令人难以忘怀的傲人业绩。

（一）牡丹牌半导体收音机的研发生产

1. 北京华北无线电联合器材厂（718联合厂）的建设

1952年，718联合厂在京郊毫无工业基础的酒仙桥地区筹建，1954年开始土建施工，1957年10月举行开工典礼并宣布开工生产。它凝聚着老一代领导及建设者的辛勤劳动。在酒仙桥地区，与718联合厂同时筹建的还有774厂、738厂。这3个厂的建成，不但改变了酒仙桥地区的面貌，而且在中国电子工业史上拉开了大发展的序幕。718联合厂建成后对国家的经济建设，特别是对电子工业的建设、国防建设、通信工业的发展做出过卓越的贡献。

1964年4月，四机部撤销718联合厂建制，成立部直属的706厂、707厂、718厂、797厂、798厂、751厂。

2. 1963年研制牡丹牌8402型半导体收音机

半导体管出现于20世纪40年代末期，而应用到收音机上是在50年代初期。收音机从采用电子管到半导体管标志着技术上的飞跃。北京市研制半导体收音机起步是比较早的。1958年，北京市电器工业公司中心试验室的技术人员，用日本的半导体管和该室制造的元件，试制出北京市第一台半导体收音机，并在首都地方工业生产跃进汇报展览会上展出。

1963年，为了贯彻中央提出的要大力发展电子工业的指示精神，为了使北京工业朝着高、精、尖方向发展，市委、市政府于1963年12月在市委工业工作会议上正式提出半导体收音机的试制大会战任务，确定了以整机厂产品带动元件厂产品的方针。这次会战参照国外样机（日本夏普公司BX327型收音机）试制的国产化八管半导体收音机定名为牡丹牌8402型半导体收音机，因此这次大会战也简称为"8402大会战"。市委把"8402大会战"列为北京市工业战线上的重点工作之一。大会战是在市委的直接领导下进行的，市委成立了四人小组，统一指挥作战，北京市机电工业局负责具体组织工作。718联合厂是主力军，所属的北京电子仪器厂（1964年6月后改名为北京无线电厂，1966年将电子仪器车间分出，重新组建北京电子仪器厂，自此成为生产电子音响产品的专业工厂）承担了样机测试、分析、研究和8402型收音机总体设计、试制生产的任务；所属的几个元件厂承担了小型元件的试制生产任务。参加大会战的除了718联合厂系统之外，有中央直属企业10个，中央研究单位4个，北京市机电局所属厂20个，北京市冶金局、化工局、轻工业局、文化局、民政局、手工业管理局、区工业局、建材局等所属厂21个，街道厂6个，共计61个厂（所），外协项目1070项，协作件109.16万件，其中模具194套，非标准设备54台，外购件63.6万件，外协加工45.54万件。

在大会战工作开展之前，北京电子仪器厂已经做了大量的准确工作，指定邢迪为主设计师、何持今为主工艺师。他们与工程技术人员一起，收集了大量国内外同类产品的技术资料，测试了样机（样件），分析了技术工艺上的难点，提出了会战的初步设想。北京市主管部门还召开专家座谈会，广泛听取意见，选定了机型。八管半导体收音机大会战大体上分为3个阶段：初样试制阶段（1963年12月至1964年4月），正样试制阶段（1964年5月至7月），小批试制阶段（1964年8月至10月）。1964年10月，大会战胜利结束。9月22日，第四机械工业部正式批准牡丹牌8402型半导体收音机设计定型。按预期目标，"十一"投放市场1000台向国庆15周年献礼，每台售价156元，销售一空。设计完成一个月以后生产定型，一条流水线每天产量达到300～400台。牡丹牌8402型半导体收音机当年生产近3000台。1965年生产1.5万台，1966年达到2.5万台。随着批量的扩大，成本逐步下降，由最初每台亏损20元，转为盈利。由于坚持"质量第一"和"高标准，严要求"，收音机性能达到了当时国外同类机的水平。

1964年11月5日至13日，周总理率我国党政代表团参加"苏联社会主义革命47周年庆祝活动"时，通过外交部，由第四机械工业部检测后，将近百台牡丹牌8402型半导体收音机分装礼品盒，运往莫斯科，分送给参加庆祝活动的各社会主义国家代表团。1964年10月13日，《北京日报》发表了《半导体收音机的诞生》的专题报道。在北京电子工业发展史上，"8402大会战"写下了光辉的一页。新设计的牡丹牌8402型半导体收音机与国外样机相比，不仅从外形结构上有许多变化，在电路上也做了改进，立足于国内配套。全机采用8只三极管、1只二极管，电子元器件共100余件，都是北京生产的。由于采用小型元件，整机体积为157毫米×96毫米×47毫米，只有3个烟盒大，外壳有朱红、深灰、浅咖啡3种颜色，外面包有1个皮套，用4节5号电池供电，可以收听中短波电台节目。

3. 1974年研制牡丹牌2241型半导体收音机

1974年试制成功的牡丹牌2241型二十二管全波段半导体收音机，是由何起蛰、俞锡良担任主设计师的我国第一次批量生产的一级大型台式收音机。

1971年，"乒乓外交"使中美关系迅速解冻，美国总统尼克松准备在1972年初对我国进行正式访问。为了展示我国电子工业水平，1971年，有关部门确定研制生产高级收音机，并向几个有实力的骨干大厂下达了任务。牡丹牌2241型一级全波段半导体收音机就是在这样的政治背景下开始研制的，同时研制的还有海鸥101、熊猫B11、红灯735、738以及春雷3T2等。

1971年10月，北京无线电厂接受了为北京饭店等大饭店配备国产高级收音机的任务。1972年2月，组织了三结合试制小组，分别到北京饭店、新侨饭店、新华社及南京、上海等地征求意见，同年5月确定设计方案，国庆节前夕制成第一台样机。

1971年10月至1974年8月，北京无线电厂完成为北京饭店等大饭店配备国产高级半导体收音机牡丹牌2241型二十二管调频、调幅全波段台式半导体收音机的研制。1974年8月19日，牡丹牌2241型全波段一级台式半导体收音机设计生产一次性定型，并投入生产。该机是我国第一次批量生产性能最高的一级收音机，一共生产418台，北京饭店订70台。牡丹牌2241型半导体收音机是该厂首次采用调频技术生产的收音机。为了接收方便，在机箱上部附有世界时区划分图，备有外接扬声器插孔、拾音器插孔，采用木机箱，外形美观豪华，低音浑厚、高音清晰，音质丰满，达到国家一级机的标准。牡丹牌2241型半导体收音机在1976年的全国第六届收音机评比中荣获一级机第一名。牡丹牌2241型半导体收音机代表了当时国产半导体收音机的最先进水平，曾经作为国礼赠予来华访问的外国国家元首。

（二）BJ130轻型货车的设计制造

1. 新中国成立初期北京汽车产业发展

20世纪30年代起，北京地区就出现了一批汽车修理厂和零部件制造厂，但规模比较小，技术水平低。1949年，北平和平解放以后，人民政府接收了国民党政府和外资的汽车修理厂，陆续对其进行合并重组，改建为华北军区后勤部北平汽车修配厂、华北农业机械总厂、北京市汽车修配厂、北平振华铁工厂等，分别是北京汽车工业主要骨干企业北京汽车制造厂、北京内燃机总厂、北京第二汽车制造厂、北京齿轮总厂等的前身。

"一五"期间，为配合长春第一汽车制造厂、洛阳第一拖拉机厂的建设，建立了北京第一汽车附件厂，实现了从汽车修理到单件小批量生产，再到大批量配套生产的过渡，纳入了国家汽车工业的生产体系，并为后来发展整车生产培养了技术后备军。

1958年到20世纪70年代以前，北京陆续进行了多种汽车整车产品的开发试制，如"井冈山"牌小轿车、北京牌高级轿车、东方红轿车、BJ210轻型越野车、BJ212轻型越野车、BJ750轿车、BJ130轻型货车、卫星牌微型汽车、东风牌三轮摩托车，其中BJ212轻型越野车、BJ130轻型货车和东风牌三轮摩托车成为北京汽车工业最早的主导产品，并形成了较好的地区配套体系。到20世纪70年代初，北京已经成为初具规模的汽车生产基地，年产量在1.5万辆左右。汽车工业成为北京工业部门中的一个新兴行业。

1973年北京汽车工业公司成立之后，1974年市计委先后下发了3批由北京汽车工业公司归口管理的100多家配件生产企业名单。1978年4月，北京市工业交通办公室批准成立了北京市汽车配件总厂和北京市内燃机配件总厂，北京汽车工业公司将北京市工业改组时划归该公司的33个区县属汽车配件厂分别划归北京市汽车配件总厂、北京市内燃机配件总厂、北京汽车工业公司、北京内燃机总厂、北京第二汽车制造厂等厂。由于采取了这些措施，促进了北京汽车零部件工业的发展，形成了较强的配套基地，增强了北京汽车的配套能力，地区自配率一度达到85%以上。

2．BJ130轻型货车的研发与成功

20世纪60年代初，为改变北京的市容市貌，当时的北京市副市长提了3个要求：一是马车不进城，二是黄土不露天，三是路桥要立交。于是，北京急需一款机动交通工具来替代马车作为市区运输的主力。BJ130轻型货车就是在这种情况下诞生的。

任务下达给北京市交通运输局后，北京第二汽车制造厂的技术人员和工人便到处走访、取经，学习造车经验。时任北京市交通运输局副局长的朱临提出制造这款轻型货车的几个原则：车的总重量不超过4吨（载重2吨，空车重量不超过2吨）、技术要先进且符合我国国情等。北京市汽车修配厂二分厂（当时隶属北京市交通运输局）有较好的修车经验，而且还有很强的配件自制能力，之前也曾参与过对汽车的试制，加上工人们从修车到造车，主动性十分高。在克服了种种困难之后，1966年4月20日，两辆BJ130轻型货车终于出厂了。虽然外形借鉴了日本丰田的DYNA轻卡，但是从发动机到底盘和附件，尤其是"后轮双胎"，都是中国技术人员的创造。BJ130轻型货车的首轮设计可以说是基本成功的，但它是样车，有不少问题。在样车的基础上，北京第二汽车制造厂又进行了第二轮设计，形成了可以投产的商品车。

研制成功后的BJ130轻型货车，迅速风靡神州大地。在20世纪七八十年代反映中国社会民生经济发展的影视作品中，几乎都有BJ130轻型货车的身影。在20世纪80年代中期，一些厂家的电视广告都是以BJ130轻型货车为主要道具的：从工厂大门驶出一台浅绿色或蓝色单排BJ130轻型货车，成为那个时代标准的广告风格。由此可见，BJ130轻型货车在那时的国民生产生活中占据着什么样的地位。

那一时期，大解放、BJ212轻型越野车、BJ130轻型货车成为中国社会经济发展的标识。由于BJ130轻型货车质量出色、极具超载潜力、维修简便，国内众多车厂模仿生产出各种山寨版的BJ130轻型货车。

3. 技术共享，BJ130轻型货车在全国落地开花

在之后的几年里，BJ130轻型货车一直很畅销。在这种情况下，技术人员于1978年开始，陆陆续续设计了BJ130系列化型谱，把载重量拓宽到3吨、4吨，还开发了2吨、3吨长轴距车。

北京第二汽车制造厂还为其他汽车厂无私提供了全套BJ130的设计图纸。当时只要有第一机械工业部的介绍信，全国具有汽车生产能力的企业都可以免费向北京第二汽车制造厂索取全套的BJ130图纸。

这样一来，全国可以根据图纸做出产品的企业逐渐发展到20多家（几乎每个省都有一个"BJ130厂"）。1970年至1996年的27年里，各地BJ130轻型货车的总产量超过了50万辆，除了轻卡，还开发出了道路工程车、绿化喷灌车、洒水车、电力工程车、消防车等特种车和专用车。BJ130轻型货车毋庸置疑地成为中国汽车工业史上最重要的成员之一。

从1985年开始，全国的汽车企业都大搞技术引进，北京第二汽车制造厂也有技术引进任务。第一机械工业部以技贸结合的方式，从日本买了3万辆五十铃小卡车。实际上这款五十铃小卡车跟BJ130轻型货车属同一类产品，很多定位都是相互重叠的，它的载重量也是从1.5吨到3吨，只不过驾驶室的现代感强一些，发动机比较先进。北京第二汽车制造厂由于对老产品的依赖，就只套用了五十铃的部分发动机和驾驶室，其他部位继续沿用BJ130轻型货车的设计。这样改进后的产品定名为"BJ136"。从此，BJ130轻型货车完成了历史使命，逐渐退出了中国汽车工业史的舞台。

（三）首钢的钢铁技术革新

1. 首钢的前身

1919年3月，北洋政府大总统徐世昌批准成立了官商合办的龙烟铁矿股份有限公司，同年，成立龙烟铁矿股份公司石景山炼铁厂并正式开工兴建，这就是现在首钢的前身。1922年高炉建成后，资金告罄，石景山炼铁厂被迫停建。1937年日军发动"卢沟桥事变"后驱使近万名战俘和劳工，对停工的石景山炼铁厂进行修建。石景山炼铁厂于1938年11月开炉，淌出了建厂以来的第一股铁水。1945年8月日本投降时，将高炉破坏。1945年11月，国民党政府接收石景山炼铁厂，并对1号高炉进行了修复，但也是昙花一现。一直到1949年，石景山炼铁厂的前身只炼出了28.6万吨"铁"。①

---

① 百年首钢 百炼成钢［J］.世界金属导报，2019（31）.B08—B09.

2. 炼出第一炉钢铁

1948年12月17日，解放军进入了石景山，钢铁厂回到人民的怀抱。1949年6月钢铁厂恢复了生产。从1951年开始，钢铁厂按照重工业部钢铁工业局编制的计划组织生产，建立了责任制；钢铁厂秘密研制生产的焦化工杀菌剂，为抗美援朝反细菌战做出了重要贡献。1952年，钢铁厂产铁34.2万吨，位居国内第二位。

1958年8月，石景山钢铁厂改为石景山钢铁公司（简称石钢）。同年，毛泽东号召全党为全年完成1070万吨钢而奋斗。市委立即给石钢下达指令，要在1958年年内，生产出2万吨钢。这就有了后来14天建成10万吨小转炉的壮举，结束了石钢有"铁"无"钢"的历史。

3. 中国第一座30吨氧气顶吹转炉的建设投产

新中国成立初期，我国工业基础薄弱，很多研究项目都是开创性的，石钢承担的科技创新任务主要包括高炉喷吹煤粉、转炉炼钢工艺、攀枝花钒铁矿高炉冶炼工艺、高炉解剖、转炉冶炼轴承钢、深冲钢、弹簧钢、高强钢筋等品种开发。这一时期，科技工作全国大协作，研究成果全国共享。

1962年11月，石钢建成中国第一座3吨氧气顶吹试验转炉，与中国科学院化工冶金研究所共同进行炼钢工艺试验。1964年2月，石钢4号烧结机首次采用热风烧结新技术。

1964年12月，建成了中国第一座30吨氧气顶吹转炉并投产。这是在没有从国外引进任何软件、硬件的情况下，我国自主建设的当时最先进的炼钢转炉。氧气顶吹转炉是炼钢生产发展的方向，在同样的规模和条件下，基建投资和生产成本都要比平炉下降1/3以上，开启了我国转炉炼钢的新篇章。同年，石钢在国内外率先试验成功高炉喷吹煤粉新技术。冶金部迅速推广石钢氧气顶吹炼钢、高炉喷煤重大技术，提高了中国钢铁生产水平。1965年，石钢产生铁115.7万吨，粗钢19.7万吨，钢材13.4万吨，经济技术指标达到历史最好水平。

4. 首钢的持续技术革新

1966年9月，石景山钢铁公司改名为首都钢铁公司（简称首钢）。

1969年以后，企业在生产、建设和科研方面都取得了相当大的发展，踏上了一个新台阶。首钢相继建成初轧厂、迁安水厂铁矿、4号高炉、试验性连铸机，铁矿基本实现自给，初步形成了工序完整、不再调坯轧材的钢铁联合企业。

1966年，1号高炉采用喷吹煤粉的新技术，创造了高炉喷煤率45%、入炉焦比每吨铁336公斤的新世界纪录。同年，成功研发出高炉喷吹无烟煤粉技术。1968年11月至1969年6月，首钢试验高炉进行高钛型钒钛磁铁矿高炉冶炼新技术试验（1979年获国家科技发明一等奖）。1969年，首钢进行钢水快速凝固温度定碳研究获得成功；制造出单晶炉并拉出单晶硅；研制成功振动成型炉衬大砖，取代了机制成型小砖；研制成功了用于氧气顶吹的三孔喷枪，取代了单孔喷枪。通过采取综合措施，转炉炉龄从200炉左右提高到了500炉以上。1970年，首钢的钢产量第一次超过了年产60万吨的设计能力，达到了80.6万吨。1971年，首钢与重庆大学、北京钢铁学院合作，成功研制出新型蜗轮副——平面二次包络蜗轮副，达到国际先进水平。1972年，首钢碳素焊条钢投入生产，成为我国焊条钢的主要生产厂家，其化学成分和表面质量达到或超过了日本同类产品的水平。1974年，首钢研制出十通道钢管超声自动探伤成套设备，其可靠性、自动化程度达到国内先进水平。1976年，首钢与洛阳耐火材料研究所及武汉钢铁学院联合研制成功全国第一条纤维湿法制毡工艺生产线，对发展我国新型耐火材料起到了重要作用。1978年，全国科学大会举行，首钢钢研所研究开发的高炉喷吹无烟煤粉、高钛型钒钛磁铁矿高炉冶炼、回转炉金属化球团研究、3吨氧气顶吹转炉基本工艺研究、提高转炉炉龄研究、快速凝固温度定碳研究、旋筒式水膜除尘器研究、30吨氧气顶吹转炉炼钢工艺及成套设备设计、新型轴承钢研制——稀土农用轴承钢（GSiMnRe）、低合金钢高强度钢筋45MrSi2调质处理高强钢筋等10项科研成果获全国科学大会奖。

第三章

艰难转型：改革开放推动北京科技面向经济主战场

1978年，我国进入改革开放的历史时期。国家科技工作步入正轨，发布科技规划，实施科技计划，面向经济建设不断改革完善科技管理体系。北京一方面要完成由计划经济向市场经济的改革与转变；另一方面作为国家首都，要改变新中国成立初期建立的以重工业为主的经济体系，去"三高"产业，实现产业结构的转型升级。面对新时期的经济发展需求，北京科技发展实现了艰难而卓有成效的转变与创新。科技工作者勇当"第一个吃螃蟹的人"，中关村"电子一条街"横空出世，成为之后很长一段时期我国民营科技机构创新发展的旗帜与标杆。

第一节　改革开放带来科学的春天

1978年全国科学大会召开，确立了"科学技术是第一生产力"的科技工作正确指导思想。科技成为推动经济发展的关键要素，科技体制改革蓬勃发展，科技面向经济让科技人员走到科技发展前线。一时间，科学研究令人向往，科学家令人尊敬。"讲科学"成为时尚，"学科学""用科学"蔚然成风。

一、科技工作指导思想的伟大转折

（一）全国科学大会提出"科学技术是生产力"

1978年，全国科学大会在北京隆重召开，邓小平在会上郑重提出"科学技术是生产力""知识分子是工人阶级一部分"等著名论断。重申了"科学技术是生产力"这一马克思主义基本观点，并提纲挈领地指出，"四个现代化，关键是科学技术的现代化"。以后党关于科学技术的一系列政策、方针都基于此理论。

时任中国科学院院长的郭沫若发表了题为《科学的春天》的书面讲话："这是革命的春天，这是人民的春天，这是科学的春天！让我们张开双臂，热烈拥抱这春天吧！"这不单是郭沫若的诗情画意，更是整整一代知识分子求解放的心声。全国科学大会迎来了"科学的春天"，是一次改弦更张的大会，它的里程碑意义还在于，发改革开放之先声，成为思想的解放和理念上的宣示，全社会崇尚知识和科学蔚然成风，开启了中国科技发展的新纪元。

1978年全国科学大会为我国迎来了科学的春天，这次大会是我国现代科技史上的一个里程碑式的事件，具有特殊政治意义，对科技、教育、政治、经济、社会和文化等领域的改革发展都产生了深远的影响。会后落实了针对知识分子的一些政策，改善了科研工作者的条件，为科技工作的开放和改革打开了大门。

同年12月，中共十一届三中全会召开。这个具有时代标志意义的会议提出了科技政策的方向，要在自力更生的基础上积极发展同世界各国平等互利的经济合作，努力采用世界先进技术和先进设备，这为以后引进技术做了铺垫；大力加强实现现代化所必需的科学和教育工作，为科技教育事业大发展提供了制度保障，也为后来系列计划、基金的出台埋下伏笔。

1988年9月5日，邓小平在会见捷克斯洛伐克总统古斯塔夫·胡萨克时，提出了"科学技术是第一生产力"的著名论断，将科学技术摆到了经济发展首要推动力的地位，为中国的科技发展奠定了极为重要的思想理论基础。1992年初，在视察南方时的谈话中，邓小平再次强调：科学技术是第一生产力。高科技领域的一个突破，带动一批产业的发展。

随着"科学技术是第一生产力"等著名论断的提出，被长期扭曲的"科学"终于回归本来面目，科技工作的正确指导思想最终得以确立。经历长期的冰天雪地，"科学"终于迎来了久违的春天。春风送暖，万物复苏。党中央、国务院播下的是科学的种子，收获的是发展的果实。短短十几年时间，我们就取得了一大批对经济、社会发展有重大意义的科研成果，大批优秀科技人才脱颖而出，科技发展呈现一派繁荣兴旺的景象。在国民经济建设的主战场上，"第一生产力"正日益发挥其"第一"的作用。

（二）经济开放与发展带来科技的变革与发展

1978年以后，一大批科研院所的科学家到国外去交流。比如，北京中关村的发展就是以陈春先为代表的科学家们到了美国以后看到硅谷的高科技公司，以及大学教授们把自己的科研成果，通过学生或社会专业团队办公司，把科研成果转化成能够应用的技术和产品，最终受到启发而实现的。陈春先与中国科学院同事创办的北京等离子体学会先进技术发展服务部，后来被认为是中国民营科技企业的雏形。随后，四通、信通、联想等科技公司在后来闻名全国的电子一条街相继诞生。

改革开放带来的变化是全方位的，不仅体现在科技界，更体现在经济发展领域；不仅体现在科技资源集聚的北京，更体现在对经济发展嗅觉灵敏的江南地区。一个湖南的科研机构——株洲市电子研究所也"红"了。这个"自收自支"的事业单位成立几年，不仅没向国家要一分钱，还赚了600多万元。它的"法宝"正是国家科委鼓励的技术合同制。"铁饭碗"被打破后，释放的经济势能和创新潜能令人始料不及。与此同时，"星期六工程师"现象悄然兴起：许多工程师周末下乡镇企业"走穴"。苏州、无锡、常州地区成为上海智力及技术资源的强辐射区，成为"星期六工程师"的最早受益者。这种自发互惠、双赢的悄然尝试，在当时引发了热烈争议，但也得到上层的认可。

科技管理部门开始考虑如何将"科学技术是生产力"的论断落到实处。1982年党的十二大召开，中共历史上第一次把科技列为国家经济发展的战略重点。同年，全国科技奖励大会提出了"经济建设必须依靠科学技术，科学技术工作必须面向经济建设"的战略指导方针。1984年，中共中央颁布了《关于经济体制改革的决定》后，科技体制改革已箭在弦上，成为先骑兵，且方向明确——"面向经济建设"。

1985年，中国科技体制改革大幕开启。中共中央做出《关于科学技术体制改革的决定》（简称《决定》），从宏观上制定方针和政策，明确科学技术必须为振兴经济服务等，从而为科技成果向现实生产力的转化以及高新技术产业化的发展，奠定了政策基础。《决定》指出，科学技术体制改革的根本目的是使科学技术成果迅速广泛地应用于生产，使科学技术人员的作用得到充分发挥，大大解放科学技术生产力，促进经济和社会的发展。《决定》把20世纪80年代初的许多改革试验正式化，标志着我国科技体制改革全面展开，科技体制改革进入"竞争与市场"阶段。同时，《决定》提出"研究所实行所长负责制"，强化了研究所负责人的职责权限，调动了研究人员的积极性，使科研活动更符合自身的规律。

此后，国家陆续颁布《国务院关于科学技术拨款管理的暂行规定》《国务院关于深化科技体制改革若干问题的决定》等文件，以拨款制度改革为突破口，对不同类型的研究机构分别采取全额预算管理、全额管理和经费包干、差额拨款甚至完全或基本停拨等不同的拨款方式和管理办法，倒逼科研院所开拓技术市场，克服单纯依靠行政手段管理科学技术工作、国家"包得过多、统得过死"的弊病。

1992年，以邓小平南方谈话为标志，我国改革开放事业进入建设社会主义市场经济的新的历史时期。1992年，新的改革方针为"稳住一头，放开一片"，启动了以改革拨款制度为切入点的科技体制改革，重点改革运行机制、组织结构和人事制度。"稳住一头"就是稳定支持基础性研究和基础性技术工作；"放开一片"就是放开放活技术开发机构、社会公益机构、科技服务机构等。

此后，政府逐步探索并改革对科研机构的管理。在运行机制方面，改革拨款制度，用竞争的方法分配政府的投入资金，实质是减少对科研机构稳定支持的事业费，增加竞争性的项目支持。在组织结构方面，要改变过多研究机构与企业相分离的状况，促进研究设计机构、高校、企业协作联合。在人事制度方面，尊重智力劳动，鼓励人才合理流动。扭转对科学技术人员限制过多、人才不能合理流动和智力劳动得不到应有尊重的局面。在新的科技经费管理制度下，国家减少和消除纵向资金渠道的方法，使科研单位被分成了全额拨款、差额拨款、减拨直至停拨等几大类不同对象，区别对待。堵住经费这一头，同时"网开一面"：技术成果是商品，可以在市场流通。一时间，科研人员和科研成果或被迫，或自愿向经济建设主战场流动。

紧跟国家改革步伐，1992年中国科学院将办院方针调整为"把主要的科技力量投入国民经济建设主战场，同时保持一支精干力量从事基础研究和高技术跟踪"，开始实行"一院两制"。科技体制改革进一步走向深入，大量科技人员下海创业。以"两海两通"（科海公司和京海公司、四通公司和信通公司）的成立为源头，技工贸一体化的"中关村电子一条街"逐渐兴起并不断发展壮大。随着改革的持续深入，一批应用开发类科研机构完成企业化转制，逐步建立起科技型企业运行机制；基础类、公益类科研院所则进行分类改革，优化、精简机构和队伍。在此基础上，科研机构开始探索建立现代院所管理制度。

1993年10月1日，《中华人民共和国科学技术进步法》正式施行。这是一部指导和推动我国科技事业发展的基本法律，是推进科技进步的基本准则，也是制定科学技术发展方针、政策和法律法规的基本依据。它凝聚了我国科技界、法律界和社会各界的集体智慧，总结了我国科技体制改革的成功经验。它的实施，加速了我国科技体制的改革，进一步促进了科技成果的商品化、产业化和国际化。我国科技立法摆脱了一片空白的尴尬。据统计，1980年到1985年制定的有关科技组织、人员管理、物资供应、档案工作和成果奖励等方面的科技法规达几十项之多。

1994年2月，国家科委和国家体制改革委员会联合制定了《适应社会主义市场经济发展，深化科技体制改革实施要点》，目的是在科技工作中更多地引入市场机制。

1995年，中共中央、国务院再一次对科技体制改革和科技政策进行顶层设计，颁布了《中共中央、国务院关于加速科学技术进步的决定》，在继续贯彻中央"依靠、面向"科技工作方针的基础上，增加了"攀高峰"，并进一步提出了"科教兴国"的战略，成为中国科技发展史上的又一个里程碑。

二、国家科技管理实现深刻转型

改革开放后，在"面向经济建设"的大方向下，国家科技管理体系在不断完善与变革。

（一）重新成立国家科委，科技工作逐渐步入正轨

1975年胡耀邦主持中国科学院工作，经过调研后起草了题为《关于科技工作的几个问题》的汇报提纲，提出了科学技术是生产力的概念，得到了当时主持国务院日常工作的邓小平的高度评价。

1976年10月，党中央粉碎"四人帮"，结束了10年动乱。1978年党的十一届三中全会确定了以经济建设为中心的基本路线，实现了拨乱反正的伟大历史转折。1977年到1978年社会总产值、工业总产值、国民收入连续两年大幅增长，主要工农业产品的产量恢复或者超过了历史最好水平。

1977年8月在科学和教育工作座谈会上，邓小平提出了当时无人敢触及的问题，第一是重新成立国家科学技术委员会，使其"有一个机构统一规划，统一调度，统一安排，统一指导"我国的科学工作。第二是恢复高考。正是由于实现了指导思想的拨乱反正，党中央确立了新时期"尊重知识，尊重人才"的人才工作方针，中国的人才培养工作得以快速恢复和发展。高考制度恢复后，实行了"德智体全面衡量，择优录取"的政策。同时，科研人员的职称得到恢复，科学研究机构建立技术责任制，实行党委领导下的所长负责制。

1977年9月18日，中共中央宣布恢复国家科委，由其负责全国科技工作的统一规划协调和组织管理，中央对恢复后的国家科委，规定的主要任务有8项：调查研究有关科学技术工作的方针政策的执行情况；组织编制全国科学技术发展的年度计划和长远规划；组织需要各部门参加的重大科研任务的分工和协调工作；组织重要科研成果发明创造的鉴定、奖励和推广应用；研究与组织解决科技队伍的培养提高和管理使用问题；研究并组织解决科研工作中的图书情报仪器、设备、试剂等条件问题；组织争取尚在国外的专家回国和安排他们的工作；聘请外籍科学家短期来华工作或讲学，组织协调对外科学技术交流活动。

1978年，中共中央成立了科学研究协调委员会，聂荣臻任书记，

王震、方毅和国家科委、中国科学院、国防科工委及国防工业办公室的负责人参加，统一领导和管理科技战线工作。

1983年1月，中共中央和国务院决定成立国务院科技领导小组，由国务院总理担任组长，国家纪委、国家经贸委、国家科委、国防科工委、中国科学院、教育部和劳动人事部等部委的领导兼任领导小组成员，下设办公室，负责具体科技管理工作。国务院科技领导小组的主要职责是统一领导和管理全国科技工作，研究制订科技发展战略规划和重大科技政策，讨论决定重大科技任务，协调各部门各地区间的科技工作等。

另外，中国科学院于1982年设立面向全国的科学基金，1985年以此为基础成立了国家自然科学基金委员会，管理全国的基础研究工作。至此，国家层面的科技管理组织机构得以恢复，并得到进一步完善。

（二）编制科技规划，指导全国科技工作

"文化大革命"结束后，国家迅速恢复科技规划的编制工作，并用规划指导科技发展工作。

1. 《八年科技规划纲要》（1978—1985年）

1978年，全国科学大会审议通过了《1978—1985年全国科学技术发展规划纲要（草案）》。同年10月，中共中央正式转发《1978—1985年全国科学技术发展规划纲要》，简称《八年科技规划纲要》。《八年科技规划纲要》提出了全面安排、突出重点的方针，结束了科技发展的停滞阶段，我国的科技工作开始全面恢复。

我国当时的科学技术水平同世界先进水平相比，多数科技领域落后10～20年，有些领域落后更多，根据这种情况，为实现远景设想，规划提出了未来8年的科技工作目标，使部分重要的科学技术领域接近或达到20世纪70年代的世界先进水平，拥有一批现代化的科学实验基地，建成门类齐全、相互配套、布局合理、协调发展、专群结合、平战结合、军民结合的全国科学技术研究体系。

《八年科技规划纲要》是我国科技发展的第三个长远规划，在提出我国科学技术工作8年奋斗目标的同时，确定农业、能源、材料、电子计算机、激光、空间、高能物理、遗传工程等8个重点发展领域和108个重点研究项目，同时还制定了《科学技术研究主要任务》《基础科学规划》《技术科学规划》。

《八年科技规划纲要》是在"文化大革命"刚刚结束后制定的，中国科技界赶超世界先进水平的情绪在规划中集中地体现了出来，提出了一些雄心勃勃的目标，后来发现其中有些目标不太切合实际，部分规划项目也被调整为国家科技攻关计划。

2.《1986—2000年科学技术发展规划》

进入20世纪80年代，随着改革开放的推进，我国经济制度由计划经济转向市场经济，各项工作都呈现出了蓬勃发展的势头。经济体制的改革增强了我国经济的活力，也促使经济产生了对科技的内在需求。

1982年底，国务院批准了国家纪委、国家科委《关于编制十五年（1986—2000年）科技发展规划的报告》。根据国务院的统一部署，国家科委、国家纪委和国家经贸委联合组织了全国性的技术政策论证工作，全国实际参与规划工作的有3000多人。科技长期规划办公室还邀请了联邦德国、日本、欧洲共同体、美国等国家和组织的知名人士和工程技术专家座谈，了解国际发展趋势和一些国家的经验教训。

此次规划，一是强调科技与经济的结合，在"依靠、面向"基本方针的指导下，进一步推动科技体制改革；二是技术政策的颁布实施，作为指导、监督、检查我国技术发展方向的基本政策依据，促使科技成果迅速广泛地应用于生产；三是相继出台了高技术研究发展计划（"863计划"）、推动高技术产业化的火炬计划、面向农村的星火计划、支持基础研究的国家自然科学基金等科技计划，保证了规划的实施，为国家管理科技活动配置科技资源进行了有益的探索。

（1）规划贯彻"经济建设必须依靠科学技术，科学技术必须面向经济建设"的基本方针，突出重点，不搞面面俱到；强调实事求是，不片面追求赶超，而是根据我国的实际情况，发展具有我国特色的科学技术体系。规划提出，1986年至2000年，我国科学技术的奋斗目标是要为20世纪末工农业总产值翻两番做贡献；为在20世纪末我国的技术水平达到发达国家20世纪70年代末80年代初已普及的技术水平而奋斗，在某些传统产业和新兴技术方面力争达到发达国家20世纪90年代的水平，即差距缩短为10年；为我国的社会发展提供科技成果。

（2）《1986—2000年科学技术发展规划》提出，传统产业中依靠科技进步，普及应用世界20世纪70年代至80年代的成熟技术；研究开发新兴技术领域，建立若干技术密集的新兴产业；重点建设项目的前期科研和建设中的重大技术关键，建立在先进的技术基础上；搞好引进的消化吸收，搞好军转民的推广应用；安排好长期发展的基础研究项目。规划围绕农业、煤炭、电力、石油、炼油、核能、农村能源、新能源、交通、钢铁、有色金属、机械、化肥、精细化工、电子、计划生育、医药卫生、中药化学医药和医疗器械、食品、环境保护、纺织、新型材料、生物技术、集成电路、电子计算机、计算机软件和光纤通信27个行业，共提出500多个重大科技项目。

（3）《1986—2000年科学技术发展规划》，包括《1986—2000年全国科学技术发展规划设想纲要》《1986—1990年全国科学技术发展计划纲要》和12个领域的技术政策（1988年又增加了两个领域）。在规划编制的同时还制订了"七五"国家攻关计划。"七五"国家攻关计划作为《1986—2000年科学技术发展规划》中期计划，进一步保证了《1986—2000年科学技术发展规划》的执行效果。这一阶段，在"经济建设必须依靠科学技术，科学技术工作必须面向经济建设"的科技工作方针指引下，中共中央、国务院确定了面向经济建设主战场、高技术研究及其产业的发展、基础性研究这3个层次的科技工作的纵深部署，党和国家制定了一系列符合世界科技发展潮流和切合我国国情的科技政策，批准实施了科技攻关计划、星火计划、"863计划"、火炬计划、工业性实验计划等多项科技计划，为经济建设、国防建设和社会发展解决了一批关键技术问题。

到20世纪80年代末，全国已拥有1000多万人的自然科学技术队伍，建立起科学门类比较齐全的科技体系，形成了较强的科技攻坚能力。科技体制改革在全社会确立了技术成果是商品的概念，开发型研究机构服务于经济建设成为自觉，计划管理与市场调节相结合的新型科技计划体制正在形成，科技工作的机制、格局和面貌发生了深刻的历史性变化，所有这些都为20世纪90年代我国科学技术的发展奠定了坚实的基础。

3.《国家中长期科学技术发展纲领》（1991—2020年）

随着科学技术和经济建设的发展，国家对15年规划的目标和内容进行了调整，于20世纪80年代末研究制定《国家中长期科学技术发展纲领》《国家中长期科学技术发展纲要》，对到2000年、2020年我国科技发展前景做了宏观性、概括性的表述。

在1987年11月召开的中共第十三次全国代表大会上，提出了"建议国务院制定中长期科学技术发展纲领，合理组织全国科技力量，通力协作，尽快实施"的意见。1988年以后的两年多时间里，国家科委组织各部门和各地方的有关科学家和专家参与了这项工作。鉴于纲领篇幅有限，不可能对各个领域科技发展的要求和前景进行详细描述，1988年6月，国家科委又部署编制了《中长期科学技术发展纲要》，作为《国家中长期科学技术发展纲领》的配套文件。1991年12月，国务院审议并原则通过了《国家中长期科学技术发展纲领》《国家中长期科学技术发展纲要》，并于1992年向全国发布实施。

《国家中长期科学技术发展纲领》提出要进一步深化科技体制改革的目标：建立和完善符合科学技术发展客观规律的、与社会主义有计划商品经济相适应的，科技同经济有机结合、相互促进的新体制。科技体制的改革要按照经济发展和科技进步的客观要求，分阶段配套进行，2000年以前形成新体制的基本格局，以后使之逐步完善。同时提出，根据我国的需要与可能，全方位地开展国际科技合作与交流。要与我国经济、社会、科技发展计划紧密结合，切实做好技术引进与消化、吸收与创新的工作，要促进外向型经济的发展，为推动高附加值产品和高新技术产品的出口提供技术支持与服务，增加它们在出口总额中的比重。推动科技人员对外交往、学术交流和智力输出。创造有利于国际科技合作与交流的条件与环境。

《国家中长期科学技术发展纲要》则具体指出，在今后相当长的时期内，科学技术的发展要以大规模生产的产业技术和装备现代化为主要方向，同时有计划、有重点地发展高新技术及其产业，稳定地加强基础研究，增加科学储备。《国家中长期科学技术发展纲要》对前沿学科做出总体部署的同时，紧紧围绕农业、能源、交通运输、先进制造、信息、材料等国民经济发展的战略重点领域及人口、医药卫生、资源、生态、环境、自然灾害、国家安全等重大问题开展多学科综合性研究。

4.《1991—2000年科学技术发展十年规划和"八五"计划纲要》

20世纪90年代以后，经济全球化进程明显加快，世界主要发达国家都在凭借其科技优势，利用科技创新抓住即将出现重大突破的历史机遇，迅速抢占21世纪科技制高点。发展中国家也在积极调整科技发展战略，力争在未来国际政治经济格局中处于主动地位。

到1990年，我国的科技计划体系也发生了明显变化。重点科技项目计划的制订遵照长期规划的战略部署，由各主管部门分别和几个主管单位联合编制，以项目年度计划形式具体实施。科技计划的模式，由单一指令性计划转为指令性计划与指导性计划并行。科技计划管理方式也由高度集中的行政管理逐步转为行政手段与经济利益并用，科技活动与市场需求更紧密地结合，使科技管理机制更适应社会主义市场经济的发展。

为逐步形成依靠科技进步发展经济的机制和环境，根据《国家中长期科学技术发展纲领》《国家中长期科学技术发展纲要》，1991年3月国家科委在各有关部门的支持和配合下，对"十五年规划"的目标和内容进行了适当调整，组织制定《1991—2000年科学技术发展十年规划和"八五"计划纲要》，这是我国第五次全面制订科学技术发展远景规划。1991年12月，国务院审议并原则通过了《国家中长期科学技术发展纲领》《国家中长期科学技术发展纲要》《1991—2000年科学技术发展十年规划和"八五"计划纲要》，并于1992年向全国发布实施。

《1991—2000年科学技术发展十年规划和"八五"计划纲要》部署了科技发展在国民经济主战场上的重点工作。在高技术发展的安排上，体现了未来经济和社会发展的需要，同时有助于高新技术成果的产业化向传统产业的转移和渗透。在调整人与自然关系的若干重大领域中，明确提出了科技主攻方向。基础性研究工作既充分考虑了学科的发展和科学家的自由选题，又充分重视国家对重大基础研究项目的安排和驱动。

（三）实施国家科技计划，科技计划管理体系逐渐成形

20世纪80年代到90年代初，国家加大基础科研工作力度。（1）中国科学院于1982年设立面向全国的科学基金，并以此为基础于1985年成立了国家自然科学基金委员会，建立国家自然科学基金制度，管理全国的基础研究工作。（2）实施科学基本建设计划，建成了我国基础研究的主要设施和大科学工程，如北京正负电子对撞机、合肥同步辐射加速器、沈阳机器人示范工程，2.16米光学天文望远镜、南北微电子开发基地等。（3）从1992年开始，又实施了攀登计划，对有重大科学价值或应用前景的关键项目，给予较强的、持续的支持，争取在一些领域取得突破性进展。（4）建设国家重点实验室，恢复职称评定，加强中国科学院建设，建立博士后制度。

与此同时，直接面向经济建设和高新技术开发领域，新时期中国的科技计划体系也逐渐形成。1982年，国家第一个科技计划——国家科技攻关计划实施。国家科技攻关计划是第一个国家科技计划，也是20世纪中国最大的科技计划。这项计划是要解决国民经济和社会

发展中带有方向性、关键性和综合性的问题，涉及农业、电子信息、能源、交通、材料、资源勘探、环境保护、医疗卫生等领域。从国民经济发展的"六五"计划到"九五"计划期间，国家科技攻关计划先后安排了534个科技攻关重点项目，总经费投入379亿元，产生直接经济效益2000多亿元。1986年，邓小平亲自批准实施"高技术研究发展计划"（"863计划"），跟踪世界先进水平，发展中国高技术。作为中国高技术研究发展的一项战略性计划，"863计划"经过20多年的实施，有力地促进了中国高技术及其产业发展。它不仅是中国高技术发展的一面旗帜，而且也成为中国科学技术发展的一面旗帜。与此相呼应的，还有烧旺的"两把火"："星火"（计划），把先进适用的技术播撒到农村大地；"火炬"（计划），面向高科技产业，把改革之火烧向了城市。1988年，国务院开始批准建立国家高新技术产业开发区。1988年8月，中国国家高新技术产业化发展计划——火炬计划开始实施，创办高新技术产业开发区和高新技术创业服务中心被明确列入火炬计划的重要内容。高新区充分吸收和借鉴国外先进的科技资源、资金和管理手段等，通过实施高新技术产业的优惠政策和各项改革措施，实现产业集中区域的软硬环境优化，加速科技成果转化为现实生产力。

三、开放合作，加速科技追赶步伐

（一）中国与西方国家恢复正常交流与合作

科学技术的水平始终关系着国家的经济、社会发展与安全。但是，"文化大革命"使中国的科技事业遭受重创，与世界先进水平的差距再次拉大。1972年，美国总统尼克松、日本首相田中角荣相继访华之后，中国与美国、德国、英国、日本等国的科技交流破冰之旅循序展开。

（二）"文化大革命"后调整国际交流与留学政策

"文化大革命"以后，国家率先在教育和科技领域出台一系列重要举措，先后恢复了高考、研究生教育制度，调整国际交流与留学政策，全面重整科研秩序。

1978年3月，邓小平在全国科学大会开幕式讲话中全面阐述了科学技术的社会功能、地位、发展趋势、战略重点、对外开放、人才培养等，鲜明地提出了"科学技术是生产力""知识分子是工人阶级的一部分""四个现代化，关键是科学技术的现代化"等著名论断，将科技的地位提升到新的高度，中国迎来了"科学的春天"。在1978年12月召开的党的十一届三中全会上，党中央做出以经济建设为中心、实行改革开放的重大战略决策，实现了中华人民共和国成立以来党的历史上最具深远意义的伟大转折，从而进一步为科技事业的发展提供了战略指引，开辟了更为广阔的道路。

邓小平一再强调要学习外国的先进技术，以缩小同世界先进科技水平的差距。1977年7月到1979年初，他多次会见李政道、杨振宁等美籍华人科学家，请他们帮助引进、发展先进科技，培养科技人才。

（三）签订《中美科技合作协定》

党的十一届三中全会以后，中国与科技发达国家的科技交流合作日益广泛和深入，为提升自身科技水平、培养优秀人才和推进工业化等做出了重要贡献。1979年1月31日，邓小平在访美期间与美国总统卡特签署了《中美科技合作协定》。40多年来，在该协定框架下，中美两国签署了50多个议定书，涉及能源、农业、环境、基础科学等20多个合作领域。

（四）制定和落实科技交流与派遣留学人员政策

1978年，国家开始制定和落实全方位扩大派遣留学人员的政策。1978年12月，首批以科技、教育工作者为主的50名访问学者赴美留学、进修，揭开了中华人民共和国成立后向美国派遣留学人员的序幕。同一时期，中国还向欧洲国家、日本等许多国家派遣留学生，形成留学大潮。此外，自费留学也蔚然成风，规模越来越大。大批留学生学成回国，将先进的科技知识带回国内，为提升我国的科研、教育和产业发展水平做出了重大贡献。

第二节　北京科技体制改革激发创新活力

1978年全国科学大会以后，迎来了科学技术事业发展的黄金时期。全国科学大会播撒的科学种子在首都生根发芽。在科学的春风里，面向经济建设，北京科技工作走向复苏和振兴。

一、科技管理理念实现转变，管理体系不断完善

（一）重新成立北京市科委

1978年2月，中共北京市委决定重新成立北京市科学技术委员会，作为市委、市革委管理全市科技工作的职能部门，同时撤销北京市科学技术局。市科委直属机构包括太阳能研究所、电加工研究所、劳动保护研究所、营养源研究所、新技术研究所、科学技术情报研究所、计算中心、实验动物中心、理化测试中心、天文馆、自然博物馆、科技出版社、科学器材公司、计量局、地震办公室、北工大二分校等处级科研、科普等事业单位。

1984年12月15日，市政府决定成立北京市科学技术研究院，归口市科委管理，实行委院分开、政研分开。市太阳能研究所、市电加工研究所、市劳动保护研究所等科委直属机构归市科学技术研究院领导，市科委集中精力抓好全市的科技工作。

（二）科技规划的编制与实施

1981年9月，市科委、市纪委共同制订出《北京"六五"科技攻关计划》。该计划贯彻中共中央书记处关于首都建设的4项指示，使科技工作与首都的地位相适应，与首都的经济社会发展相协调。吸收消化国外、国内先进技术，利用中央在京研究单位和高等院校的科技力量，发挥科技优势，突出重点，解决一批关键科技课题。该计划提出"六五"期间北京市将在城市现代化建设、农业生产、能源和水

源、食品纺织品及其他消费品生产、机械和仪表生产、医学、新技术开发等7个方面开展30项研究课题。

1985年至1986年，北京市科技领导小组组织各有关委办，编制了《北京市科学技术发展"七五"计划纲要》。纲要围绕首都建设，以近期和中期项目为主，重点规划了水资源、交通、环境生态、计算机应用、光信息存储技术、微电子技术、光通信技术、新型材料、生物技术、医疗卫生、农业、食品、能源以及采用新兴技术改进传统工业等领域的研究项目。

"八五"期间（1991—1995年）北京科技发展的重点任务包括：推广应用科技成果；发展高科技实现产业化；促进工业现代化；促进农业现代化；促进第三产业现代化；促进城市建设与管理现代化；促进医疗卫生事业的科技发展；促进管理与决策的科学化；加强应用基础研究实施；加强科研基地建设。

（三）构建北京科技计划体系

20世纪80年代，随着中国改革开放的不断深入，市科委也开始制订和实施与国家科技发展专项计划相对应的有关计划。到20世纪90年代，一个适应当时北京市社会经济需求的科技计划体系基本形成，科技计划的模式和科技计划的管理发生重大转变。

北京市星火计划的实施。1986年，国家科委推出了国家星火计划。根据国家星火计划的基本精神，结合北京的实际情况，市科委于1986年5月制订了北京市星火计划。1986年7月，市科委、市纪委、市农林办、市财政局、市税务局、农业银行北京分行、工商银行北京分行联合发布《关于北京市扶植和鼓励星火计划的暂行规定》。星火计划目的是动员和引导北京地区的高等院校、科研单位、产业部门为振兴首都农村经济服务，为副食品基地的建设、乡镇企业的健康发展以及村镇的建设服务。通过星火计划资助一批引导性、示范性项目，逐步提高地方经济，特别是乡镇企业的技术水平和管理水平，造就一支具有一定技术素养和管理能力的乡镇企业职工队伍。北京市星火计划的内容包括组织实施国家级和市级区县星火计划项目、科技致富工程计划项目，建立星火技术密集区，培育和扶持星火科技先导企业开展农村科技培训等内容。

《北京市高技术应用开发实验室计划（1986—2000年）》。1986年，市科委推出北京市高技术应用开发实验室建设计划，目的是为"八五""九五"期间科技和经济的发展，在若干重要的高技术领域对新产业群体的形成进行一定的技术储备，建立必要的新的生长点。

《北京市科技开发基金资助项目计划（1986—1990年）》。1986年3月，市纪委、市科技开发基金会、市科委编制了《北京市科技开发基金资助项目计划（1986—1990年）》。该计划是根据市政府关于设立市科技开发基金的通知的精神设立，面向核减事业费的科研院所的研究开发计划。该计划将在三五年内，通过承担基金的项目，对实行核减事业费改革的科研单位予以扶持，重点用于改善研究条件，增强后劲，提高开发能力，并促进改革健康发展。1987年2月，该计划全部面向实行拨款制度改革的科研单位共资助122个项目，其中行业关键技术和新产品开发66项，消化吸收引进技术15项，技术储备性30项，建设关键性实验条件技术11项。1988年和1989年，该计划的重点是联合开发经济效益显著的关键技术、成套技术、重大新产品和承包工程；开展国内外合作进行超前一步的重大科技开发项目的研究；实现特定任务和目标的实验室及其他实验条件的改善。1990年，该计划重点支持院所建立中试基地，支持为本市本行业服务的重大科研开发项目、新技术产品开发项目和后劲项目，共资助项目77项。

《北京市工业技术振兴计划纲要（1987—1999年）》。1987年5月，市科委、市经委和市纪委拟定了《北京市工业技术振兴计划纲要（1987—1999年）》。该纲要是一项工业技术开发与应用计划，由市科委、市经委和市纪委联合组织实施的一项长期的以科学技术促进工业发展的战略措施。宗旨是以首都城市建设发展为指导，通过发挥首都的科技优势增强企业，特别是大中型骨干企业的自主开发能力，加大科技管理运行机制改革的力度，促进科技与经济发展的紧密结合，为振兴北京市工业做出贡献。

《北京市城市建设与城市管理科技发展计划（1987—1999年）》。1987年11月，北京市开始制订城市建设与城市管理科技专项计划。1988年6月，市纪委、市科委编制了《北京市城市建设与城市管理科技发展计划（1987—1999年）》。该计划的重点是交通综合治理、节水与水资源开发、节能技术、环境污染控制、城市建设与市政建设工程、绿化美化、城市计算机管理、医药卫生、城市安全、城区开发等10个方面。

北京市火炬计划（1988年至今）。1988年10月，市科委推出了北京市火炬计划。该计划选择光通信、电子信息技术、新型材料、生物工程、机电一体化、激光技术、新药物及新医疗器械、新能源及高效节能等技术与产品作为新技术产业发展的主要内容。1989年，根据国家科委关于组织实施火炬计划的部署和市政府批转《北京市科委关于组织实施北京市火炬计划的意见》，第一批北京市火炬计划项目开始制定并实施。北京市火炬计划是促进高新技术成果商品化，推动高新技术产业发展，调整北京工业产品结构和产业结构的一项计划，对于北京市利用高科技成果发展高科技产业具有重要意义，重点在于引导科研开发单位、大专院校核心技术企业，使其自身开发的科研成果商品化，创办新技术企业或利用现有企业的生产条件组织新产品生产形成高新技术企业群，并以火炬计划为导向，引导中央在京科技力量在北京发展高新技术产业。

《北京市重大科技成果推广应用计划（1988—1999年）》。1988年，为落实并完成北京市生产企业吸收1000项科技成果、创造10亿元产值经济效益的目标，市科委编制了《北京市1988年重大科技成果推广应用计划》，共安排50项。同时，市政府设立科技成果推广应用基金，对确实需要扶植的项目予以支持。

北京市自然科学基金（1990年至今）。根据中共中央的精神，1990年10月，市政府正式批准成立北京市自然科学基金委员会，其宗旨是加强和发展应用基础研究及高新技术的基础研究，加速科技人才的成长步伐，促进全市经济社会发展和科技进步。同年，北京市自然科学基金开始启动，资助项目100项。北京市自然科学基金包括研究项目基金、对外合作交流基金、专著出版基金和会长基金。研究项目基金资助的领域包括材料科学、工程科学、信息科学、生物科学、农业科学、医药科学、城建与环境科学等九大领域。

《北京市软科学研究计划》(1988年至今)。1988年，市科委提出要加强软科学的研究，并制订了《北京市软科学研究计划》。计划安排的重点是科技体制改革的指导理论和配套政策研究，城市发展战略及重大问题的决策研究，产业调整及产业发展重点的研究，科技发展战略及科技发展优先领域的研究，决策基础资料数据收集以及若干软科学理论和方法研究。

《北京市科技新星计划》(1993年至今)。1993年，北京市科委推出了《北京市科技新星计划》。该计划是由市财政经费支持，北京市科委组织实施的科技人才培养计划，目的是选拔一批优秀的年轻科技骨干，以项目为依托开展科研工作，不断提高科技水平和管理能力，培养造就一批思想政治素质高、具有创新精神的青年科技带头人和科技管理专家，逐步形成青年科技专家群体。

（四）积极探索央属科技资源的融合发展

伴随着中国的改革开放，首都科技资源状况有了很大的改观与变化。一方面，政府对科技的投入逐渐加大；另一方面，一些传统的科研机构逐步开始转型。

面对央属科技资源，这一时期北京市开始寻求打破行政藩篱、主动提供服务。北京以服务中央的首都功能为目标，在科技管理体制方面主动为央属科技资源提供服务，表现为：一是市科委面向在京所有机构进行项目招标，放开北京的科技资源；二是积极为在京中央资源提供服务；三是建立一体化的行业管理基础制度，例如合并中央与北京的科技资源的统计制度，建立面向全北京的条件平台等。

另外，北京市积极竞争获取更多央属科技资源。这一时期，国家先后出台了一系列的科技计划：国家重点科技攻关计划、高技术研究发展计划（"863计划"）、火炬计划、星火计划、重大成果推广计划、国家自然科学基金、攀登计划等。国家科研经费大多以国家科技计划的形式出现，同时在国家科技计划中引入竞争机制。北京市成为有力的竞争者之一，积极争取央属科技资源落地北京、服务北京。

二、积极推行科技体制改革，促进科研院所服务经济发展

在计划经济向市场经济转变的大潮中，北京的科研机构同样经历了这一历史过程。经过不断的试点与改革，科研院所逐步构建起现代院所管理制度。科研工作突破科研人员视角，日益面向社会需求与经济建设，服务社会经济创新发展的能力不断增强。

1981年，北京市开启市属科研院所改革，开始试行科研责任制；1984年，开始进入改革的突破期，改革科研院所的事业费拨款制度；1987年以后，科研院所改革进入全面推进时期。市属科研院所改革主要围绕建立科技经营机制、调动科技人员的积极性、促进科技与经济结合等进行了一系列的探索与创新。通过改革，科研院所面向市场的活力和自我发展能力大幅度提高，由单纯科技型向科技经营型转变取得重要进展，吸引和稳住了一批科研骨干，在一些高新技术领域形成了自己的特色和优势。

（一）20世纪80年代初推行责任制改革

20世纪80年代初，北京市开始对市属科研单位管理和运行机制实行改革。立足本地区经济建设，试图打破计划经济体制对科研院所的禁锢束缚，以开拓技术市场、扩大科研机构自主权和责任制管理为突破口，改变传统科研单位"大锅饭"机制和科技与经济"两张皮"的问题，放活科技人员，推动科技成果市场化。

1981年，市科委率先在市劳动保护研究所、市食品研究所等4个单位进行科研责任制的试点。1983年全面推广科研责任制，初步打

破单位内部"大锅饭"①。到1983年底，科研责任制已在20个研究机构实行。

（二）1984年以后科技体制改革全面启动

1984年，根据国家科委、国家体改委《关于开发研究单位由事业费开支改为有偿合同制的改革试点意见》精神，市科委制定了《关于改革本市科技管理体制的意见》，在技术开发型单位试行拨款制度的改革，对外实行技术有偿合同制，对内实行课题承包制。

根据1985年3月13日《中共中央关于科技体制改革的决定》中的改革精神及规定的重要任务，北京市属科研院所在科技体制改革中，对综合型、社会公益型和技术开发型的科研机构进行分类管理。

1985年9月12日，市科委、市财政局联合制定《关于经费包干和一所两制改革的试点意见》，对市属科研单位按不同类型、分步骤全面试行改革，改变科研单位吃国家"大锅饭"的状态，推行"技术合同制"、经费包干制及"一所两制"，即：从事技术开发的40个单位试行技术合同制，逐步减少事业费；从事社会公益研究和服务的30个单位实行以总体任务承包为中心的事业费包干制；兼有社会公益研究和技术开发型的7个单位，试行"一所两制"。对技术开发型科研机构，通过削减事业费和开始以技术经营的社会经济效益来进行考核，促使这些科研院所在创收方面有压力和紧迫感，从而加强了面向经济建设的意识。随着技术成果商品化，技术开发型科研机构开始转轨变型，从单一的科研型变成科研经营型。对综合型的科研院所通过实行"一所两制"，面向行业主管部门，面向社会为全社会提供服务，以及直接面向生产企业的意识也大大加强。对社会公益型的科研院所，则在改革中亦加强经营管理思想，从单纯依靠政府拨款转变到多渠道筹集资金。

1987年5月20日，为进一步深化市属科研院所的改革，市科委、

---

① 段炳仁.北京改革开放四十年［M］.北京：文津出版社，2018.

市体改办等联合制定了《关于科研单位实行承包经营责任制的暂行办法》，在技术开发型科研单位实行以"三保一挂"为主要内容的科技承包经营责任制。把科研单位对首都建设的贡献、技术成果的数量和水平、科技成果的投入产出，直接与工资奖励挂钩，加快科技成果的开发、推广和应用。1988年11月28日，市政府又颁发了《关于市属科研院所改革的若干规定》，推动市属科研单位全面进入深化改革的轨道。

同时，北京市采取了多种措施增强科研院所的实力，为科研院所转制奠定了较好的经济基础。1984年7月，北京部分市属科研机构开始实行所长负责制，以强有力的行政指挥系统，统一协调内部各种资源，力求在科研工作上能够迅速做出判断和决策，应对国内外科技需求和竞争。同时北京市科技经费的使用与管理，也配合科技体制改革不断推进，逐步形成了科技事业费和科技三项经费投入的格局。市科委对转制科研院所除每年拨付保留的事业费以外，还通过科技项目、建立中试基地、高技术实验室等形式支持科研机构发展。

随着科技体制改革的不断深入，科技管理不断规范与完善，科技人员的工作积极性得到不断激发，知识分子以饱满的精神面貌投入科研事业中。

三、科研实力不断壮大，多元合作呈现科技融合发展新态势

改革开放后的科研机构改革与发展使首都科学技术事业进入崭新发展时期，撤销、下放、调出的科研机构陆续恢复、收回，并新建立了一批科研单位。到1985年，北京地区已经拥有各类科研与开发机构1231家，职工18万人，科技人员13万人。

随着科技体制改革的进一步深化，北京地区研究机构和队伍有了进一步发展与提高。到1990年，北京拥有各类研发机构3151个，其中政府部门属461个，高等院校属169个，大中型企业属337个，民

办的2184个。各类研发机构拥有职工总数达到25.6万人，科技人员17万多人。人才荟萃，门类齐全。[1]

（一）中国科学院等国家在京科研机构快速发展

中国科学院在"文化大革命"期间遭受冲击，到1973年尚有在京研究机构11个，还有6个研究单位与北京市双重领导。1977年，中国科学院进入振兴和改革时期。1980年，中国科学院进行体制改革，逐步实施所长负责制、所长任期目标责任制，对拨款制度采用"两部经费制"，施行分类管理，扩大研究所自主权。同时，恢复和新建了一批科研与开发机构。到1985年，中国科学院在京科研机构增加到41个，职工2.1万人。1987年，根据中央"经济建设必须依靠科学技术，科学技术必须面向经济建设"的方针，中国科学院确立了"把主要力量动员和组织到为国民经济建设服务的主战场，保持一支精干力量从事基础研究和技术创新"的办院方针。1988年，中国科学院在全国科技工作会议上提出了"一院两制运行机制"的模式，进一步加强了应用技术开发机构的建设，使科研与开发机构布局更加合理。截至1990年底，中国科学院在京科研与开发机构达到43个，职工2.3万人，科技人员接近1.8万人。

20世纪80年代以来，根据中共中央和国务院有关科技体制改革的决定，国务院各部门在京科研机构也在逐步进行体制改革，扩大研究单位的自主权，改革拨款制度，实行所长负责制和经营承包制。至1985年，国务院各部门在京科研机构发展到175个，职工总数84616人，科技人员63921人。其中，科学家和工程师33811人，其他科技人员11782人。1987年1月，国务院发布了《关于进一步推进科技体制改革的若干规定》，进一步激发了科技人员的积极性。国务院各部门在京科研机构在改革中迅速发展，形成了门类齐全、布局合理、设

---

① 北京市科学技术志编辑委员会.北京科学技术志［M］.北京：科学出版社，2002.

备先进、人才济济、成果较多的科研开发体系。到1990年，其科研与开发机构发展到277个，职工总数达到143117人，从事科研与开发的专业人员有95268人，其中高级科技人员21934人。[①]

（二）市属科研与开发机构实现健康发展

科技体制的改革推动了科技与经济的结合，促进了市属科研与开发机构的健康发展，院所规模与收入实现快速增长。1979年底，北京市属研究机构70个。1990年底，市属科研与开发机构达到83个，职工总数为23849人，其中从事科技活动人员14911人。83个科研单位分布在国民经济的各个行业，其中农林牧渔及水利有3个，工业有41个，建筑、公用、交通、邮电有8个，体育卫生和社会福利事业有14个，综合技术服务有11个，其他有6个。

1985年至1990年6年中，市属科研院所的总收入呈增长的趋势。其中上级拨款的增长幅度不大，但院所创收部分则成倍增长，1985年的院所创收（技术性和非技术性收入）13642.7万元，1990年为30033.0万元。这说明市属技术开发型科研院所在转轨变型后，综合性和社会公益性科研院所提高经营管理意识后，其创收的能力有极大的增强。[②]

在科技体制改革中，北京技术开发型科研院所在组织结构上发生了深刻变化，它们以多种形式建立技工贸一体化的经营实体。

（1）以科研院所为龙头，承包和领办企业。科研院所承包和领办企业是在科研生产联合的基础上发展起来的。例如，北京市粉末冶金研究所承包北京市粉末冶金厂，北京市玻璃所承包605厂，北京市化工研究院领办化工八厂。这些院所通过承包和领办帮助企业依靠科技进步，调整产品结构，逐步使企业扭亏为盈。同时，这些企业又成为

---

① 北京市科学技术志编辑委员会.北京科学技术志［M］.北京：科学出版社，2002.

② 郑慕琦，颜锋.北京市属科研院所深化改革和发展对策研究之（一）［J］.科研管理，1993-3：1-10.

科研院所的中试基地和为行业服务的技术开发基地。

（2）一些科研院所进入企业和企业集团。北京市日用化学研究所进入丽源集团后，为丽源集团化妆品原料国产化和开发新产品服务，仅1989年一年就帮助丽源集团创外汇39万美元。

（3）科研院所与企业联合开发，为本市本行业服务。市属科研院所通过技术转让、合作研制开发、接受企业委托、建立承包工程队、建立科研生产联合体等方式与经济结合，为企业开发新产品、研究应用技术。如北京市食品所技术转让和企业联合开发，建筑工程所技术转让和建立工程队，建筑材料所与企业联合开发和建立工程队等。在1990年市场疲软的情况下，科研院所为企业开发并投产新产品226项。

（4）一些科研院所把成果直接转化为生产力。例如太阳能研究所创办桑普技术公司，实行"科研、销售两头在内，委托加工生产在外"的技工贸一体化的科技经营实体。1990年，该所事业费仅17.5万元，创收税利达575万元，为事业费的30多倍。1991年，一个仅200多人的研究所产品销售收入达2000万元。

（5）一些科研院所创办合资企业，进行合作贸易。例如自动化所与美日两国建立了多个合资企业，1990年完成销售额2275万元。通过改革，技术开发型科研院所在组织结构上已发生了变化，科技先导型科技经济实体、科技企业进入企业或企业集团、科技生产联合体创办合资企业等模式发展，逐步克服科研机构与企业分离、研究与生产脱离的状况。

（三）民办科研机构获得快速发展

1980年10月，中国科学院物理研究所研究员陈春先等7名科技人员在市科协和北京等离子体学会的支持下，在中关村创办了全市第一个民办科技机构北京等离子体学会先进技术发展服务部。1983年1月，该机构得到中央领导的肯定和支持。从此，北京民办科技机构如雨后春笋迅速发展，科海、四通、京海、信通等一批民办科技机构相继成立，连成了著名的中关村电子一条街。

1984年10月，中共中央《关于经济体制改革的决定》公布，北京出现了民办科技机构的热潮，年末民办科技机构达374家。1985年3月15日，中共中央《关于科学技术体制改革的决定》中明确指出，允许集体或个人建立科学研究和技术服务机构，地方政府要对他们进行管理，给予指导和帮助。该决定的颁布使北京地区的民办科技机构迅速发展，年底达到703家，从业人员2.8万人，营业额1.4亿元，是1984年的1.77倍。[1]

1986年，全国清理整顿公司民办科技机构，相应进行调整，机构压缩至400家。同年10月1日，市政府颁布《关于北京市集体、个体科技机构管理若干规定》，保证了民办科技机构的合法地位，为其稳定发展创造了条件。1987年1月，国务院发布《进一步推动科技体制改革的若干规定》，为民办科技机构的发展带来新的生机，年底民办科技机构上升为552家。1988年5月，国务院决定建立北京市新技术产业开发区，并且正式批准发布《北京市新技术产业开发区实验区暂行条例》。1988年11月，市政府颁发了《关于集体、个体科技机构管理的补充规定》，进一步推动了民办科技实业的发展。1988年底，民办科技机构达1828家，其中集体机构占90%。1990年发展到818家，从业人员23349人，其中科技人员15058人；开发科技成果达3000多项；形成产品1600多种；技工贸总收入超过22亿元，成为北京科技战线上的一路大军，对推动北京经济与科技的结合发挥了积极作用。[2]

（四）企业积极建设技术中心和研发中心

1978年以后，中共中央明确提出"经济建设必须依靠科学技术，科学技术工作必须面向经济建设"的战略方针，为企业发展生产指明

①　段炳仁.北京改革开放四十年［M］.北京：文津出版社，2018.

②　北京市科学技术志编辑委员会.北京科学技术志［M］.北京：科学出版社，2002.

了方向，调动了常办科研机构的积极性。1985年，在大中型企业中建立研究机构81个，其中研究所76个，研究室5个；从事科技开发活动的科技人员5347人，其中科学家和工程师3013人。

1987年5月，市政府批准了由市科委、市纪委、市经委联合组织实施的旨在以科技进步促进工业发展的《北京市工业技术振兴计划纲要》。1988年，市政府颁布《关于调动企业科技人员的积极性，推动企业技术进步的若干规定》，进一步推动了厂矿企业科研开发机构的健康发展。到1990年，北京地区299个大中型企业建立了科研开发机构，占全部大中型工业企业的58.7%。企业开办各类科研及开发机构337个，从事科技开发活动的科技人员14761人，其中科学家和工程师7983人，占科技开发总人数的54%。

四、高技术成果大量涌现

随着科技体制改革的持续深化与科技的不断进步，北京地区科技发展在材料、芯片、生物医药等领域取得显著成效，涌现出了一批标志性的重大科技成果。科技事业的蓬勃发展，有力助推了国家科技攻关与北京的经济创新发展。

（一）航空航天领域再创辉煌

1. 1980年"东风五号"洲际导弹试飞成功

1980年5月18日，我国"东风五号"洲际导弹全程飞行试验取得圆满成功，表明我国导弹技术达到一个新的水平。"东风五号"洲际导弹发射试验的护航行动是新中国海军迄今为止最大规模的远洋军事行动。

2. 1992年启动载人航天工程

1992年，载人航天工程正式开始实施，经过十几年的努力，中国在载人航天领域取得举世瞩目的巨大成就，成为继俄罗斯、美国之后世界第三个载人航天大国。

（二）计算机领域紧跟国际前沿步伐

1. 1979年发明汉字激光照排系统

1979年7月，在北大汉字信息处理技术研究室的计算机房里，王选等人用自己研制的汉字激光照排系统，一次成版地输出一张由各种大小字体组成、版面布局复杂的报纸，这是首张用激光照排机输出的中文报纸。这项成果为汉字告别铅字印刷开辟了通畅大道，被誉为中国印刷技术的再次革命。

2. 1986年国际联网项目——中国学术网启动

1986年，王运丰教授领导的北京市计算机应用技术研究所实施的国际联网项目——中国学术网启动，合作伙伴是德国卡尔斯鲁厄大学维纳·措恩教授带领的科研小组。

3. 1987年建成我国第一个Internet电子邮件节点

1987年9月，北京计算机应用技术研究所正式建成我国第一个Internet电子邮件节点，连通了Internet的电子邮件系统，并向德国成功发送了第一封电子邮件，内容是"越过长城，走向世界"，揭开了中国人使用互联网的序幕。

4. 1994第一条64K国际专线接入中国

1994年，第一条64K国际专线接入中国——中国正式接入因特网，加入国际互联网大家庭。中国从此开始有了"网民"。

（三）科研大设备研发取得突出成绩

1. 1982年研制世界上第一台双光子激光器

1982年1月，中国科学院物理研究所张道中与联邦德国专家合作研制出世界上第一台双光子激光器。

2. 1988年北京正负电子对撞机建设运行

1988年10月16日，我国第一座高能加速器——北京正负电子对撞机首次对撞成功。这是继原子弹、氢弹爆炸成功，人造卫星上天之后，中国在高科技领域又一重大突破性成就。

3. 1996年中国第一台回旋加速器研制成功

中国原子能科学研究院从1988年开始研制生产放射性同位素的回旋加速器。1996年5月9日，中国自主研制的第一台生产放射性同位素的回旋加速器，通过了国家计委的验收。我国的回旋加速器研制技术跨进了20世纪90年代国际先进水平。

加速器研制技术在世界高科技领域是一个竞争的重点。加速器生产的缺中子同位素，能广泛地应用于工业、农业和医药业，在核反应堆里是生产不出来的。运用缺中子同位素诊断和治疗疾病，也是世界最先进的医疗科学技术的重要组成部分。以往，我国使用的缺中子同位素及其制品或药品，大多依赖进口。然而，缺中子同位素的寿命较短，加上国际竞争激烈，我国的进口缺中子同位素受到制约。

此项研究中，研究人员独创了磁场的三维计算方法，超过先进国家掌握的二维计算技术，研制的回旋加速器的生产能力比同类产品高5倍。参加验收的中国科学院院士、国内加速器专家陈佳洱说，这套装置具有"流强高、效率高、智能化程度高、起点高和尺寸小"的特点。在试运行一年多时间里，生产出钴57、铊201、镓67、铟111、锗68、镉109和氟18等7种放射性同位素。有的在北京、上海等地的医院使用，质量符合《中华人民共和国药典》，达到国际先进水平。令人欣喜的是，有的同位素已经出口美国等国家和地区。

中国第一个用加速器批量生产和供应放射性同位素的基地已在中国原子能科学研究院建立。

（四）材料与生命科学等领域成果显著

1. 1988年中国大陆第一个试管婴儿诞生

1988年3月10日，在北京医科大学第三临床医学院妇产科教授张丽珠等科学家的努力下，中国大陆第一个试管婴儿诞生。这个试管婴儿的诞生是我国生殖医学和辅助生育技术向国际先进水平看齐的标志，在我国生殖医学发展史上具有里程碑意义。

2. 1993年纳米科技取得突破

1993年，中国科学院北京真空物理实验室（现为中国科学院物理研究所纳米物理与器件实验室）庞世瑾等科学家操纵原子，成功写出"中国"二字，标志着中国开始在国际纳米科技领域占有一席之地。

第三节　科技创新助推首都经济转型发展

敢想敢干、改革与搞活、科技与经济结合，成为这一时期北京科技创新与经济创新发展的主题词与关键词。伴随着北京实现全面转型、"退二进三"，高新技术创新带动了北京企业的创新发展热潮。大量企业开始在高科技产业领域布局，同时大量科技成果通过技术市场转入企业，经济结构开始从"大而全"向专业化和高技术发展。高技术含量的高端制造业与高技术服务业成为北京经济增长的新引擎。经济发展模式实现了从外延式发展向内涵式发展的转变，带动了北京科技发展理念的转变和提升。

一、首都城市发展呼唤经济转型

（一）生态环境压力对北京经济提出结构调整需求

新中国成立后，较长一段时期的重工业投资导致北京生态环境恶化。1958年至1978年，北京重工业投资占工业投资的比重高达89.6%。1970年北京的工业构成中，重工业比例为65.7%，超过上海、天津，仅次于沈阳，位居全国第二，成为全国重化工业基地之一。虽然后来几经起伏，到1994年北京的重工业比重仍然达到63.2%。由于工业发展的自身规律和特定的历史发展背景，北京形成了一批经济地位重要、产值高、产量大的高能耗、高水耗、高污染的工业行业，如化工、冶金、建材、重型机械等。1994年，这些行业的增加值仍占全市工业增加值的62.3%。城市环境日益恶化，到1998年，北京城市空气质量二级和好于二级天数仅100天，而4级以上极度恶劣天数却达到141天。[1]当年，北京被列为世界十大污染最严重城市。

---

① 史利国.北京的昨天、今天和明天——北京经济形势解析［J］.新视野，2007-04：17.

经济发展的现实与首都的城市性质功能以及资源特点发生巨大矛盾。1980年，中央书记处对首都建设方针做出4项重要指示：第一，要把北京建设成为中国、全世界社会秩序、社会治安、社会风气和道德风尚最好的城市；第二，要把首都变成全国环境最清洁、最卫生、最优美的第一流城市；第三，要把北京建成全国科学、文化、技术最发达、教育程度最高的一流城市，并且在世界上也是文化最发达的城市之一；第四，要使北京经济上不断繁荣，人民生活方便安定。要着重发展旅游事业、服务行业、食品工业、高精尖的轻型工业和电子业。1983年，中共中央、国务院关于对《〈北京城市建设总体规划方案〉的批复》中提出，北京不要再发展重工业，而应着重发展高精尖、技术密集型的工业。北京是全国的政治中心和文化中心，不一定要成为经济中心。

（二）北京经济成功实现向高技术产业转型

按照中央指示精神，北京从20世纪80年代开始调整经济结构，适当压缩"三高"产业，大力发展第三产业，逐步限制和调整工业结构，按照首都特点来选择北京经济改革和发展的方向。北京"八五"计划明确提出重点发展汽车、电子工业，带动相关产业发展，成为北京的支柱产业；对钢铁、化工等"三高"行业的发展加以限制。

从20世纪70年代末到90年代中期，北京顺应首都城市发展需求，同时积极捉住世界新技术革命的契机，大力发展高新技术产业。探索推动电子信息、光机电一体化、新材料、生物医药等高技术产业的快速发展，北京的高技术产业体系得以逐步确立。随着改革开放与国外先进技术与理念的引进、吸收，以电子信息、生物医药、汽车为主的高新技术产业、先进制造业逐渐取代化工、冶金等传统重工业，成为工业的主导行业。以联想、北大方正、清华紫光等为代表的高新技术企业快速发展。首钢、燕山石化等实现快速技术革新。同仁堂、燕京啤酒、星海钢琴等著名品牌企业勇闯市场。

北京的第三产业在这一时期发展明显加快。1978年，全市第三产业增加值为26.0亿元，到1994年达到562.5亿元，超过了第二产业的516.0亿元。自1994年北京第三产业比重超过第二产业至今，第三产业成为北京经济日益重要的"压舱石"。

（三）科技的力量助推北京经济转型升级的顺利实现

伴随着经济体制改革与经济结构调整，北京经济实现了向高技术与服务业的发展转变。在此期间，科技工作者走出书斋面向经济建设，也为改革开放中的北京经济发展做出了突出的贡献。一批科技人员"下海"创业，中关村电子一条街就被冠以"中国硅谷"之称，成为中国科技创新的代名词和首都发展的"金名片"，享誉国内外。北大方正、清华紫光、联想等一批企业的成功，为中国软件与互联网产业的腾飞打下坚实的基石。市属科研部门1983年全面推广了科研责任制，1985年推行了技术合同制、经费包干制以及"一所两制"，1987年在技术开发型科研单位实行"三保一挂"为主要内容的科技承包经营责任制。这些改革措施不断推动科研院所和科技人员更深层次融入经济发展，加快了科技成果开发、推广和应用，也促进了科技市场的发育和科技成果商品化的进程。科技人员到农村为乡镇企业服务，解决技术和管理问题，并为当地培养技术和管理骨干，使农村"星火计划"得以顺利实施。以科技人员为主力军的"工业振兴计划"，也顺利进入落实阶段。

技术开发带动企业创新发展热潮，高科技成果大量涌现，技术创新成果迅速在企业得到转化应用。企业科技革新热情高涨，开始大量建设技术开发机构。大量科技成果通过技术市场转入企业。1994年，北京科技活动人员达到24万人，技术合同数达到15220项，技术合同成交总额37.2亿元，技术交易额26.9亿元。

（四）科技与经济发展带动人们生活水平的提高

北京科技与经济的发展推动了社会进步与人民生活水平的提高。北京作为伟大祖国的首都，与时代同脉搏，与国家共奋进，发生了翻天覆地的历史巨变。北京地区生产总值由1978年的108.8亿元增加到1994年的1145.3亿元，实现了10倍数的增长。人均地区生产总值由1978年的1257元增加到1994年的10240元。全市居民人均可支配收入从1978年的302元提高到1994年的4419元，增长了10倍以上。[①]

二、中关村精神为科技创新注入活力

这一时期，民营科技机构创新发展，成为经济创新发展的新引擎，改革与搞活成为关键词。民营经济的发展，在科研人员的热情与科技力量的助力下，首先在中关村取得突破口。全国第一家民营科技企业在这里诞生。陈春先、柳传志、王洪德、王选、王文京等一批科学家、公务员下海创业的故事，充分体现了他们敢想敢干、敢为人先的开拓精神。

（一）"敢为天下先"的中关村率先崛起

1980年10月23日，此前曾两次到美国硅谷考察的中国科学院物理研究所研究员陈春先与6名科技人员一起，在北京市科学技术协会的支持下，成立北京等离子体学会先进技术发展服务部。这一举动拉开了科技人员面向市场、自主创业的序幕。在此之后，一批科研人员大胆冲破束缚，走出围墙，利用自身的科技知识和才能，以"自筹资金、自由组合、自主经营、自负盈亏"为原则，以市场需求为导向，开始了民营创业行动。

1982年底，中国科学院计算技术研究所负责机房建设的工程师王洪德创办京海，主要做计算机机房建设和相关业务。这是"两通两海"中的第一家，同时也是非严格意义上中关村IT企业的第一家。到1984年，京海已经完成2700万元产值、400万元利润。

1983年的"五四青年节"，中国科学院物理研究所"管档案"的

---

① 北京市统计局，国家统计局北京调查总队.北京统计年鉴2019［M］.北京：中国统计出版社，2019.

陈庆振创办科海，打出的口号是"科技成果转化"，但最终做的具体业务却是贸易。

1984年底，张旋龙走进中关村的时候，香港金山公司还只有十几个人，年营业额不足100万美元，在做"IBM代理的代理"。同时也给NEC、AST做"代理的代理"。1984年，万润南创办的四通成立，创办初期销售打印机。直到与香港金山合作了一次500台PC的"大生意"后，开始涉足整机。"两通两海"中最后成立的是信通，由中国科学院科学仪器厂的金燕静在1984年底创办。香港金山在1984年进中关村时带来的业务模式，成为当时整个中关村企业最主要的商业模式，为"两通两海"乃至整个中关村证明了围绕PC的"贸易"的可行性，并提供了一种成形的解决方案。所以，1984年中关村一下子发展起来一大批企业。

1984年前后，中关村地区有了一批"下海"经商的科技人员，他们通过创办民营科技企业的方式，探索科技成果转化为生产力的途径。在这个充满传奇色彩的地方，产生出一批传奇人物，张旋龙、王选、万润南、段永基、求伯君、王永民、史玉柱、吴晓军……人们满心喜悦地在这里看到了硅谷的雏形，"中国硅谷"之称不胫而走。怀着各种想法和心情到这里聚集的人，将中关村从一个简陋的小村变成了喧闹的电子贸易集中地。

在随后的"两通两海"时代，中关村所做的事情就是从国外了解先进技术和先进的产品，并通过贸易的手段将这些东西带到国内，一边培育市场，一边完成资金、技术、人才等各方面的原始积累，为北京甚至全中国电子信息产业的腾飞积蓄力量。到1987年，以"两通两海"和联想、方正等为代表的百多家科技企业，聚集在自白石桥起、沿白颐路（今中关村大街）向北至成府路和中关村路至海淀路一带、东至学院路，形成大写的英文字母"F"形地区，被人们称为"电子一条街"。1988年，国务院批复《北京市新技术产业开发试验区暂行条例》，中关村科技园区在中关村电子一条街的基础上成立，有力促进了北京市高新技术产业的发展。1993年，中关村科技园区增加值为29.2亿元。

（二）中关村创新发展的卓越成效

20世纪八九十年代的中关村，在创新发展方面取得了一系列优秀成绩，"两通两海"、联想、海华、北大方正等一批优秀企业、优秀产品涌现出来。

1. 陈春先与中国第一家民营企业

全国科学大会后3个多月，陈春先随着中国首个科学家访美团，来到了大洋彼岸的美国。在考察过程中，他对美国硅谷和波士顿128公路区的新技术扩散区产生了浓厚情趣。1978年以后，陈春先三次访美。访问美国归来后，陈春先提出了"新技术扩散"的理念，主张探索加快科技转化为生产力的新路，在中关村建立"中国硅谷"。

1980年10月23日上午，中国科学院物理研究所试验大楼东北角，一间十几平方米的库房里，陈春先带着十几个人忙着清扫蜘蛛网、打扫灰尘，把破烂堆到库房的东边，腾出了5平方米。一张三屉桌子，几个小凳子，十几个"叛逆者"在赵绮秋的见证下，成立了中关村先进技术发展服务部。这就是中关村第一家民营科技企业的前身。多年以后，陈春先也因此被誉为"中关村第一人"。

服务部开始没有主营业务，哪里有需要就过去，操作机械、电机、电子、仪器、数据处理等20多个项目，包括北京锅炉厂改造、等离子冶金项目的研制。每个项目的服务费从几百元到几千元，一年下来轻松赚了两三万元。赚到第一桶金后，他们在中关村72楼东侧的大杨树下盖了两间蓝色板房，作为服务部正式的基地。提供咨询服务的科研人员们下班了就讨论项目，在简易的桌子上画图，搞设计。他们对知青、高中毕业生开办电工班，从这里出去的培训生被工矿企业争抢。

每天下班以后的晚上及周末，木板房里就非常热闹。那种场景在中关村是从来没有过的。原来的中关村非常安静，就是科研院所、大专院校，走在路上都很少见到行人，就这么一个木板房在那活跃起来，真像一石激起千重浪。在那里，中关村精神逐渐凝聚形成，并在以后的几十年间，成为中国创新发展的精神旗帜。

2. 联想与联想汉卡的诞生

联想公司成立于1984年，公司最初的名字为"中国科学院计算技术研究所新技术发展公司"，是由中国科学院计算技术研究所的柳传志等11位科技人员，利用计算所投资的20万元在一间传达室中创办的。

那时候，一台个人电脑成本约3万元，而市场价是4.5万元，从国外公司订货、售卖计算机主机，成了中关村大部分公司的主营业务。到1984年底，中国已有至少11万台个人计算机，几乎全都来自美国IBM。眼看着计算机正在进入中国，却始终无法真正进入中国人的生活。因为它从诞生至今，只能在英文环境中运行。中国人引以为傲的汉字，成了天然的绊脚石。1980年的《语文现代化》丛刊宣告，"方块汉字在电子计算机上遇到的困难，好像一个行将就木的衰老病人"。甚至有人断言：计算机，是汉字的掘墓人！

从1968年起，倪光南就与计算所的前辈们一起，从输入到编码、储存，再到显示、打印，逐步尝试攻克"汉字难题"。十年磨一剑。1983年，倪光南终于把"实验系统"发展为一个实用的汉字处理系统。这不仅是中国最早的汉字信息处理系统之一，更是首次实现了"联想输入法"。不久之后，这个系统有了一个响彻中国的名字——"联想汉卡"。1985年，已成为IBM代理商的柳传志找到倪光南，他坚信"LX-80联想式汉字系统"是打开中国计算机世界未来的钥匙，更是能彻底改写公司未来的自主创新。他信誓旦旦地对倪光南说："我保证把你的一切研究成果都变成产品。"这句话，打动了这位执着的科学家。

汉卡加盟后，给公司带来飞跃性的变化。1985年4月到1987年12月，联想出售汉卡所得的利润高达1237.5万元。联想，由此迈入中关村十大公司之列。

1986年成功研制出的第一款自主拳头产品联想汉卡，获得了国家科技进步奖一等奖。因早期的政策所限，联想无法获得生产自主品牌微机的批文，于是于1988年成立香港联想，以贸易积累资金，进而形成了技术、生产、销售一体化的PC机主板制造业，产品远销欧美，并逐步将其规模化。1990年，联想自有品牌计算机在德国汉诺威电子技术交易会上大获成功，最终获得国家认可，取得PC生产许可证。同年，联想品牌的计算机在国内市场推出。

3. 北大方正与王选教授的汉字激光照排系统

1985年初，北京大学物理系讲师张玉峰和其他4位教师筹备了北京大学科技开发部，在未名湖畔一间10平方米的小屋里，靠着北京大学提供的3万元资金，开始了走向今日方正之辉煌的艰难创业之路。1986年8月，正式注册成立了北京大学新技术公司，当时北京大学注入资金40万元。1988年初，北京大学新技术公司年销售额达5000万元，成为中关村颇具影响的民营科技企业。

此时，在王选教授的倡导下，北京大学得到当时国家经委的许可，决定将王选教授主持开发的汉字激光照排系统专利与技术转让给公司。从此，以张玉峰为核心的公司领导审时度势，开始与王选教授领导的北京大学计算所合作，直接从事汉字激光照排系统的开发、生产与销售，从而使公司进入了一个新的发展阶段。1988年底向社会推出了"华光"Ⅳ型系统。很快，"华光"Ⅳ型系统便旋风般地打进了全国几千家报社，并远销海外市场，从而将"中国印刷业的第二次革命"推向高潮。1991年，方正公司又进一步将华光系统发展成为北大方正91电子出版系统，并实现整版传输、区域网络化、光盘存档等功能。之后又迅速推出方正彩色激光照排系统，使我国自行研制的彩色桌面系统走进了国内及海外市场，掀起了印刷出版业的"彩色革命"。

1993年初，北大方正集团正式成立，这是北大方正发展史上又一个新的里程碑。从此，公司在完成集团化的同时，加快了向多元化、国际化、股份化的高新技术企业迈进的步伐。

三、高端产业集聚区持续发展壮大

随着改革开放与科技的不断创新发展，北京初步完成向高技术产业结构的转型，为日后高新技术产业的快速发展奠定了坚实基础。这一阶段，北京的高技术产业不仅注重在新产业科技领域的布局，还逐渐形成专业化、集聚化的发展趋势，高端产业集聚区不断发展壮大。

（一）中关村试验区创新发展实力不断增强

从1980年陈春先研究员与6名科技人员一起在中关村创立北京第一家民营科技实体开始，中关村就成为改革开放后中国民营科技企业发展的一个风向标，成为之后几十年中国创新发展的旗帜与标杆。

到1987年，已经有148家科技企业聚集在"电子一条街"上争奇斗艳、蓬勃发展。他们不要国家人事编制，不用国家财政拨款，自筹资金，自愿组合，自负盈亏，自我发展，自我约束，以市场为导向、以技术为依托，技工贸结合，转化、扩散高新技术成果，在市场环境中拓展自己的生存发展空间，同时也为北京的经济发展和城市建设做出卓越的贡献。

1988年5月，国务院批复同意《北京市新技术产业开发试验区暂行条例》，成立北京市新技术产业开发试验区，成为中国第一个国家级高新技术产业开发区。这是中国第一个以电子信息产业为主导，集科研、开发、生产、经营、培训和服务于一体的综合性基地。中关村科技园区在中关村"电子一条街"的基础上成立，有力促进了北京市高新技术产业的发展。1988年，试验区成立时有高新技术企业527家，从业人员近万人，技工贸总收入14亿元，出口创汇1000万美金。截至1994年，高新技术企业4229家，从业人员11.3万人，试验区总收入142.8亿元，出口创汇1.3亿美金，增幅巨大。①

1992年，北京市批准了上地信息产业基地的建设。1994年，经

---

① 北京市科学技术委员会.北京科技70年（1949—2019）[M].北京：北京科学技术出版社，2020.

国家批准将丰台科技园区、昌平科技园区并入北京新技术产业开发试验区。这两个园区与海淀试验区相互呼应，优势互补。此举开创了试验区"一区多园"的发展模式。

这一阶段，中关村得到快速、健康发展。得益于政府的多方服务和优惠政策，北京第一批初创企业中有不少得到发展壮大，同时又营造了一批新型高科技公司。截至1993年《中华人民共和国公司法》颁布，中关村已经有了4229家高新技术企业。影响较大的有研发出国内第一个中文办公软件WPS97的金山公司、迅速成长为全球三大液晶面板供货商之一的京东方公司等。

（二）北京经济技术开发区开始建设

北京经济技术开发区是北京民营经济创新发展的另一个动力引擎。

1991年8月15日，在北京市政府常务会上，政府决定拿出3亿元筹建北京经济技术开发区。开发区总体规划面积为46.8平方公里，由科学规划的产业区、高配置的商务区及高品质的生活区构成。

1994年8月25日，国务院正式批复同意位于北京市大兴区亦庄乡的北京经济技术开发区为国家级经济技术开发区，成为当时北京市唯一的国家级经济技术开发区。当年，开发区增加值为1亿元。从这一刻起，北京经济技术开发区也插上了腾飞的翅膀，开启快速发展的征程，成为之后北京又一经济发展平台。

（三）北京电子城建设

为推动酒仙桥地区工业的发展，1992年4月，朝阳区酒仙桥地区12家企业厂长联名向市委、市政府呈送《关于建立酒仙桥保税、经济开放区的建议报告》。1994年3月，市政府正式批准实施了《北京电子城方案》，该方案将占地10.5平方公里的酒仙桥电子工业基地正式定名为北京电子城，明确总体规划、以新技术改造传统产业、工贸并举的发展方向，并确定了推动企业脱困的政策措施等。1999年1

月，北京电子城老工业基地整个规划范围被划入北京高新技术产业开发实验区。①

（四）北京高新技术产业初步呈现集群化发展趋势

20世纪80年代初到1994年这一阶段，北京形成了以海淀中关村为中心的一区三园的建设布局，促进了昌平—海淀—丰台联为一体的北京西部高新技术产业开发带的建设。同时，传统产业广泛应用高新技术，高新技术与传统产业相互渗透，相互结合，产生一批高新技术企业和企业集团，也产生一大批高新技术产品，初步形成了北京高新技术产业的集群化发展特征。高新技术企业群体初步形成，同时企业向规模化、集团化发展。以联想集团、方正集团、四通集团为代表的高新技术企业集团在全国同行业中各项指标名列前茅，成为行业的佼佼者。

在高新技术企业向集群化、集团化发展的同时，相关产业逐步成为具有特色的高新技术支柱行业。北京依靠自身的科技优势，使一些高新技术成果迅速转化，产业规模不断扩大。电子信息技术、激光技术、机电一体化技术及新材料技术中的部分项目和技术正在形成产业，生物工程技术中部分项目的生产也具备了一定规模。

另外，部分有远见卓识的新技术企业已开始推行产业国际化战略，尝试走出国门，走向世界。北京的高新技术企业在多元化和集团化的成长过程中，已经形成了一批跨地区、跨行业经营的企业集团，如联想当时已经在深圳建成了全国最大的计算机生产基地，三环公司在浙江宁波建立了全国最大的永磁材料出口基地。

在这一时期，北京的高新技术产业已经在科技创新的助力下，崭露峥嵘，为未来的伟大征程奠定了成功的基础。

---

① 北京市科学技术委员会.北京科技70年（1949—2019）[M].北京：北京科学技术出版社，2020.

第四章

勇立潮头：科技创新推动
首都全面发展

第一节 "首都经济"理念赋予北京科技发展新的使命

一、"首都经济"标志着首都城市经济发展步入新阶段

(一)首都经济理念应运而生

北京科学技术发展之路的新篇章始自这座城市对自身角色的新定位与对自身模式的新完善。中共北京市第五次代表大会正式提出"发展适合首都特点的经济"的发展理念,各界进行了广泛的探讨,认识到适合首都特点的经济首先要体现首都作为全国政治中心、文化中心的城市性质,体现首都的科技优势,体现现代经济效益与人文效益的结合。

适合首都特点的经济,根本上就是建立适合首都特点的经济结构,即符合北京城市性质功能和布局要求,以首都科技文化优势为依托,高新技术产业为先导,第三产业为主体,三次产业结构协调,技术先进、布局合理、资源节约、环境良好、高效益、高素质、开放型的可持续发展的经济。然而在当时,北京的经济和产业结构显然与首都建设和改革开放国际化大都市的需求相去甚远。1994年,全市按产值顺序排名前3位的机械、石化、冶金工业,都是高能耗、高污染的行业。重工业产值在全市工业中的比重占63.2%。其中,钢产量达到800多万吨,其生产力位居全国前列;石化、造纸、水泥、原煤、焦炭的产量也大体沿着上升曲线发展。重工业的发展必然带来生态、环境等一系列问题,加上服务业、城市基础设施建设的滞后,矛盾和诸多不适应显而易见[①]。

---

① 温卫东."首都经济"的提出与北京产业结构的调整 [J].北京党史,2008 (6): 24-25.

1993年10月，国务院关于《北京城市总体规划》的批复，进一步强调：北京城市的规划、建设和发展，要保证党中央、国务院在新形势下领导全国工作和开展国际交往的需要；要不断改善居民工作和生活条件，促进经济、社会协调发展。提出："要突出首都的特点，发挥首都的优势，积极调整产业结构和用地布局，促进高新技术和第三产业的发展，努力实现经济效益、社会效益、环境效益的统一。"这一版《北京城市总体规划》重申：北京不要再发展重工业，特别是不能再发展那些能耗多、用水多、占地多、运输量大、污染扰民的工业。批复首次明确提出，北京要切实保护和改善首都地区的生态环境，包括建设完善的城市绿化系统，抓紧治理大气、水体、噪声以及生产、生活废弃物的污染。要求北京加快城市基础设施现代化建设步伐，采取措施从根本上解决首都水源不足、能源紧缺、交通紧张等重大问题。

1993年，北京全面实施《北京城市总体规划》，加大了产业结构调整的力度，通过实施"优二兴三""退三进四"等重大措施，工业结构调整速度逐步加快。1995年，北京市的第二产业在地区生产总值中的比重已经降至35%，而第三产业的比重从1978年的23.7%提高到52.3%。

北京作为首都，是全国政治中心和文化中心，肩负着"四个服务"的光荣使命，即"为中央党、政、军领导机关的工作服务，为国家的国际交往服务，为科技和教育发展服务，为改善人民群众生活服务"。在政治稳定和社会安定，城市建设和城市管理，精神文明建设和文化教育事业等方面，都有着更高的要求。[①]自20世纪80年代初开始，围绕首都北京"要不要发展经济"和"怎样发展经济"等关键问题，社会各界展开过激烈的讨论。

为落实党中央、国务院对首都发展的战略部署，探索符合首都功能定位的发展模式，1997年底召开的北京市第八次党代会，在全面

---

① 刘淇.大力发展首都经济 [J]，前线，1998（2）：14-15.

客观分析国情、市情的基础上，首次鲜明地提出了大力发展"首都经济"的概念。所谓首都经济，即立足首都、服务全国、走向世界的经济；是充分体现北京城市的性质和功能，充分发挥首都比较优势，充分反映社会主义市场经济规律的经济；是向结构优化、布局合理、技术密集、高度开放、资源节约、环境洁净方向发展的经济；是既保持较高经济增长速度，又体现较好效益的经济。

（二）"首都经济"引领北京跨世纪发展

"首都经济"的提出，坚定不移地树立了以经济建设作为首都发展的支撑和依托。坚持以经济建设为中心，坚持"发展是硬道理"，把集中力量发展首都经济摆在首要位置，为履行全国政治、文化中心和"四个服务"的功能提供坚实的物质基础。在此基础上，"首都经济"回答了首都北京"发展什么样的经济"这一问题，对于即将步入新世纪的北京产生了十分重要的现实意义和深远的历史意义。作为一座拥有1300多万人口的综合性特大城市，在即将迈入21世纪之际，北京提出了"建首善、创一流"和建设现代化国际大都市的发展目标。"首都经济"没有简单套用其他城市的发展经验和做法，而是走出了一条符合首都定位和自身实际的发展路径。实践证明，"首都经济"概念的提出，对跨世纪的北京经济发展起到了至关重要的作用。

一是"首都经济"推动北京产业结构转型升级。"首都经济"的提出，恰逢北京城市性质和功能定位逐步清晰、产业结构调整不断深入的经济变轨期。20世纪90年代中期以来，国有企业改革逐步深化，现代企业制度建立进程日益加快。工业企业开始逐渐退出市中心，冶金、煤炭、化工等传统支柱产业启动减产、转型、搬迁等，"优二兴三"的产业结构调整力度不断加大。在"首都经济"的推动下，十年间，北京经济结构发生了巨大转变，服务业成为首都经济的绝对主导。2007年，在全市地区生产总值中，第一产业、第二产业、第三产业所占比重分别为1∶26.8∶72.1，形成了第三产业为主导、第二产业快速优化的发展局面。其中，第三产业中的现代服务业、金融保险业、房地产业、信息传输计算机服务业增速强劲，替代传统工业的支柱地位，成为推动经济增长的主要动力。

二是"首都经济"引领北京迈入"知识经济"时代。进入20世纪90年代，发达国家步入以知识为基础的经济发展时代，纷纷建立以高新技术产业为核心的产业结构，"知识经济"成为时代发展的潮流。而"首都经济"便是"知识经济"落地的"北京蓝本"。"首都经济"以经济结构调整为核心，大力发展高新技术产业，培育新的经济增长点。2000年，中共北京市委八届六次全会提出了首都现代化建设"新三步走"发展战略，即：到2010年，率先在全国基本实现社会主义现代化，构建起现代化国际大都市的基本框架；到2020年，使北京的现代化程度大大提高，基本建成现代化国际大都市；到21世纪中叶新中国成立100周年，完全实现社会主义现代化，使北京成为当代世界一流水平的现代化国际大都市，进一步明确了加快首都经济现代化的主要任务。

三是"首都经济"扩宽北京对外开放大门。20世纪90年代末，随着对外开放的不断深化和中国即将加入世界贸易组织（WTO），"首都经济"提出伊始，便提出面向世界，探索"时代特征、中国特色、首都特点"的发展路径。"首都经济"力求在利用外资水平上有所突破，在调整外资项目结构上有所突破，在吸引跨国公司上有所突破。只有放眼世界范围，纳入经济全球化的统一进程，追赶世界新科技革命大潮，准确把握中国国情和北京市情，坚持对北京城市性质和功能的基本判断，才能走出一条符合"时代特征、中国特色、首都特点"要求的、可持续的经济发展新路子。在"首都经济"理念的推动下，"十五"期间，北京市市级利用外资累计达123.2亿美元，比"九五"期间增长24.6%。2006年，北京新批外商投资企业2106家，实际利用外商直接投资45.5亿美元，同比增长29.1%。[①]这一期间，微软中

---

① 魏浩，胡斌.北京市利用外资与经济增长的实证研究：1992—2006年［J］.首都经济贸易大学学报，2008（6）：95-99.

国研究院、爱立信中国研发总院、诺基亚星网国际工业园、北京现代汽车、北京奔驰等大批外商投资重大项目落地北京，集聚全球产业资源，显著提高了产业竞争力和开放水平，使"首都经济"实现了与世界经济的融合发展。

二、科技创新推动"首都经济"理念落地生根

（一）"知识经济"是"首都经济"的本质

"知识经济"时代有三个主要标志：一是知识成为对经济增长起决定作用的生产要素和资源，如20世纪90年代的知识和信息对美国经济增长的贡献率已经超过50%；二是对经济增长起决定作用的生产工具发生了质的变化，工业时代主要工具是机器设备，知识经济时代主要是计算机和网络；三是对经济增长起决定作用的主导产业发生了变化，以教育、科研开发、传播业、信息设备和信息服务为主的知识产业GDP占美国GDP的50%以上。①

北京的城市功能定位决定了必须走"知识经济"发展的道路，"知识经济"也是首都经济的本质。具体体现在以下方面：

一是北京拥有发展"知识经济"雄厚的科教资源。北京作为全国科技和教育事业最发达的地区，科技人才拥有量全国领先，科技创新水平引领全国。截至1997年底，北京地区拥有中央及市级科研机构近500家，位列全国第一。其中，央属科研机构302家，占全国1/4；67所高校和近四成全国重点实验室落地北京；研发与试验发展（R&D）人员25.2万人，占全国10%；两院院士近500人，占全国一半以上。

二是北京拥有发展"知识经济"的产业基础。以民营科技企业为主的高新技术产业已成为全市经济发展的一支重要力量。截至1997年底，全市民营科技企业1.2万余家，遍布全市18个区（县）；经认

---

① 刘淇.知识经济与首都经济发展［J］.新视野，1998（6）：4-7.

定的高新技术企业6000多家，从业人员20余万人。高新技术企业逐渐成为首都经济建设的重要力量。①

三是北京城市定位决定了必须走"知识经济"的道路。北京作为首都，提出了建设世界一流水平的现代化国际大都市的发展目标。而在当时，北京生态环境压力突出，大气污染、水污染、垃圾处理等方面都面临严峻挑战。在大气污染方面，北京每年燃煤2600万吨，万元产值能耗多达1.59吨标煤，年均雾霾日多达150多天，是世界少有的燃煤最多的大都市，其中工业是最大的能源消耗；在水污染方面，由于工业废水和生活污水逐渐排入，北京城市河水污染严重，1995年在监测的78条2110公里的河段中，54条总长1099公里受到不同程度污染，莲花河、凉水河等城市河段属严重污染；在固体废物污染方面，20世纪90年代城市生活垃圾每年以10%左右的速度增长，但处理能力较低，相当量的有害垃圾未经处理，长期封存。②在迈向21世纪之际，北京城市治理水平与国际大都市标准尚有巨大差距，传统依靠环境消耗的发展模式已难以支撑首都现代化发展，要有效控制污染，走可持续发展道路，必须依靠"知识经济"发展路径。

（二）高新技术产业是"首都经济"的核心

"首都经济"理念的核心是发展高新技术产业。高新技术及其产业是北京优势和希望所在，是首都经济新的增长点。高新技术产业在"首都经济"中发挥核心作用，主要体现在以下几个方面：

一是高新技术产业在"首都经济"中占据相当规模。"首都经济"战略实施初期，高新技术产业就呈现出蓬勃发展的态势。1997年，全市制造业生产高新技术产品共716项，涉及企业1254家；高新技术产品销售收入360亿元，占全市工业的21.1%。其中PC机、手机、基站设备、软件、彩色显像管、数字程控交换机等高新技术工业

---

① 刘淇.知识经济与首都经济发展［J］.新视野，1998（6）：4-7.

② 陈琪琳.北京市的主要环境污染问题和对策［J］.北京社会科学，1997（3）.

品是当时北京高新技术产品的代表，在全国具有较强竞争力。

二是民营科技企业成为"首都经济"亮点。1998年，北京拥有民营科技企业1.2万家，从业人员21万人，其中科技人员13万人，占从业人员总数的61%。民营高新技术产业已成为带动北京产业结构调整，推动高新技术产业发展的中坚力量。在当时，电子信息、光机电一体化、新材料、能源与环保、生物工程和新医药等高新技术产业已成为北京的新兴主导产业，涌现了一批发展迅速、活力很强的骨干企业和企业集团。其中，总收入过亿元的民营科技企业超过50家，联想、四通、方正等明星企业总收入均达60亿元以上。①

表1 1997年高新技术产品生产规模前十名的企业

企业名称	排名	高新技术产品销售收入（亿元）
北大方正集团公司	1	49.2
北京诺基亚移动通信有限公司	2	39.8
联想集团公司	3	28.9
北京松下彩色显像管有限公司	4	26.0
北京爱立信移动通信有限公司	5	21.4
北京国际交换系统有限公司	6	19.9
首钢总公司	7	11.1
北京化工集团有限责任公司	8	11.0
北京松下通信设备有限公司	9	5.6
北京松下电子部品有限公司	10	5.4

资料来源北京市统计局。

三是高新技术产业带动"首都经济"转型升级。在"首都经济"

---

① 邹祖烨.北京市高新技术产业发展现状与鼓励外商投资的举措［J］.中国科技产业，1998（4）：11-12.

战略的引领下，高新技术产业对传统产业支撑效应越发显著。北京第一机床厂、北人集团、北京玻璃仪器厂等国有大中型企业在电子信息、新材料、光机电一体化等领域，开展了计算机集成制造（CIMS）推广应用示范工程、计算机辅助设计（CAD）示范工程商业自动化示范工程、工业设计示范工程和企业技术创新示范工程等一系列科技示范工程。这些科技示范项目的实施，有效提高了工业产品的科技含量，缩短了产品设计周期，增强了工业企业竞争力，对于首都传统产业转型升级，推动"首都经济"发展发挥了重要的支撑作用。

四是高新技术产业推动"首都经济"外向发展。外资企业在高新技术产业、现代制造业和信息产业优势明显。1999年，全市1200余家高新技术企业中，外资企业占比突出，贡献了1/3的销售收入。[①]

---

① 北京市统计局.北京市高新技术产业发展的现状及问题［J］.北京统计，1998
（9）：13—15.

第二节　科技体制改革带动形成科技创新文化

一、"科教兴国"战略点燃创新之炬

（一）国家实施"科教兴国"战略

进入20世纪的最后10年，世界科技革命出现新的高潮，科技对经济社会发展推动作用日益明显，成为决定国家综合国力和国际地位的重要因素。这一时期，科学技术迅猛发展，对经济、社会产生了巨大推进作用，也给人类的生产、生活方式带来了革命性的变化。科学技术实力已成为决定国家综合国力强弱和国际地位高低的重要因素。在科技革命的推动下，世界主要国家纷纷推出全国性科技战略和计划，抢占新世纪全球科技竞争制高点。在这一时期，美国首先打响了进军关键技术的"第一炮"，1991年发布了国家关键技术报告，提出6个领域22项技术，试图维持全球科技霸主地位。德国为了增强工业竞争力，使知识转化成增长率，提出了较长期的21世纪的关键技术，包括信息和通信技术、新材料、生物技术、纳米技术、薄膜技术、超导技术等。日本实施第六代计算机计划、先进技术探索研究计划、亚洲新阳光计划等，重视微型机器人技术、汽车轻量化技术等"未来技术"。韩国提出了投入60亿美元的G-7计划，瞄准半导体存储芯片集成数字服务网络、智能计算机、电力汽车、新型抗生素与农用化品等7个与市场关系密切的技术加大创新投入。澳大利亚政府1990年宣布，在7年内建立50个国家科学中心，主攻农业、能源、环境、医学、信息、制造等6大领域的关键技术。[1]面对国际经济、科技竞争的严峻挑战和人口多、底子薄、人均资源相对短缺的国情，加速国民经济增长从外延型向效益型的战略转变已经迫在眉睫。实现这一战略必

---

① 梁战平.90年代世界新科技革命面面观［J］.全球科技经济瞭望，1994（1）：2-5.

须依靠科技进步，大力解放和发展第一生产力，加速科技成果向现实生产力的转化。为迎接知识经济时代的到来，党中央根据世界科技的发展潮流和我国现代化建设的需要，提出并实施"科教兴国"战略，对中国特色社会主义事业的跨世纪发展发挥了强力的推动作用。

1993年11月，党中央通过《中共中央关于建立社会主义市场经济体制改革若干问题的决定》，再次确认科技发展的基本方针是"科学技术是第一生产力，经济建设必须依靠科学技术，科学技术工作必须面向经济建设"。科技体制改革的目标是"建立适应社会主义市场经济发展，符合科技自身发展规律，科技与经济密切结合的新型体制，促进科技进步，攀登科技高峰，以实现经济、科技和社会的综合协调发展"。实施"稳住一头，放开一片"方针，"加强基础性研究，发展高新技术研究，放开技术开发和科技服务机构的研究开发经营活动"。从重大和关键技术领域、技术引进和技术创新、技术开发、技术创新组织和技术推广网络、军民两用技术研究开发5个方面谋划布局科技经济一体化。

1995年5月，中共中央、国务院发布《中共中央、国务院关于加速科学技术进步的决定》，正式提出"科教兴国"战略。决定提出"经济建设必须依靠科学技术，科学技术工作必须面向经济建设，努力攀登科学技术高峰"的科技工作基本方针，明确了"全面落实科学技术是第一生产力的思想，坚持教育为本，把科技和教育摆在经济、社会发展的重要位置，增强国家的科技实力及向现实生产力转化的能力，提高全民族的科技文化素质，把经济建设转移到依靠科技进步和提高劳动者素质的轨道上来，加速实现国家的繁荣强盛"的"科教兴国"战略内涵。1995年5月26日，中共中央、国务院在北京召开全国科学技术大会，进一步强调在全国实施"科教兴国"战略是总结历史经验和根据我国现实做出的重大部署。会上，江泽民总书记发表重要讲话，号召全党、全国人民进一步全面落实科学技术是第一生产力的思想，投身于实施"科教兴国"战略的伟大事业，加速全社会的科技进步，为胜利实现中国现代化建设的战略目标而努力。

江泽民总书记在大会上强调指出，创新是一个民族进步的灵魂，是国家兴旺发达的不竭动力。一个没有创新能力的民族，难以屹立于世界先进民族之林。作为一个独立自主的社会主义大国，必须在科技方面掌握自己的命运。全国科学技术大会的召开，引起了海内外的热烈反响，各地方、各部门都积极行动起来，认真学习全国科学技术大会精神，"科教兴国"热潮在全国范围迅速掀起。实施"科教兴国"战略，是全面落实科学技术是第一生产力的战略决策，是保证国民经济持续、快速、健康发展的根本措施，是实现社会主义现代化宏伟目标的必然选择，也是中华民族振兴的必由之路。[1] "科教兴国"战略的提出和实施，是即将迈向新世纪的一场巨大变革。这场变革，使得科技和教育受到了空前的重视，更重要的是，人们比任何时候都坚信——创新不仅依赖于社会的物质保障，更需要广大公众较高的创新文化素质。科技创新成为国家竞争力的重要组成部分，全社会营造敢于创新的精神风尚和人才至上的文化氛围。

（二）科技体制改革贯穿"科教兴国"战略实施

"科教兴国"是国家强盛的必由之路，而改革则是"科教兴国"的灵魂。"科教兴国"战略成为我国科技发展的主要走向，这一阶段标志着我国步入深化科技体制改革的新阶段，标志着科技发展的重心更加明显地转向促进科技与经济、社会之间的相互联系和相互结合，制度内容变迁更多地关注经济体制、政治体制、科技体制和教育体制改革之间的协同和配套。[2] 随着"科教兴国"战略在我国全面实施，国家进入了科技体制改革的深水区，面对科技与经济"两张皮"和陈旧的科技体制机制，改革难度和阻力明显加大，需要更大的魄力和智慧，攻克体制机制上的顽疾。在党中央的指引下，这一时期，我国

---

① 中华人民共和国科技部.中国科技发展70年 1949—2019［M］.北京：科学技术文献出版社，2019.

② 曹希敬，袁志彬.新中国成立70年来重要科技政策盘点［J］.科技导报，2019（18）：20-30.

的科技体制改革再次得到了多层次、全方位的深刻变革，科技与经济的融合持续深化。以《中华人民共和国科学技术进步法》（简称《科技进步法》）、《中华人民共和国促进科技成果转化法》（简称《科技成果转化法》）为基础的科技创新法律体系开始建立；上千家公立应用型科研院所纷纷改制进入市场，各类企业公司（包括大型企业、中小型企业、跨国公司等）在自己建立研发中心和进行科技创新时享有国家政策的鼓励和相关基金的支持；知识创新工程试点开始开展，针对具体一项或几项专业和产业的扶持开始显现；高等教育在长远发展科学技术中起到的独特作用被多维度地审视和认知……这一轮强力改革，囊括全局，多层并举，多线并进，开启了科技政策与产业协同演进的序幕。

一是推进科技创新的法制改革。完备的法制环境是顺利推进科技体制改革的基础。在"科教兴国"战略下，我国科技立法工作加速实施，围绕"科教兴国"战略的法制体系不断完善。1993年7月，《科技进步法》颁布，这部属于科技领域的基本法性质的法律，构筑了中国科技法律制度体系的框架，被誉为我国科技领域的"小宪法"。《科技进步法》的主旨思想是"为了促进科学技术进步，在社会主义现代化建设中优先发展科学技术，发挥科学技术第一生产力的作用，推动科学技术为经济建设服务"，"以改革开放为主线，通过立法总结和积极推进科技、经济体制改革的实践；抓住主要矛盾；向国际规范靠拢"。该法规定，国家实行经济建设和社会发展依靠科学技术，科学技术工作面向经济建设和社会发展的基本方针。国家根据科技进步和社会主义市场经济的需要，改革和完善科技体制，建立科学技术与经济有效结合的机制。国家鼓励科学研究和技术开发，推广应用科学技术成果，改造传统产业，发展高技术产业。此后，我国科技创新的法制体系加快建立，先后颁布《科技成果转化法》《中华人民共和国合同法》《科学技术普及法》等重要法律，奠定了"科教兴国"战略的法律基础。其中，1996年5月，全国人民代表大会常务委员会审议通过《中华人民共和国促进科技成果转化法》，使政府部门指导和企业、事业单位转化科技成果的经验上升为国家意志，纳入国家法制轨道，以此来强化科技与经济的结合，促进"科教兴国"战略的实施。1999年3月，第九届全国人民代表大会第二次会议通过《中华人民共和国合同法》，自此《技术合同法》《经济合同法》《涉外经济合同法》三法合一。2002年6月，全国人大常务委员会审议通过《科学技术普及法》，把科普工作纳入法制轨道，促进科学技术普及工作的健康发展。

二是进行科研院所全面改革。科研院所改革是整个科技体制改革的重点领域，也是实现科技与经济结合的关键所在。长期以来，科研院所体系是我国科技人才和创新资源的主体，蕴含着巨大的创新潜力。但由于计划体制牵制，在发展观念、人力资源管理、激励制度、自主创新能力、科技成果转化等方面存在明显的制度缺陷，导致科研院所创新人员固化，创新活力受到限制，难以满足社会主义市场经济发展需求。从1996年起，国家启动了机械部、交通部、冶金部和纺织总会四个产业部门所属科研机构转制工作，拉开了新一轮科研院所改革的序幕。此次改革的重点是按照"稳住一头，放开一片"的方针，调整优化科技系统的结构，分流人才。由政府财政支持的科研院所要进一步精减，合理分流人员，保持一支精干的高水平的科研队伍，以市场机制为主放开、搞活与经济建设密切相关的技术开发和技术服务机构，使其以多种形式、多种渠道与经济结合，在全国范围内调整科技系统的组织结构和科研院所布局结构，从根本上形成有利于科技成果转化的体制和机制。以中央部门所属科研机构改革为主动，全面启动科技系统的组织结构和人才分流，构建"少而精"的独立科研机构体系。全国各省、自治区、直辖市对技术开发类、社会公益类、基础研究类三类科研机构实施改革，其中，技术开发类转为企业或进入企业，一些大型地方科研机构形成了事业性质研究所和转制研究所混合运行的机制。截至2002年底，中央和地方共有1200多家技术开发类科研院所转制成为企业法人，部分公益类科研院所实行"一所两制"改革模式，一部分加强公益性研究由国家财政给予支持，一部分从事技术服务、技术咨询等市场化服务的转制为企业，初步形成了适应社会主义市场经济和科技自身发展规律的新型科技体制。经历了科研院所改革，广大科研院所发展观念有了根本性的转变，特别是改制为企业的院所直接进入市场中拼搏，不再如计划经济时期那样由政府计划安排，而是通过变革和提升获得竞争性资源，在现实中不断强化自力更生的市场观念，将科研与经济紧密结合，达到了科研院所改革的初衷。

三是启动和实施系列科技创新工程。"科教兴国"战略实施以来，相关部门整合资源，聚焦经济社会发展的重大科技需求，创新项目组织和支持方式，先后启动实施了技术创新工程、知识创新工程等一批重大科技创新工程。

（1）国家技术创新工程。1996年，国家经贸委决定在组织实施国家重点工业性实验项目计划和国家重点新技术推广项目计划的基础上，实施国家技术创新工程。"九五"期间，围绕能源、交通通信和邮电通信、原材料、电子、机械制造、轻工纺织等18个重点行业及166项关键技术发布指导，组织重点企业实施500个重大技术创新项目。国家技术创新工程的一项重要内容是支持企业建立技术中心，加速建立适应市场经济要求和企业发展需要的技术创新体系和有效运行机制，提高企业技术创新能力，使企业成为技术创新和科技创新投入的主体。仅2002年，全国各省、自治区、直辖市认定企业技术中心就达2600多家；共有520家国家重点企业建立技术中心。[①]

（2）知识创新工程。2018年6月，经党中央、国务院批准，中国科学院启动实施知识创新工程试点。主要内容包括深化体制改革，建立与国际接轨并具有中国特色的"现代国立科研机构体制"，包括国家科研机构和部门科研机构；转变管理机制，建立现代科研院所管理制度，包括明确国家科研机构的方向和任务，发展完善科学基金制和

---

① 中华人民共和国科技部.中国科技发展70年 1949—2019［M］.北京：科学技术文献出版社，2019.

竞争制，建立和完善"国家科研机构年度预算拨款制度""科研院所研究理事会制度""科研人员聘任年限制度"等；调整结构，集中力量，重点建设一批国际知名的国家知识创新基地。经过10余年的试点，中国科学院初步实现了由单纯以学科为主进行科技布局向根据国家战略需求和科技发展态势聚焦创新目标并优选创新领域的转变；由以跟踪为主向以原始科学创新为主的转变；由以模仿为主向关键技术自主创新与重大系统集成为主的转变；由以分散的研究模式为主向加强跨学科、跨所力量的组织与凝聚、产学研紧密结合转变。

四是教育体制改革。教育、科技、人才是国家强盛、民族振兴的基石，也是综合国力的核心。一方面，从深度上看，国家对高等院校与重点学科建设的重视程度提升。1995年11月，志在面向21世纪重点建设100所左右高等学院以及一批重点学科的建设工程，也就是"211"工程已经启动。1998年5月4日，时任中共中央总书记江泽民在庆祝北京大学建校100周年大会上代表中国共产党和中共中央向全社会宣告："为了实现现代化，我国要有若干所具有世界先进水平的一流大学。"次年，为人们所熟知的"985"工程正式启动，一期建设在北京大学和清华大学率先实施。另一方面，从广度上看，国家基于经济、就业等多方面的判断，决定将更多青年学子纳入高等教育之中，亦即大学扩招。1999年，教育部出台、国务院批准的《面向21世纪教育振兴行动计划》不仅包括"985"工程的正式实施，也包括对适龄青年高等教育入学比例的具体要求。在刚刚恢复普通高等学校招生全国统一考试的1977年，570万人参加高考，27万人被录取，录取率仅为4.74%。尽管此后录取人数和录取比例有所提升，但录取人数直至1997年才宣告破百万，录取率则常年徘徊于20%~30%，其间报考人数甚至一度普遍出现过大幅下跌的情况。1999年，全国高校大规模扩招，当年共有288万人参加高考，160万人被录取，相较于1998年的108万人被录取，整整增加了将近52万人之多，增幅高达48%，本科录取率相应地有所提升，在高考制度恢复20余年以来首次过半，达到了55.56%。受到扩招鼓励，此后多年报名考试的考生数量急剧增长，通过高等教育渠道了解科学知识、习得技术能力的青年显著增多，为国家科技领域及相关产业的腾飞提供了更加宽广牢固的基础。

五是发展高科技，实现产业化。1999年8月，中共中央、国务院召开了全国技术创新大会。"加强技术创新，发展高科技，实现产业化"，被确立为中国科技跨世纪的战略目标。江泽民总书记向全党全国发出号召："全面实施'科教兴国'战略，大力推动科技进步，加强科技创新，是事关祖国富强和民族振兴的大事。努力在科技进步与创新上取得突破性的进展，赋予全面推进建设有中国特色社会主义事业以更大的动力，是全国广大科技工作者和各条战线上的同志的一个伟大战略性任务。"会上发布了《关于加强技术创新，发展高科技，实现产业化的决定》（简称《决定》），这是我国在新的历史时期，加强技术创新，加速科技成果商品化和高新技术产业化的纲领性文件。该《决定》通过建设国家知识创新体系，加速科技成果向现实生产力转化，提高中国经济的整体素质和综合国力，确保社会主义现代化建设第三步战略目标的顺利实现。强调促进企业成为技术创新的主体，全面提高企业技术创新能力。加强国家高新技术产业开发区建设，形成高新技术产业化基地。自此，技术创新政策开始成为中国科技政策的主导方向。此后国家出台了科技型中小企业技术创新基金，大力培育科技型中小企业发展；出台政策支持科技企业孵化器、大学科技园等，加速科技成果转化为现实生产力，发展高科技、实现产业化。

二、落实"科教兴国"战略的"北京实践"

审时度势、因势利导，是北京科技创新理念更新的重要表现，每一轮科技战略实施和科技理念的转换，都与国家战略背景和首都经济社会发展阶段息息相关，都是在时代背景下做出的战略选择。20世纪90年代，步入经济体制向市场经济转轨的关键期，北京市紧紧抓住实施"科教兴国"战略和发展"首都经济"的重大机遇，将科技创新放在全市经济社会发展全局的首要位置，聚焦"科技经济两张皮"的问题症结，发扬勇于实践、敢于探索的改革精神，全面实施科研院所改革，大力推进高新技术及其产业发展，构筑首都区域创新体系，推进深化科技体制改革，探索出一条"从科技到创新"的科教兴国战略"北京实践"路径，推动经济社会全面、协调和可持续发展。

（一）立足城市功能定位，全面实施"科教兴国"战略

在中央《关于加强科学技术进步的决定》出台后不久，1995年7月，北京市委、市政府印发《关于贯彻〈中共中央、国务院关于加强科学技术进步的决定〉的意见》，立足城市功能定位，将"首都经济"与"科教兴国"有机结合。意见提出"全面落实科学技术是第一生产力的思想，实施'科教兴国的'战略"，"把科技和教育摆在首都经济、社会发展的重要位置，增强科技实力及向现实生产力转化的能力"，"必须大力发挥和发展首都的科技、智力优势，把经济建设和社会发展切实转移到依靠科技进步和提高劳动者素质的轨道上来"。首次提出北京作为全国科技教育中心的城市功能定位。

为把"科教兴国"战略落在实处，北京组织全市力量，规划和实施八大科技系统工程，加大科技推动经济和社会发展力度。这八大科技系统工程分别是：

（1）高新技术产业化工程。将发展高技术产业作为本市调整经济结构的战略重点，强调高新技术产业开发区作为高新技术产业的重要试验基地，形成包括海淀、丰台、昌平等科技园区，北京经济技术开发区，酒仙桥"电子城"的高科技产业带，争取到21世纪初，形成一批产值超亿元的高新技术产品，有较强自主创新能力、在国民经济中有影响的十大企业集团，以及3～4个产业规模达几十亿元、上百亿元的支柱产业。

（2）现代农业科技工程。充分利用现代科学技术成果，进行规模化、专业化、集约化、企业化生产经营，节约并保护好水土资源，实现经济效益、社会效益和环境效益的统一。到20世纪90年代末，科技进步对农业的贡献率由现在的50%提高到60%。

（3）现代科技推动传统产业改造工程。围绕支撑北京经济发展的支柱产业及支柱行业的发展，加强关键技术、共性技术的研究。

（4）信息服务与咨询产业化工程。充分发挥信息服务与咨询机构在决策参谋、企业诊断和社会服务等方面的作用，在政策、法规、税收、信贷、信息提供、技术支撑条件等方面，发挥科技咨询业协会学术交流与行业管理的双重职能，引导咨询机构成为独立、客观、公正的智囊机构。

（5）国民经济信息化基础工程。以"金桥、金卡、金关"的"三金"工程（"金桥"是指国家公用经济信息网工程，"金关"是指国家外贸专用网工程，"金卡"则是指推广使用信用卡的电子货币工程）为主导，建设高水准的、连通国内外的信息基础设施。

（6）城市管理现代化科技工程。依靠现代科技成就和现代管理科学的指导，提高城市管理的水平和综合服务能力。

（7）社会发展科技工程。以人口、资源、环境为重点，加强社会发展领域的科学研究与技术开发，加强影响经济社会协调、持续发展的有关环境生态、社会安全、城乡建设等领域里的科技攻关，建立一批以科技为先导的示范工程。

（8）跨世纪科技人才工程。创造尊重知识、尊重人才的良好社会环境，大力培养人才作为一项战略任务来落实，造就一支宏大的科技队伍。

（二）以科研院所改革为切入点，科技体制改革向纵深推进

从1998年开始，市政府陆续批准市属技术开发性和社会公益性科研院所的转制方案，按照"稳住一头，放开一片"的方针，实施科技系统的结构调整和人才分流工作，对市属科研院所实施分类改革。为贯彻中央精神，北京市提出了《关于市属技术开发性科研院所转制意见》，通过推动转制院所建立现代企业制度试点，探索产权激励、股份公司上市、科技人员持股、转制院所与中央在京科研单位及骨干民营企业合作等试点，进一步推动技术开发型科研院所转制，加速以

企业为主体的技术创新体系建设。根据北京市科研院所改革方案，对不同类型分数不同部门的科研机构进行分类改革：技术开发类科研机构实行企业化转制；社会公益类科研机构分不同情况实行改革。公益类研究和应用开发并存的科研机构，有面向市场能力的（占总数一半以上）要向企业化转制；以提供公益性服务为主的科研机构，有面向市场能力的也要向企业化转制；主要从事应用基础研究或提供童工服务，无法得到相应经济回报、确需国家支持的科研机构，仍作为事业单位，按非营利性机构运行和管理。此外，方案明确，按非营利性机构管理和运行的科研机构，要做好"三定"，即"定任务、定工作、定人员"，优化结构、分流人员、转变机制，按照总体上保留不超过30%工作人员的要求，重新核定编制。转制为企业的科研院所，从2000年1月1日起，5年内免征企业所得税，免征科研开发用土地的城镇土地使用税。

到2000年，全市共批准了67家市属科研院所转制为科技企业或进入企业，实行企业化转制，占市属科研院所（107家）总量的63%；41家市属公益性科研院所转制和分类改革方案获得市政府同意和批准，其中北京市政工程科学研究院等两个科研机构转制为科技企业，市环科院等23个科研机构实行"一所（院）两制"，市老年病医疗中心等16家科研机构按非营利性科研机构管理。3000多人以多种形式走向市场，占当年市属院所职工总数的60%，保留2000人继续从事政府和社会所需的公益性工作。[1]经过改革，市属科研院所已基本完成转制，自我发展能力大幅提高，科技与经济"两张皮"的问题初步得到解决，呈现出良好的发展态势。

（三）实施"首都二四八重大创新工程"，加快发展高技术产业

1999年12月，北京市委八届四次会议提出《中共北京市委关于加强技术创新，发展高科技，实现产业化的意见》（简称《意见》）。

---

[1] 安景.北京市属科研院所转制改革进行时［J］.科技潮，2000（10）.

《意见》指出，"从首都经济社会发展急需和关键问题出发，确定一批技术先进、有较大市场潜力的科技攻关与产业化示范项目，重点实施'首都二四八重大创新工程'"。"首都二四八重大创新工程"（简称"二四八工程"）主要是指建立两大体系、建设四个基地、实施八个高新技术产业示范项目。"两大体系"即首都创业孵化体系和首都经济创新服务体系。"四个基地"即北京软件产业基地、北京北方微电子基地、北京生物医药基地和北京新材料基地。"八个高新技术产业化示范项目"即数字北京工程、高清晰度数字电视产业化工程、大直径半导体硅晶片及大规模集成电路产业化工程、能源结构调整及清洁燃烧技术产业化工程、现代医药生物技术产品产业化工程、绿色食品及良种工程、水资源可持续利用工程和北京保护臭氧层工程。实施"首都二四八重大创新工程"是带有战略性、综合性、示范性的科技核心工程，包括科技体系建设、基地建设和重点示范工程的实施，对于推进北京科技发展，强化科技与经济的结合具有重要作用，是提升首都经济产业结构的重大战略性举措。此后不久，北京逐渐形成了"举全市之力，推进'二四八工程'"的生动局面。

"二四八工程"实施以来，充分动员了全市的科技力量，取得了显著成效，成为全市科技创新工作的核心和中心，对促进首都经济社会发展发挥了重要作用，具体体现在以下几个方面：

一是构建了首都区域创新体系的基本框架。"二四八工程"是在市委、市政府领导下的一项规模庞大的创新工程，参与单位众多，分属不同行政体系，为使各部门形成目标一致、协同高效的统一体，"二四八工程"采用了新型的组织管理体系，先后建立了信息化工作领导小组、生物工程和新医药小组等，最大限度调动全市科技力量投入。"二四八工程"实施以来，北京市着眼于首都未来发展，从优化科技创新体系，提高首都持续创新能力出发，在全国率先提出构建首都区域创新体系的计划，利用首都丰富的智力资源，以首都的研发机构、大专院校、科技型企业和其他各类的社会机构作为基本单元，通过科学的法制、先进的体制和有效的教育机制，通过激励、培育、引进等各种方式而建立起一个保障知识创新、鼓励扶植促进和扩散知识经济发展。在"二四八工程"的大力推动下,首都区域创新体系框架初步形成,已经在促进北京地区全社会创新资源的合理配置中发挥作用。

二是创新政策环境显著改善。为配合"二四八工程"实施,北京市政府发布了一系列地方法规和相关政策。2000年6月,市政府办公厅发布了《首都二四八重大创新工程实施纲要》,论述了"二四八工程"的重要意义以及与首都经济的关系,阐明了工程的目标、内容和任务,确定了工程组织实施的方法和手段,成为指导"'二四八工程'实施"的重要文件。随后陆续发布了《中关村科技园区条例》《技术市场条例》等地方性法规,以及《首都经济创新服务体系建设纲要》《北京市关于鼓励在京设立研究开发机构的规定》《北京市软件开发生产企业和软件产品认证及管理办法》《关于鼓励软件产业和集成电路产业发展的系列政策规定》等一系列相关政策和政府规章,构建了多层次的政策法规体系,为激发各类主体创新活力,投入首都区域创新体系建设提供了强有力的政策支撑。

三是首都创新资源充分整合。"二四八工程"充分凝聚了各方的创新力量,形成了各类创新资源汇聚北京、积极参与首都经济建设的局面——中央与地方资源充分融合。在"二四八工程"推动下,市政府与中国科学院、工程院、国防科工委以及清华大学、北京大学等11家中央在京部门和单位签署了全面合作协议,北京清华工业开发研究院等一批面向北京、服务首都的机构相继成立。"二四八工程"实施以来,北京市科技计划项目共吸引200多家中央在京单位承担科技研究任务,争取到国家主要科技计划11.3亿元的支持;积极参与国家"863计划"、国家科技攻关计划项目的后期管理,争取到更多的国家级科技成果和技术能够直接用于"二四八工程"建设。推进院所改革,鼓励他们与国有企业、民营企业、三资企业加强联合,引导他们在"二四八工程"中找准定位和切入点。国际资源、民间资源也积极融入首都创新发展。截至2003年,共有49家跨国公司在京成立

54家研发机构，87家外埠大企业在京设立了103家研发机构，为北京的创新注入新的活力。

四是创业孵化体系建设成效显著。建立健全科技企业孵化体系，是"二四八工程"的重大创新和重要组成部分。自1989年北京市第一家科技企业孵化器——北京高技术创业服务中心成立以来，北京市采取政府推动与政策支持相结合，以事业单位企业化管理机制为主体，以房租收入为主要经营模式，建立了早期的孵化体系。到20世纪90年代末期，全市已有12家国有性质科技企业孵化器，以及北京航空航天大学、清华大学、北京理工大学等高校陆续成立的大学科技园。随着民营科技企业迅猛发展，对于市场化运作和专业化服务的科技孵化器的需求日益提升。在此背景下，北京市出台了《关于加快科技企业孵化器发展若干规定》，大力扶持综合性孵化器、专业性孵化器、海外留学创业园、国企孵化器、国际企业孵化器等多种类型孵化平台，着力提升创业孵化机构的服务能力。截至2003年底，北京共有孵化器总数达61家，建立大学科技园14家，孵化面积64万平方米，在孵企业2100多家，毕业企业354家，实现销售收入81亿元。[1]此外，孵化器管理水平迅速提高，内部机制不断完善，能够为企业提供诊断、输出管理、创业培训和各种专业性技术服务，成为向社会输送成功企业和项目的重要源泉。

五是高新技术产业发展成效显著。在"二四八工程"推动下，以中关村科技园区为代表的高新技术产业在首都经济发展中作用突出。中关村"三年大变样"目标顺利实现。2000年以来，全市高新技术产业年均增速超过两位数，2003年实现工业增加值314.1亿元。软件、微电子、生物医药、新材料产业化基地建设成绩显著。软件产业2003年实现销售收入近380亿元，同比增长约15%，是2000年的2倍，占全国的1/4。光机电一体化、生物医药、新材料产业也取得

---

① 马林.关于首都创新发展的思考——以北京实施"首都二四八重大创新工程"为例[J].中国软科学，2004（7）：112-116.

了快速增长，2003年实现销售收入分别为165.3亿元、133.5亿元和153.7亿元，分别是1999年的2.2倍、6.4倍和3.2倍。市科技计划共组织实施了82个重大项目，取得一批重大技术突破和成果。重大科技项目为首都经济发展和社会进步提供了新的动力。"方舟1号""方舟2号""龙芯1号""众志"等一批具有自主知识产权的芯片相继研发成功，使我国在微电子领域取得重大突破；农业信息化体系经过两期建设已经在京郊建立了覆盖到村的信息化网络，在战胜SARS、预防禽流感工作中发挥了重要作用。

三、中关村"先行先试"引领全国

中关村是改革开放之后我国第一个高新技术园区，也是第一个国家自主创新示范区。它是我国改革开放40多年的生动缩影，也是我国创新发展的一面旗帜。改革开放以来，中关村沉淀了独特的创新文化，"崇尚科学、创新包容"已成为中关村文化的核心。作为我国科教智力资源和人才资源最为密集的区域，这里高校院所云集，科学氛围浓厚。鼓励创新和宽容失败让中关村成为创新创业者的聚集地。中关村改革从我做起、从现在做起的觉醒，开展了一系列具有破冰意义的改革，创造了多个全国第一。从20世纪80年代"电子一条街"拉开了科技人员面向市场、自主创业的序幕，到90年代成立试验区，开创了我国发展高技术产业开发区的先河；从1999年，为落实"科教兴国"战略，北京高新技术产业开发试验区更名为"中关村科技园区"，再到2009年中关村自主创新示范区成立，为全国实施创新驱动发展发挥了示范引领作用。改革开放以来，中关村每10年左右完成一次成功的转型升级，始终引领全国科技体制改革与创新发展，为世人所瞩目。回顾中关村历次重大改革，每一次都是创业者从自发创新到自觉提升，政府工作从实践探索到政策支持，从来都是创新创业先行，政策措施后发助力，同时为下一个10年的创新升级进行前瞻引导、创造环境。创新包括科技创新和制度创新，是驱动中关村转型升级、良性循环、持续发展的关键。

（一）"法无明文禁止即可为"的中关村科技园区条例

1999年6月5日，国务院做出《关于建设中关村科技园区有关问题的批复》，明确提出"创建有中国特色的中关村科技园区是实施科教兴国战略，增强我国创新能力和综合国力的重大措施，不仅对加快首都的经济和社会发展十分重要，而且对全国高新技术产业发展具有示范作用。""加快中关村科技园区建设是首都经济、科技和社会发展的一项重大战略任务。"8月10日，北京市政府发出通知，决定将北京市高新技术产业开发试验区更名为中关村科技园区。彼时的中关村科技园，已构建形成了包括海淀园、丰台园、昌平园、电子城、亦庄园在内的"一区五园"的空间格局。中关村迈入了新的历程并成为我国高新技术产业发展和自主创新的标杆。

中关村地区科技人才高度密集，国际交流频繁，知识经济发展迅猛。世界上最新的经济概念、经营体制与产业发展信息源源而来，在中关村与传统经济行为、文化观念不断产生激烈的碰撞中，大量成熟的市场经济现象出现，如风险投资参与高科技产业化、股份公司引进期权制、知识价值资本化、知识产权保护等。这些给园区内科技企业提供了快速发展的空间，使区内高新技术企业持续快速增长。2000年，中关村科技园区高新技术企业技工贸总收入超过1500亿元，增加值超过300亿元。

国家对中关村寄予厚望，准备用十年时间把中关村建设成为世界一流的科技园区，争夺世界经济竞争的制高点。按照这个标准，中关村的软硬件还存在很大差距，概括起来，至少有以下几点：一是政府职能定位不清，服务不到位，管理层次多，行政效率低，行为不规范；二是吸引高层次、高素质的创新和管理人才机制和环境尚不完善，充分发挥智力劳动作用的产权激励机制尚未建立起来；三是科技、教育、经济依然脱节。在中关村，一个适应21世纪国际竞争的经济运行软环境还没有建立起来，现有的法律、法规体系已经落后于经济的发展，活跃的国内外经济力量、科技力量没有充分展示自己身手的政策空间。中关村面临的问题，是未来中国高科技产业发展将要面临的共同问题。作为改善软环境的第一步，2000年12月8日，北京市人大常委会通过《中关村科技园区条例》（简称《条例》），为新世纪中关村知识经济的发展奠定法律基础。而这个法制环境的核心，是尊重市场经济，建立创新机制。作为中关村法制环境的基础，《条例》的创新触目皆是。例如，《条例》明确规定，引进中关村科技园区发展需要的留学人员，外省、自治区、直辖市科技和管理人才，可以按照本市有关规定办理"工作寄住证"或者常住户口，不受进京指标限制；引进的人才其子女接受义务教育将由居住地的教育行政部门就近安排入学，任何部门或者学校不得收取国家或者本市规定以外的费用，并鼓励中关村科技园的学校开展双语教学。在政府行为规范上，《条例》提出，对中关村科技园区实施行政审批的政府部门，应当减少审批环节，简化审批手续，公开各项行政审批的条件、标准、程序和时限。市民政府对不利于中关村科技园区发展的行政审批事项，将依法予以撤销，并向社会公布。《条例》中还特别指出，市、区政府应当采取措施，对中关村科技园区的道路交通、市容环境、社会治安和垃圾、污水、噪声以及其他危害环境的因素进行治理。

《条例》最为突出的是首次提出"法无明文规定不为过"的原则，亦即第七条第三款"组织和个人可以从事法律、法规和规章没有明文禁止的活动，但损害社会公共利益、扰乱社会经济秩序、违反社会功德的行为除外"。此一原则首次明文出现在我国立法中，是法制精神的一大进步，对解放中关村的智力资源，具有重大意义。在"法无明文规定不为过"的原则鼓舞下，中关村诞生了全国首家不核定经营范围的企业、第一家有限合伙投资机构。组织和个人在中关村投资的资产、收益等财产权利以及其他合法权益受到法律保护，为靠知识创造财富而富裕起来的创业者解除了后顾之忧。同时，为引进人才突破了制度障碍，应届毕业生受聘于园区内高新技术企业，可以直接办理本市常住户口。引进人才，不受进京指标限制。①

《中关村科技园区条例》的出台，引起了全社会的高度关注和热烈反响。通过立法形式，把园区科技成果转化过程中遇到的问题找出来，从技术层面采取改革措施，之后从制度层面的政府和法律体系上加以固化，完成一个轮次适应社会需求的机制体制创新，这无疑给中关村的发展和创业者们提供了一个走向国际化、市场化的法律环境，同时也为中关村的发展指明了一个方向，即要把中关村科技园区建成世界一流的科技园区。

（二）我国首个国家自主创新示范区建立

2007年党的十七大提出，要坚持走中国特色自主创新道路，把增强自主创新能力贯彻到现代化建设各个方面。2009年3月13日，国务院《关于同意支持中关村科技园区建设国家自主创新示范区的批复》发布，明确中关村科技园区的新定位是国家自主创新示范区，目标是成为具有全球影响力的科技创新中心。中关村成为中国首个国家级自主创新示范区。2010年12月23日，北京市十三届人大常委会第二十二次会议表决通过《中关村国家自主创新示范区条例》（简称《条例》）。该《条例》明确规定："中关村国家自主创新示范区由海淀园、丰台园、昌平园、电子城、亦庄园、德胜园、石景山园、雍和园、通州园、大兴生物医药产业基地以及市人民政府根据国务院批准划定的其他区域等多园构成。"2012年10月13日，国务院批复同意调整中关村国家自主创新示范区空间规模和布局，由原来的"一区十园"增加为"一区十六园"，包括东城园、西城园、朝阳园、海淀园、丰台园、石景山园、门头沟园、房山园、通州园、顺义园、大兴—亦庄园、昌平园、平谷园、怀柔园、密云园、延庆园等园区。

示范区成立以来，中关村持续改革探索，扩大开放，不断激发创

---

① 闫傲霜.创新文化是中关村转型升级的内在动力［J］.北京人大，2020（5）：38-40.

新创业主体活力，伴随着改革开放的进程不懈探索创新。通过深化财政经费管理改革和国有资产分类管理改革，为科研人员"松绑+激励"，从而打通科技成果转化的"最后一公里"。示范区率先实施以改革成果处置权、收益权为代表的"1+6""新四条""京科九条""京校十条"等系列先行先试政策，围绕股权、商事制度、药品审评审批、人才管理、金融等重点领域，与中央单位共同推动开展70余项具体举措，不断加强央地协同、强化创新服务。

今日的中关村，聚集了近2万家高新技术企业，形成了以下一代互联网、移动互联网和新一代移动通信、卫星应用、生物和健康、节能环保、轨道交通等六大优势产业集群，以及集成电路、新材料、高端装备与通用航空、新能源和新能源汽车等四大潜力产业集群为代表的高新技术产业集群和高端发展的现代服务业，构建了"一区多园"各具特色的发展格局，成为首都跨行政区的高端产业功能区，也成为中国改革开放最为成功的标志和缩影之一。"中关村"已不再是行政划定的一个园区，更不是几个产业项目，而是一种生态环境、一种文化、一个品牌的输出。中关村通过技术走出去、企业走出去、文化走出去，支撑其他地区的发展。此时的中关村向社会贡献的不只是几个产品，还是集核心技术、管理模式于一体的创新生态系统，是可以在全国开花结果的"知识产品"。此后，上海、深圳、天津、武汉等地也相继成立国家自主创新示范区，它们在探索创新驱动的发展过程中，也不断为中关村文化注入新的内涵。

数十年风雨兼程，数十年前行无畏。时间见证了北京市海淀区这片以"中关村"为名的土地的不断变迁，它从"新中国的科学城"摇身变为"中关村电子一条街"，又从"高新技术产业开发试验区"升级到"国家自主创新示范区"，它从北京市区地图上一个小小的"豆腐块"向外扩展，不仅自身的范围变大了，以它为名、受它影响的地方也变多了。中关村的历史，就是北京科技改革发展的浓缩精华。

第三节　从"科技奥运"到"科技北京"的全面升华

一、"科技奥运"铸就无与伦比的奥运盛事

（一）以科技助奥运，以奥运促科技

从古希腊著名的阿加德米运动场到恢宏的现代体育馆，从古希腊的五项全能竞技到现代奥运百余项竞赛运动，奥运的历史就是一部人类征服时间、空间和速度的历史，而科技的指针也永不停歇地随之转动。特别是现代奥林匹克运动100多年的发展历程，如同一部赛场科技不断演变的革新志，人类首次使用电子计时器，首次使用通信卫星直播，首次引用大规模互联网服务，首次使用5G通信技术……日新月异的科技发展铸就了一幕幕现代奥运经典，科技已全面渗透到奥运会的每一个细节，奥运会已成为一个国家向世界展示创新实力的最佳舞台。

20世纪90年代末，党中央、国务院做出申办2008年奥运会的重大决策。2000年初，北京奥申委根据中央指示，在集中有关专家和广大群众智慧的基础上提出了"新北京、新奥运"的申报口号和"绿色奥运、科技奥运、人文奥运"的申办理念，并在2001年1月将其正式写入了申办报告。申办口号和三个申办理念集中表达了北京奥运会的特色，阐明了举办奥运会与促进我国经济社会科学发展的高度一致性。

科技进步是奥林匹克运动发展的重要动力。北京奥运会从实施"科教兴国"战略、提高国家自主创新能力的高度出发，明确提出将"科技奥运"作为指导奥运筹办工作的重要理念。通过以科学精神引领奥运、以科学技术支撑奥运、以科技奥运惠及社会这三个层面的丰富实践，在举办一届荟萃人类最高科技成果的奥运盛会的同时，全面推动我国科学技术的跨越式发展。

在征集奥申委会徽和申奥口号的过程中，北京奥申委逐渐形成并确定了"绿色奥运、科技奥运、人文奥运"的申办理念，表明预期北京在这三个领域将会不断进步，希望以奥运为契机推动北京各相关事业的发展。这三个申办理念也成为北京对国际奥委会和全世界的承诺。在提交给国际奥委会的申办报告中，中国向世界做出承诺，报告中的法律、环保、交通、新闻、住宿等部分都渗透着"科技奥运"的理念，这是奥运史上首次明确把科学技术的作用与举办奥运结合了起来。

作为三大奥运理念之一的"科技奥运"第一次被中国正式提出。"科技奥运"的宗旨是把现代科学技术多角度、多渠道地嵌入奥运会，通过广泛应用当代最先进的科技成果，让科学精神、思维和科技成果渗透到奥运会的每一个细节，充分体现民族的创新智慧和科技国力，其基本内涵包括三个层次：

一是"以科学精神组织奥运"，就是弘扬求真创新的科学精神，用科学发展观统领奥运战略，把奥运会的国际规则、经验与中国实际相结合，形成务实可行、充满活力的本地化战略；将科学思维、科学管理贯穿于奥运筹办过程的每一个环节，用科学的态度组织奥运，实现举办一届"有特色、高水平"奥运盛会的目标。

二是"以先进技术支撑奥运"，就是紧密结合国内外最新科技进展，集成北京和全国的优势科技资源，努力满足奥运筹办的技术需求，以先进、可靠、适用的科学技术提升举办水平和促进运动成绩的提高，为高科技含量的体育盛会提供强有力的智力支持和技术保障。

三是"以奥运成果惠及社会"，就是以奥林匹克精神丰富科学思想，促进科学文化传播，提高公众科技素质；通过满足奥运科技需求，促进科技创新能力的提升，带动科技产业的发展；通过奥林匹克精神与科学技术的高度融合，促进人与自然的和谐发展。[1]

---

① 赵弘，刘宪杰，李依浓.从"科技奥运"到"科技北京"[J].经济研究导刊，2009（32）：192-194.

（二）"科技奥运"成就无与伦比的奥运盛事

在"科技奥运"理念提出之初，我国与举办奥运会相关的很多关键技术尚未攻克，同时还面临着交通拥堵、沙尘污染等城市治理顽疾。在2008年北京奥运会的筹备过程中，中国始终底气十足、信心百倍，将"科技奥运"作为民族精神和实力展示的重要平台，发挥举国体制，整合全国创新资源，涌现出了大量新技术、新材料、新手段、新理念，陆续攻克了世界最大钢结构工程、世界最大膜结构工程、珠峰火炬点燃等一大批科技难题，令2008北京奥运会焕发出了高科技的夺目光彩。

2001年7月27日，北京奥运会申办成功后的第14天，科技部、北京市政府、国家体育总局、中国科学院、中国工程院等部门共同宣布实施"科技奥运（2008）行动计划"，为北京奥运提供技术保障。据统计，科技奥运行动计划实施涉及交通、清洁能源、环保、奥运场馆建设、信息通信、奥运安全、运动科技、奥运会开闭幕式、科学普及、中关村科技园区等十大领域。由科技部、北京市政府等13部门联合实施"科技奥运"专项安排支持项目多达1200个，参与的科技人员超过3.5万人。[①]

"科技奥运"兑现了中国对世界的庄严承诺，围绕奥运会筹备建设提出的科技需求，举全国之力集中攻克了奥运场馆建设、奥运会开闭幕式等相关技术难题，开发应用了绿色建筑、清洁高效能源等一大批与"绿色奥运"理念落实相关的技术成果，围绕交通与信息、安保与食品等，完成了与奥运城市建设相关的一批重点领域的技术攻关。

在场馆建设方面，围绕北京奥运场馆建设的技术特点和要求，科技奥运全方位应用了先进、成熟、可靠的高新技术，成功满足了场馆建设对技术的需求，同时，也为北京留下了一批恢宏的"奥运遗产"。

---

① 中国农村科技编辑部.奥运因科技而精彩 科技因奥运而前行——透视"科技奥运"理念从出炉到全面践行 [J].中国农村科技，2008（7）：16—19.

例如，国家体育场作为目前世界上规模最大、用钢量最多、技术含量最高、结构最为复杂、施工难度空前的超大型钢结构工程，首次采用"鸟巢"式新型建筑空间结构形式，多项技术堪称世界第一。国家游泳中心"水立方"是目前国际上建筑面积最大、功能要求最复杂的膜结构工程，它以泡沫结构为基础分割出建筑的整体形状和各个内部空间，实现了从墙壁到天花板的整栋墙体结构连接得顺畅自然。奥运场馆关键施工技术的突破为施工建设提供了有力技术支持。"鸟巢"施工中采用的灌注桩基础工程施工技术、超长结构混凝土裂缝控制技术、双斜柱综合施工技术、厚钢板焊接技术以及巨型马鞍形空间钢结构卸载技术等，以及"水立方"施工中采用的"散拼"钢结构组装式施工新技术、膜结构和膜材料技术等，保证了"鸟巢"和"水立方"的顺利完成，并成功塑造了国际一流水平的奥运精品工程。

在生态环保方面，科技奥运实施了一批重点科技项目，其科研成果的广泛应用有效改善了北京城市生态环境。例如，通过开展奥林匹克森林公园挖湖堆山、湿地保护、生物多样性恢复的"生态廊道"规划与建设，建立了奥林匹克森林公园区域性生态系统（城市"绿肺"）的示范工程；"北京市防沙治沙"重大科技项目等构筑了北京奥运的重要绿色生态屏障；"奥运绿化和美化科技工程"已成功培育出能够在8月盛开的花木700多种；大气污染预报、预测和预警技术等研究项目，为2008年北京奥运会"蓝天工程"提供了政策建议与技术保障；北京城市垃圾污染控制及资源化控制技术研究、城市污水SBR处理设备成套化研究等项目，为北京实现城市垃圾全部进行安全处理，垃圾资源化率达到30%，分类收集率达到50%，城市污水处理率达到90%以上，污水回用率达到50%。

在安全保障方面，"科技奥运"建设相关部门开展了大量的支持奥运安全保障方面的研究，研究成果的广泛应用保证了北京奥运的顺利举行，也有效提升了北京市公共安全风险管理水平。例如，通过实施"奥运体育场馆防火系统设计技术研究"，提出了奥运体育场馆火灾安全性能化评估方法，该方法应用于国家体育场、国家游泳中心、国家体育馆、五棵松篮球馆、老山自行车馆、国家大剧院、北京华贸中心商厦等国家重点工程的风险评估和消防性能化设计中。"食品安全关键技术研究"等项目完成了相关农产品的质量标准和生产技术规程的制定，研制出针对大量农药、兽药、食品添加剂、饲料添加剂、违禁化学品和生物毒素等有害物质检测设备和检测方法，建立了水疱性口炎病毒、口蹄疫病毒、猪瘟病毒和猪水疱病病毒的实时荧光定量PCR检测技术，并针对奥运会的特殊要求，建立了奥运食品安全追溯系统，利用GPS、温湿度自动记录装置、RFID电子标签等科技手段，将奥运会的宾馆、场馆、运动员村、生产企业、物流配送中心、运输车辆、医院等全部纳入监控。奥运会结束后，已经建立的首都食品安全监控系统、奥运追溯系统和监控系统等信息化系统都继续使用，保障广大市民的食品安全。

在智慧城市方面，"科技奥运"实施了一系列"数字奥运"和智能交通等信息服务技术的研究。其中，"多语言综合信息服务网络系统"的许多成果投入运行，基本实现了通过电话、互联网、移动设备、信息咨询台等多种方式为300多万名奥运会注册人员、国内外观众和旅游者提供相关奥运赛事和城市服务的多语言综合信息服务，使北京市的公众信息服务水平和国际化形象得到极大提升。"北京数字工程"的重大项目——高性能对地观测小卫星"北京一号"的成功发射和应用，能定期提供覆盖北京市的遥感影像，将在奥运会结束后继续为北京市城市规划、生态环境监测、重大工程监测、土地利用监测等方面提供服务。智能交通技术的应用建立了快捷、高效、安全的城市交通体系。"北京市智能交通（ITS）规划及实施研究"等奥运交通车辆管理领域的重大项目成果丰硕，许多成果已投入使用，实现了基于覆盖全市的千兆宽带网和无线集群通信网络为支撑的智能交通管理平台，形成了覆盖市区主要道路的智能化监控系统。此外，数字化执法系统、停车诱导实用系统、快速公交智能系统等研究成果的应用，大幅度提高了北京市交通运行管理的现代化水平，提升了北京交通管理和运营效率，有效缓解了北京部分地区交通紧张的状况。

"科技奥运"理念的贯彻落实，全面提升了奥运会筹办工作水平，达到了让国际社会满意、让人民群众满意的要求。国际社会对北京奥运会、残奥会给予了充分肯定和高度评价。国际奥委会主席罗格称之为"一届真正无与伦比的奥运会"。国际残奥会主席克雷文认为，北京残奥会是"有史以来最伟大的一届残奥会"。联合国秘书长潘基文认为，中国政府和人民为举办北京奥运会做出了"前所未有的努力"，同时也取得了"前所未有的成功"。"科技奥运"的提出和实现，是我国改革开放30年成果的结晶，是创新型国家建设中的辉煌一页。在实施"科技奥运"过程中，奥林匹克精神与科学技术的融合，使2008年北京奥运会成为一届"无与伦比"的奥运盛事，而科技奥运带来的民族自豪感和成就感，也成为我国创新事业的一座里程碑。①

二、从"科技奥运"到"科技北京"

（一）"科技奥运"遗产促进北京城市发展

作为北京奥运会的三大理念之一，"科技奥运"作为举办"有特色、高水平"奥运会的保障，有力促进了北京的城市建设和发展。奥运会筹办以来，北京市始终把充分利用奥运会机遇，提升城市发展水平和竞争力作为重要的施政方针和发展目标。实践表明，科技奥运的建设过程同时也是北京市加快科学技术进步、促进经济社会和谐发展的过程，北京在城市发展中越来越强调以科学的精神组织城市管理，以先进的科学技术支撑城市建设，以科学技术成果为市民造福。随着北京城市经济社会发展理念和发展方式发生的重大变化，"科技北京"逐渐成为城市发展的重要推动力。

1. 经济发展动力从生产要素驱动转变为创新驱动

"科技奥运"的实施增强了北京自主创新能力，加速了北京经济

---

① 赵弘，刘宪杰，李依浓.从"科技奥运"到"科技北京"[J].经济研究导刊，2009（32）：192-194.

增长动力从人力、资本等要素驱动向创新驱动的转变。主要表现在以下两个方面：

一是自主创新环境和氛围不断优化，科技投入和产出大幅度增加。"科技奥运"实施以来，北京先后出台了《关于进一步促进高新技术产业发展的若干规定》《关于增强自主创新能力建设创新型城市的意见》等20余项配套政策，有效激发了全市科技研发热情。2007年，全市科技活动经费支出达919.5亿，是2001年的2.52倍，约占全市GDP的9.83%；全市专利申请量达3.2万件，是2001年的2.62倍；实现技术成交额882.6亿，比2001年增长了3.6倍。根据《北京现代化报告（2007—2008）——北京创新型城市建设评价研究》报告，2001年至2006年，北京市创新型城市总体实现程度从73.5%稳步提升到83.6%，提高了10.1个百分点，北京创新型城市初步建成。

二是一批关键技术和标准的突破提升了城市创新能力。据统计，科技奥运实施7年来，"科技奥运行动计划"共组织和动员了全国近200家企业、170多个科研院所和50多所高校的3.5万名科技人员，参加科技奥运的各项工作。7年间，科技奥运围绕场馆建设、节能减排、绿色能源、生态环保、信息通信、高清转播、智能交通、运动科技、奥运安全、食品卫生、气象预报、医疗救护、新材料等十几个方面，完成了千余个项目，在集成电路、疫苗、新能源、生物技术等领域催生出一批里程碑式的自主创新成果。比如国家体育场"鸟巢"创造了诸多"世界之最"——规模最大、技术含量最高、结构最为复杂、施工难度空前，仅"鸟巢"的创新技术和创新点就多达几十项；国家游泳中心"水立方"则是世界上建筑面积最大、结构要求最复杂的膜结构场馆；围绕建筑标准建设，科技奥运建立了绿色建筑标准，这一标准填补了我国"绿色建筑"评估标准和方法的空白，为规范和推进绿色建筑的发展提供了制度保障和评估手段，成为北京市乃至全国建筑业由传统高消耗型发展模式向高效绿色型发展模式转变的重要标志。

2. 城市组织管理更加高效科学

奥运会的成功举办使北京再次成为全世界的焦点，来自世界各地的运动员、教练员、新闻媒体以及奥运观众纷纷聚集北京，这对北京的城市组织管理和风险管理能力提出了很高要求。实践证明，"科技奥运"成果的大量应用有效提升了北京城市组织管理效率和抵御各种风险的能力。奥运会后，科技奥运成果更加广泛地应用于北京城市建设和组织管理，已成为日后北京城市组织管理的基本理念和重要途径。

此后，北京市抓紧建设交通综合信息平台、智能交通管理系统、智能公交系统、高速路不停车收费系统等。其中，轨道交通运行管理中心、自动售检票系统等智能公交系统的建成，使北京实现了全路网的一卡通和无障碍换乘，大大提高公路交通运行效率和服务质量。

又如，在3G无线宽带网络应用领域，TD服务、奥运无线INFO等科技奥运成果的推广应用加快了北京"无线城市"建设的步伐。奥运会筹备期间，北京市实施了"北京无线城市"项目，到2010年底，北京市实现了城乡无线宽带网络覆盖，建立起为各行各业提供便捷、高效信息服务的平台，加速了城市信息化、数字化的进程，为更加科学高效的信息化城市组织管理提供技术保障。

3. 城市建设进一步向"生态和谐宜居"方向发展

奥运筹办期间，北京在31个奥运比赛场馆、45个训练场馆以及奥运道路连接线、奥林匹克森林公园、奥林匹克公园等实施了160多项奥运绿化工程，绿化面积达1026公顷。北京城市园林绿地增加了1万公顷，树木增加了2271万株，空气质量不断改善。2008年，北京市的林木绿化率已达到51.6%，比奥运申办时期的41.9%提高了9.7%。另外，北京市从消减污染物排放总量、调整工业经济结构布局入手，对全市200多家重污染企业实现整体搬迁转产，2008年，全市生活垃圾无害化处理率和工业固体废物处置利用率均达到96.5%。

"科技奥运"的节能减排技术等相关成果的示范应用显著提高了人们的环保意识、生态意识、人居意识，使社会更加注重城市的生态环境建设，这对北京市建立环境治理和环保节能的长效机制起到了积极推动作用。关注生态环境建设，促进经济、社会、人口、环境协调发展已成为奥运会结束后北京重点关注的方面。关、停、并、转"三高一低"企业，以及包括首钢在内的重工业制造环节"外迁"，成为北京加强生态建设、打造宜居城市的积极信号。特别是公共环保意识已成为绿色奥运的宝贵遗产，更加关注生态环境建设、加快生态涵养发展区的生态修复工程、加大生态建设投入力度、促进经济环境协调发展，已成为后奥运时代直至今日北京经济社会发展所遵循的基本理念。

此外，北京在奥运会期间临时采用的减轻环境压力等措施给奥运会结束后生态环保建设积累了宝贵经验，为继续促进北京市的生态环境建设、协调好经济发展与生态关系进行了有益探索。因此，奥运期间环保部门采用的大部分措施是长效的，到奥运会之后还在实施。关注生态，关注环境保护，推进循环经济发展已成为北京长期发展的自觉行为，成为贯穿于北京经济社会发展过程的一条主线。

（二）"科技北京"成为后奥运时代城市发展的重要推动力

奥运申办成功时，首都发展正处于人均国内生产总值从3000美元向6000美元迈进的关键阶段。一方面，经过改革开放20多年的建设和发展，首都的现代化建设已经有了很好的基础和实力；另一方面，城市发展中一些矛盾和问题也逐步显现出来。人口资源环境的问题日益严峻，亟须调整经济结构、转变经济增长方式，找到符合首都功能定位要求的新的经济增长点；城市建设特别是基础设施建设以及城市管理水平相对滞后，交通拥堵、环境污染问题突出；经济社会发展不平衡，区域、城乡之间发展的差异较大等。为了破解这些难题，北京市紧紧抓住奥运筹办的契机，以实践"绿色奥运、科技奥运、人文奥运"三大理念为抓手，不断解放思想，转变观念，改革创新，推动首都各项工作向前发展。①北京奥运会、残奥会的成功举办，标志着首都经济社会发展进入了一个新阶段，市委、市政府随后适时提出建设"人文北京、科技北京、绿色北京"的战略任务。

其中，建设"科技北京"，就是要充分发挥首都的科技智力优势，加快经济结构调整和经济发展方式转变，切实把经济发展转变到依靠科技进步、劳动素质提高、管理创新的轨道上来；就是要切实增强自主创新能力，推动科技创新，提高新技术成果在城市管理与群众生活中的广泛应用，加快创新型城市建设；就是要加大推进改革创新，努力构建充满活力、富有效率、更加开放、有利于科学发展的体制机制。②

一是着力调整产业结构和转变经济发展方式。按照高端、高效、高辐射的发展方向，加快发展生产性服务业、文化创意产业和高新技术产业，积极发展金融业，形成符合科学发展观要求的产业结构和经济发展方式。

二是着力推动科技进步和自主创新。抓好奥运成果的运用，建立有利于科技进步和自主创新的体制机制。认真研究推动中关村改革创新的问题，探索建立国家自主创新综合配套改革试验区的问题，推动创新型城市建设，使科技创新成为促进首都发展的主要动力。

推动"科技北京"建设，增强自主创新能力是核心，推动产业结构优化升级是发展方向，强化企业技术创新地位是关键，惠及民生是出发点和落脚点。2009年3月27日，北京市委通过《"科技北京"行动计划》，提出实施"2812科技北京建设工程"。其中，"2"是指"2项对接"，通过对接国家重大科技专项和国家重大科技基础设施建设项目，大幅度提高首都自主创新能力；"8"是指实施"八大科技振兴产业工程"，强化电子信息、生物医药、新能源和环保、装备制造、汽车、文化创意、科技服务业和都市型现代农业等八大产业的科技支撑；"12"是指实施信息基础设施工程，食品安全工程，农业科技工

---

① ② 刘淇.建设"人文北京、科技北京、绿色北京"[J].求是, 2008（23）: 3-6.

程，医疗卫生与健康工程，科技交通工程，节能与新能源示范工程，新能源汽车示范工程，大气污染综合治理工程，水资源保护和利用工程，垃圾减量化、无害化、资源化工程，资源综合利用工程，城市安全与应急保障工程等12项科技支撑工程。

"科技北京"行动计划实施以来，在市委、市政府的坚强领导下，全市共部署实施450余项折子工程重点任务，"科技北京"行动计划圆满收官，科技对"稳增长、调结构、转方式、惠民生"的支撑引领作用显著增强。

据统计，2012年，全市高技术产业、科技服务业、信息服务业实现增加值3990.5亿元，是2008年的1.5倍；中关村国家自主创新示范区总收入2.4万亿元，是2008年的2.4倍；全市高技术企业累计8024家，占全国近1/4；全社会研究与试验发展经费支出约1031.1亿元，相当于地区生产总值的5.79%；专利申请与授权量分别为9.2万件和5.1万件，四年平均分别增长21%和30%；万人发明专利拥有量34.5件，居全国首位；技术合同成交额2458.5亿元，占全国的38.2%，是2008年的2.4倍；技术交易实现增加值占地区生产总值的比重超过9.2%，成为促进科技成果转化和支撑经济增长的重要力量。[①]

"科技北京"实施以来，科技对促进首都经济发展的贡献明显增强，首都自主创新能力大幅提升。2012年，八大科技振兴产业工程实现产值超过2.7万亿元，比2008年新增1万亿元。为期三年的"生物医药产业跨越发展工程"（G20工程）一期顺利完成，生物医药产业成为北京千亿元的产业集群。"新一代移动通信技术及产品突破发展工程"（4G工程）着力培育基于4G技术的新型应用服务和产业，先后形成技术专利3200余项，国际标准2500余项。"高端数据装备产业技术跨越发展工程"（精机工程）重点支持以3D打印为代表的数字化装备制造，从材料、数字化设计、关键部件、整机部件、整机和应用等产业链各环节统筹推进，抢占未来制造业制高点。

---

① 闫傲霜.北京科技统计年鉴2013［M］.北京：北京科学技术出版社，2015.

第四节　依靠科技创新打造首都发展新引擎

一、创新型国家建设拉响号角

（一）中国迈入创新型国家建设新阶段

进入21世纪，世界新科技革命发展的势头更加迅猛，正孕育着新的重大突破。在科学技术的引领和推动下，人类经历着从工业社会向知识社会的演进，信息技术、生物技术、新能源、新材料等加速改造人类生产生活方式，不断创造新的经济增长点。面对世界科技发展大势和日益激烈的国际竞争，党中央综合分析世界发展大势和我国所处历史阶段，提出"加强自主创新，建设创新型国家"的重大战略。这一理论的提出，是社会主义现代化建设理论的重大创新，为中国特色社会主义道路健康发展进一步指明了航向。

进入21世纪以来，我国科技发展水平加速提升，但与当时世界公认创新型国家相比仍有较大差距。世界上公认的创新型国家有20个左右，包括美国、日本、芬兰、韩国等。这些国家的共同特征是：创新综合指数明显高于其他国家，科技进步贡献率在70%以上，研发投入占GDP的比例一般在2%以上，对外技术依存度指标一般在30%以下。此外，这些国家所获得的三方专利（美国、欧洲和日本授权的专利）数占据了世界总量的绝大多数。2005年，全国研发与试验发展（R&D）经费支出为2450亿元，占GDP的比例达到1.34%[1]；根据世界知识产权组织发布的全球创新指数（GII），中国位列第29位，排名在马来西亚、西班牙、新西兰等国之后；中国申请国际专利2452项，位列全球第10位，与美、日、德等国家差距明显。与此同时，

---

[1]　科技部.中国科学技术发展报告［R］，2006.http://www.most.gov.cn/mostinfo/xinxifenlei/kjtjyfzbg/kxjsfzbg/200811/t20081129_65782.htm.

经历了长期高速增长后，我国经济面临的产业结构不合理、企业自主创新能力偏弱、资源生态代价过大等一系列问题日益突出。例如，改革开放以来长期施行的"以市场换技术"的策略，使国内企业消化吸收投入严重偏低，企业自主创新能力较弱，长期处于国际分工的低端环节。企业研发投入方面，发达国家一般占其销售额的3%，高技术企业则占到5%以上。1991年至2003年，我国大中型企业研发费用占销售额比重却始终在0.4%～0.8%。随着经济转型发展和国际竞争程度的加剧，传统依靠要素和规模的发展模式已难以为继。

2006年1月9日，全国科学技术大会在北京开幕。这是党中央、国务院在21世纪召开的第一次全国科学技术大会，也是继1995年全国科技大会后召开的又一次科技盛会。胡锦涛总书记发表重要讲话，深刻分析了创新型国家战略的历史背景和现实意义："发轫于上个世纪中叶的新科技革命及其带来的科学技术的重大发现发明和广泛应用，推动世界范围内生产力、生产方式、生活方式和经济社会发展观发生了前所未有的深刻变革，也引起全球生产要素流动和产业转移加快，经济格局、利益格局和安全格局发生了前所未有的重大变化……面对世界科技发展的大势，面对日趋激烈的国际竞争，我们只有把科学技术真正置于优先发展的战略地位，真抓实干，急起直追，才能把握先机，赢得发展的主动权。"

这次大会是中国站在新的历史起点上，加强自主创新、建设创新型国家的动员大会，必将成为我国科技发展史上的又一个里程碑。

2006年1月26日，《中共中央、国务院关于实施科技规划纲要增强自主创新能力的决定》发布，主旨是"全面落实科学发展观，组织实施《国家中长期科学和技术发展规划纲要（2006—2020年）》，增强自主创新能力，努力建设创新型国家"。该决定指出，建设创新型国家，核心就是把增强自主创新能力作为发展科学技术的战略基点，推动科学技术的跨越式发展；就是把增强自主创新能力作为调整产业结构、转变增长方式的中心环节，推动国民经济又快又好发展；就是把增强自主创新能力作为国家战略，贯穿到现代化建设各个方面，激发全民族创新精神，培养高水平创新人才，形成有利于自主创新的体制机制，大力推进理论创新、制度创新、科技创新。增强自主创新能力，关键是强化企业在技术创新中的主体地位，建立以企业为主体、市场为导向、产学研相结合的技术创新体系。

2006年2月9日，国务院发布《国家中长期科学和技术发展规划纲要（2006—2020年）》，提出科技工作的指导方针是"自主创新，重点跨越，支撑发展，引领未来"。这一方针是中国半个多世纪科技发展实践经验的概括总结，是面向未来、实现中华民族伟大复兴的重要抉择。另外，还提出了深化科技体制改革的指导思想："以服务国家目标和调动广大科技人员的积极性和创造性为出发点，以促进全社会科技资源高效配置和综合集成为重点，以建立企业为主体、产学研结合的技术创新体系为突破口，全面推进中国特色国家创新体系建设，大幅度提高国家自主创新能力。"该纲要的特点可概括为八个方面：自主创新成为国家战略主线、企业成为技术创新主体和突破口、科技投入将形成稳定增长机制、全面推进国家创新体系建设、造就世界级专家、更广泛参与国际科技合作和竞争全球资源更多为我所用、首次将科学普及和创新文化建设写入规划、采取国防科研将向民口开放的新型科技管理体制。纲要的颁布和实施实现了国家科技发展的重大战略转变，从模仿、跟踪转变为自主创新和国家创新体系建设新阶段。

创新型国家战略的提出，在全社会引起了强烈的共鸣。特别是胡锦涛总书记提出四个"必须坚持"，即必须坚持发展是第一要义、必须坚持自主创新、必须坚持实施人才强国战略和必须坚持弘扬求真务实精神，激发了全社会的创新热情。自此，我国进入了创新发展的"超车道"。创新型国家战略使人们再次深刻认识到创新对于一个国家和民族命运的深刻影响。"卖一台电脑只能赚一捆大葱""卖10亿件衬衫才能换一架波音飞机"……这样的尴尬让许多中国企业下定决心，要在关键技术上掌握话语权。此后，自主创新成为全社会的"高频词汇"，华为、中兴、三一重工等一批后来震撼世界高技术产业界的巨头，也从此刻走上了"从模仿到创新"的崛起之路。实践已经告诉我们，只要以无比的决心、恒心和勇气，坚持在崎岖的道路上攀登，中国就一定能够登上自主创新的高峰，跻身创新型国家的行列。

（二）北京提出率先建成创新型城市

在建设创新型国家的征途中，北京作为全国科教资源最集中的城市，一直发挥着勇当先锋、奋力突围的重要作用。在2006年5月9日召开的北京科学技术大会上，北京市委、市政府正式发布了《关于增强自主创新能力建设创新型城市的意见》，提出"建设创新型城市，是全面落实科学发展观，建设社会主义和谐社会首善之区的重要举措，是加快首都发展的必然选择，也是时代赋予北京的重大历史使命"。明确了北京建设创新型城市的主要目标——到2010年初步建成创新型城市。提出建设创新型城市，是北京城市发展理念的又一次飞跃，也是北京发展战略的一次重要提升。

创新型城市是指主要依靠科技、知识、人力、文化、体制等创新要素驱动发展的城市，对其他区域具有高端辐射与引领作用。实施"科教兴国"战略，发展首都经济以来，北京科技发展有了长足进步，具备了建设创新型城市的基础和条件。2005年，全市研发经费支出达380亿元，占当年北京市生产总值的比例为5.6%，位居全国第一，超过同期美国、德国、日本等发达国家平均水平。科技促进经济结构转型升级成效显著，在软件、集成电路、计算机和网络、通信、生物医药、能源环保等领域已形成了国内领先的产业集群，全国1/10的计算机、1/6的集成电路和全球1/10的手机在北京制造。2005年，北京市第三产业比重已达67.7%，其中以信息传输、计算机服务和软件业以及科学研究、技术服务业为代表的高科技含量的服务行业增长迅速，其中软件业实现营业收入780亿元，占全国的1/3。北京作为首都，对全国的辐射和带动能力不断加强，对全国实施创新型国家建设发挥了重要的引领、示范和支撑作用。2015年，北京技术合同成交额489.6亿元，占全国技术成交总额的31.5%，其中近一半科技成果流向全国其他地区。

北京市明确了建设创新型国家的重点任务，着力推进五个方面的重点工作。一是大力发展对经济增长有重大带动作用、具有自主知识产权的核心技术和关键技术，发展高端产业，在推动首都经济结构调整和增长方式转变上实现新突破。二是落实"科技奥运行动计划"，依靠科技解决城乡建设与管理中的难题，在科技支撑社会发展上实现新突破。三是按照"重要载体、强大引擎、服务平台、前沿阵地"的定位要求，充分发挥中关村科技园区的示范带动作用，在推动提高首都自主创新能力上实现新突破。四是发挥高等院校、中央在京科研机构在知识创新和技术创新中的基础和骨干作用，在整合首都创新资源、服务国家创新战略上实现新突破。五是创新体制机制，强化企业在技术创新中的主体地位，在建立以企业为主体、市场为导向、产学研相结合的技术创新体系上实现新突破。为落实创新型城市建设规划，北京市提出了全面实施"一条主线、两个支点、三大行动、四个突破"的"一二三四"首都创新战略。一是指以提高自主创新能力为一条主线；二是指建设国家知识创新高地和技术创新源泉两个支点；三是指集中力量重点实施促进企业提高核心竞争力的"引擎行动"、实现区域协同发展的"涌泉行动"和推进首都全面协调可持续发展的"科技奥运行动"三大行动；四是指在建立以企业为主体产学研结合的创新机制、依靠科技促进经济社会发展、用科技手段促进城乡协调发展和政府管理体制改革四个方面实现突破。

二、首都科技创新成果闪耀神州大地

（一）"国之利器"展现北京创新实力

1. 积极承接国家重大科技任务

北京凭借得天独厚的科技资源优势，积极承接国家重大创新任务，体现了北京在创新型国家建设中无可比拟的重要地位和作用。在众多科技领域之中，既有被视为"国之重器"的航空航天、追星探月等，也有"交通出行"的高铁、地铁、无人驾驶等，还有"千年风雅"的考古保护、文物监测等，更有保障"万物互联"的电子计算机、互联网等。蕴含其间的各种技术，或是显著地提升了国家的综合实力，或是深刻地改变了人们的日常生活，或是温情地保护了历史的文化烙印，或是迅速地提供了未来的诸多可能。广大的北京科技工作者们坚持科技报国、科教兴国的理念，紧盯全球科技前沿，勇往直前攀登高峰，共同谱写中国科技事业的新篇章，为解决国家重大需求、改善人民生活水平、推动社会全面进步做出了重要贡献。

据统计，截至2009年，在16个国家科技重大专项中，在京单位承担国家科技重大专项项目占全国总数的36%，申请中央财政经费占全国的41%，立项项目数量和经费总额均居全国首位。在太阳能光伏、薄膜太阳能电池、先进装备制造、医疗器械等方面，形成了一批核心技术储备和重大科技成果。国家发改委在全国部署的12个国家重大科技基础设施中，共有"凤凰工程""子午工程""正负电子对撞机""遥感卫星地面站"等6个基础设施在北京落户建设，在京投资20多亿元，占投资总额的66.3%。2009年，北京市政府还与9个国防科技工业集团公司签署了战略合作框架协议。

在"863计划"、"973计划"、国家科技重大专项等的支持下，北京建成了新能源产业基地、生物医药创新孵化基地等一批具有产业集群特征的科技园区和产业基地，形成了集成电路产业链条，打造了涵盖整车和电机、电控、电池等关键零部件的纯电动汽车产业链。首台国产刻蚀机、65纳米成套产品工艺、4G国际标准，以及龙芯芯片、激光显示、曙光超级计算机等一批重大科技成果和产业化项目在北京落地，形成了以大项目带动大产业、抢占经济科技制高点的发展态势。例如，北京市作为国家科技重大专项02专项的组织牵头单位，对项目承担单位给予资金扶持。在02专项资金的支持下，北方微电子研发了国内首台90纳米、65纳米刻蚀机，七星华创的12英寸氧化炉、中科信公司的12英寸离子注入机研发成功，并得到生产线的验证。在北京，既有北方微电子、七星华创等提供集成电路生产设备的企业，也有北京君正、兆易创新等芯片设计企业，还有中芯国际这样的大型集成电路制造企业。在科技重大专项的支持下，初步形成了集成电路产业链，结束了我国集成电路制造装备只能依赖进口的历史。

通过积极承接国家重大科技任务，有力地巩固和增强了北京作为国家科技创新中心的地位，带动了北京市战略性新兴产业发展和产业结构的调整，支撑了国家重大工程和重点项目，发挥了高端引领作用。

2. 重大科技成果在北京诞生

2016年5月30日，习近平总书记在全国科技创新大会、两院院士大会、中国科协第九次全国代表大会上指出，"科技是国之利器，国家赖之以强，企业赖之以赢，人民生活赖之以好。中国要强，中国人民生活要好，必须有强大科技。"自"科教兴国"战略实施以来，我国科技创新进入快速发展轨道。在国家重大科技专项和国家高技术研究发展计划（"863计划"）等的支持下，高技术领域硕果频传，神舟飞船、北斗导航卫星、高速铁路、新能源汽车等一批重大科技成果在北京接连诞生，创新活力竞相迸发，促进实现从"跟跑"到"并跑""领跑"的跃升。据第五次国家技术预测的结果，北京创新发展实现了瞩目成就，在中国领跑世界的技术成果中，北京占55.7%：先后攻克了汉字激光照排系统、曙光超级计算机、中文搜索引擎、5G移动通信等一批关键核心技术；涌现出一批世界领先、标志性的重大原创成果：首次获得离子水合物的原子级分辨图像，首次报道人源剪接体的高分辨率三维结构，在世界领先实现了石墨烯单晶晶圆的可规模化制备，率先研制成功碳基光电集成电路、具有国际领先水平的新型超低功耗晶体管、"深度学习"神经网络处理器芯片，成功研制发射北斗系列卫星。[①]北京地区科研单位连续多年在国家科技奖励获奖比例占1/3。

2019年，中国科学组织评选出新中国成立70周年重大科技成就，

① 北京研发出内地领跑世界的一半以上技术成果［EB/OL］.http://www.chinanews.com/gn/2019/08-14/8926079.shtml.

其中一批彪炳史册的重大科技成果诞生于北京。这些科技成果的诞生，克服了科研条件相对落后、资金紧张、受发达国家技术封锁等困难，体现了首都科技工作者不畏艰辛、攻坚克难的豪迈气魄。

曙光超算跑出"中国速度"。曾经，中国在高性能计算机领域只能依靠进口，甚至国内科学家去日本参观时，那里的高性能计算机都用布蒙起来。1993年，中国科学院计算所克服设备生产条件不足、资金紧张等困难，仅用200万元科研经费，研发成功我国第一台SMP架构的高性能计算机——"曙光一号"，这是中国超算历史上里程碑式的事件。"曙光一号"诞生后仅3天，西方国家便宣布解除10亿次计算机对中国的禁运。1997年，曙光1000A落户辽河油田，中国高性能计算机首次独立进入市场；2004年，曙光4000A出现，使中国成为继美国、日本之后第三个可研制10万亿次高性能计算机的国家；2008年，曙光5000A研制成功，使中国成为继美国后第二个可研制并应用超过百万亿次高性能计算机的国家；2010年，"曙光星云"出世，成为国内首台、全球第三台实测性能超千万亿次高性能计算机……在超级计算机领域，中科曙光代表着中国在这个领域的高度，它们用创新记录着行业的发展，用研发不断刷新中国在这个领域跻身世界的排名。

人类基因组"中国卷"绘制完成。人类基因组计划是一项规模宏大、跨国跨学科的科学探索工程。计划于1990年在美国正式启动，历时13年，美、英、法、德、日和中国科学家共同参与，最终于2003年测序完成，被公认为继曼哈顿计划和阿波罗登月计划之后，人类科学史上的又一个伟大工程。我国参与了该计划1%的测序部分。在当时，中国的基因组研究工作刚刚起步，基础差、底子薄、资金少，与国际上的基因测序发展水平相比，差距很大。1999年，由中国科学院遗传所人类基因组中心牵头，我国参与了国际人类基因组计划，成为继美国、英国、法国、德国、日本之后的第6个参与国，也是唯一的发展中国家。2000年4月，中国科学家宣布：在各方共同努力下，1%的测序任务基本完成，其中50%达到了完成图的标准，中国科学家在世界上率先拿到了"工作框架图"。2000年6月26日，全部人类基因组的"工作草图"绘制完毕，提前一年向全世界公布。中国承担的工作区域（位于人类3号染色体短臂上），又被称为"北京区域"。中国科学家对"北京区域"进行了详细分析，共测定了3.84亿个碱基。为按时完成任务，中国科学家付出了艰辛的努力。大规模测序正式开始于北京空港工业区的一座大楼里，100多人分为两班，通宵达旦，停人不停机，每天必须完成20万个碱基的测序工作。从工作量上看，1%的数量并不算大，但却意义深远。它代表着中国科学家在这个划时代的里程碑上刻上了中国人的名字，为我国生物资源基因组研究及参与国际生物产业竞争奠定了基础，也就是奠定了21世纪中国生物科学领域在全球的话语权。[①]

北斗组网摆脱受制于人的局面。北斗卫星导航系统是中国航天史上规模最大、系统建设周期最长、技术难度最复杂的航天系统工程，是我国自主建设、独立运行、与世界其他卫星导航系统兼容共用的全球卫星导航系统。中国科学院作为主要建设单位之一，承担了北斗二号、全球系统试验卫星、北斗三号全球组网卫星的研制工作，引领我国先进卫星技术跨越发展，为北斗卫星导航系统全球组网做出了重要贡献。北斗卫星导航系统于2000年开始组网，至2020年完成全球组网，20多年间，克服重重困难，在"卡脖子"的关键领域实现了核心技术突破，通过集中力量、奋力攻关，在卫星导航领域一步步摆脱了核心技术受制于人的局面。而北斗"闪耀"全球的背后，也离不开北京力量的支撑。例如，中国科学院与北京市政府组建的龙芯中科技术有限公司，承担了北斗系统的芯片研发工作，采用国产龙芯+FLASH的架构，填补国产航天处理器空白，同时实现微波等核心器件全部国产化，带动从材料、器件、部组件、单机到系统的全产业链发展。位于北京的中国科学院国家空间科学中心负责导航数据处理终端、自主运行单元和载荷计算机模块的研制工作。近年来，北京市

① 刘玫.人类基因组计划与中国［J］.科技智囊，2000-10.

北斗产业创新资源不断集聚，已形成国内最完整的北斗产业链，规模以上企业116家，产业规模7年间从100亿元增加到超500亿元，预计到2022年产值将接近1000亿元，推动北斗导航在交通运输、海洋渔业、水文监测、气象预报、大地测量、智能驾考、救灾减灾、手机导航、车载导航等诸多领域产生广泛经济社会效益，为国家安全提供有力保障。

"神舟飞天"书写载人航天精神。早在1992年，党中央批准实施我国载人航天工程"三步走"发展战略，载人航天工程成为国家重大战略工程。2003年10月15日至16日，"神舟五号"载人飞船成功升空并安全返回，首次载人航天飞行获得圆满成功，中国成为世界上第三个独立掌握载人航天技术的国家。此后13年，我国陆续实施6次载人航天任务，圆满完成了多人飞天、出舱活动、空间站对接、空间站自动交会等试验工作。载人航天工程是一项极其复杂的系统工程，技术难度大、涉及面广，中国航天员科研训练中心、中国科学院、中国空间技术研究院、中国运载火箭技术研究院、北京跟踪与通信技术研究所、北京航天飞行控制中心、电子科技集团等在京科研机构，承担了航天员系统、空间应用系统、载人飞船系统、运载火箭系统、测控通信系统等关键技术的研发任务。科研人员攻克并掌握了一大批尖端核心技术，凝聚、培养和造就了新一代航天高科技人才队伍，形成了"特别能吃苦、特别能战斗、特别能攻关、特别能奉献"的载人航天精神，极大激发了全国人民的爱国热情和民族自豪感。

"嫦娥奔月"迈出深空探测第一步。发射人造地球卫星、载人航天和深空探测是人类航天活动的三大领域。重返月球，开发月球资源，建立月球基地已成为世界航天活动的必然趋势和竞争热点。20世纪60年代，美国组织实施阿波罗计划，实施一系列载人登月飞行任务，树立了美国在太空竞赛中的领先地位，成为美国精神的象征。2004年，中国正式开展月球探测工程，并命名为"嫦娥工程"。2007年10月24日18时05分，"嫦娥一号"成功发射升空，圆满完成各项使命，中国成为继美国和俄罗斯后第三个实施探月工程的国家。2020年11月24

日，搭载着"嫦娥五号"探测器的"长征五号"火箭发射成功，并实现了我国首次月面采样与封装、月面起飞、月球轨道交会对接、携带样品再入返回等多项重大突破，其成功实施标志着我国探月工程"绕、落、回"三步走规划如期完成。中国探月工程三步走战略成功实践的背后，离不开众多在京科研单位发挥的重要作用。例如，国家天文台承担的"嫦娥五号"任务地面应用系统，在北京建成了国内首个月球样品实验室，集存储、处理、制备、分析功能于一体，可实现月球样品的地面高纯氮气环境长期存储能力，保证样品在处理过程中不受到污染和其他物理、化学风化，让科学家们可以长期对原始样品进行科学研究和分析检测；面对嫦娥登月任务的主要创新点和任务要求，在北京新建了遥感科学探测实验室，设立了遥感科学探测分系统，其主要任务是根据巡视器有效载荷科学探测数据和工程遥测数据监视有效载荷工作状况和现场环境，对巡视器周围月面物体的特征信息进行实时分析测量，根据选定的探测目标和工程约束条件，以实时交互或联动方式控制有效载荷完成科学探测任务；负责搭载"嫦娥五号"探测器的"长征五号"火箭，是我国起飞规模最大、运载能力最大、技术跨度最大的一型运载火箭，北京航空航天大学全面参与了"长征五号"火箭热防护方案的制订与仿真实验，火箭发动机研制与可靠性评估，火箭发动机减震阻尼材料研制等关键性科研任务，为"嫦娥五号"成功登月提供了保障。

（二）科技大师荟萃之地

人才是科技创新的第一资源，谁拥有了一流创新人才和一流科学家，谁就在科技创新中占据了优势。北京拥有90多所高校、1000多家科研院所、120多个国家重点实验室，高端科技创新人才荟萃，拥有占全国半数的两院院士，是全国科技人才资源最为密集的地区。自2000年设立国家最高科学技术奖以来，33名获奖者中，有21人来自北京。正如1931年清华大学梅贻琦校长的那句名言"所谓大学者，非谓有大楼之谓也，有大师之谓也"，大学如此，一座城市亦是如此。

北京作为全国文化中心和科技创新中心，从新中国成立之初就聚集了国家最优秀的科学巨匠，钱学森、华罗庚、邓稼先、李四光……这些闪耀全球的科学大师都曾长期在北京工作。这些真实存在的人物和他们身上切实发生的事件，共同交织成了共和国那些艰苦而辉煌的岁月，成就了北京深厚的科技底蕴和鲜明的创新气质，也必将引领人们迈进下一个激动人心的新阶段。

表2　在京全国最高科技奖获得者

获奖年份	姓名	简介
2000年	吴文俊（1919.5—2017.5）	数学家
2001年	王选（1937.2—2006.2）	汉字激光照排系统创始人
	黄昆（1919.9—2005.7）	物理学家
2002年	金怡濂（1929.9—　）	高性能计算机专家
2003年	刘东生（1917.11—2008.3）	地球环境科学家
	王永志（1932.11—　）	航天技术专家
2005年	叶笃正（1916.2—2013.10）	气象学家
2006年	李振声（1931.2—　）	遗传学家、小麦远缘杂交的奠基人
2007年	闵恩泽（1924.2—2016.3）	石油化工催化剂专家
2008年	王忠诚（1925.12—2012.9）	神经外科学家
	徐光宪（1920.11—2015.4）	化学家
2009年	孙家栋（1929.4—　）	运载火箭与卫星技术专家、"两弹一星"元勋
2011年	谢家麟（1920.8—2016.2）	加速器物理学家
	吴良镛（1922.5—　）	建筑与城市规划专家
2012年	郑哲敏（1924.10—　）	力学家、爆炸力学专家
	王小谟（1938.11—　）	雷达工程专家

获奖年份	姓名	简介
2013年	程开甲（1918.8—2018.11）	核武器技术专家、"两弹一星"元勋
2016年	屠呦呦（1930.12—　）	中药学家（2015年获诺贝尔生理学或医学奖）
	赵忠贤（1941.1—　）	超导物理学家
2017年	侯云德（1929.7—　）	医学病毒学专家
2019年	曾庆存（1935.5—　）	气象学家

表2显示了在当代科学技术前沿取得重大突破或有卓越建树的当代最伟大的科学巨匠。在他们熠熠发光的名字背后，是一段段知识报国、不懈奋斗的感人经历，发散出追求真理、务实坚韧、跨越赶超的豪迈气概。

1. 淡泊名利的"三无科学家"：屠呦呦

著名作家路遥在《平凡的世界》里写过这样一句话："生活中真正的勇士，向来默默无闻。他们的一生，比起成名，更担心社会有没有发展，国家走得够不够远。"屠呦呦的事迹，生动地诠释了这句话的深刻内涵。

2015年10月5日，瑞典卡罗琳医学院在斯德哥尔摩宣布，85岁的中国女科学家屠呦呦与一名日本科学家、一名爱尔兰科学家分享2015年诺贝尔生理学或医学奖，以表彰他们在疟疾治疗研究中取得的成就。屠呦呦发现的青蒿素在寻找疟疾治疗新方法上取得了真正的转折和突破，挽救了数百万人的性命，将过去15年疟疾的致死率降低了一半。在BBC评选的"20世纪最具标志性人物"中，屠呦呦与居里夫人、爱因斯坦、艾伦·图灵一起入选"科学家篇"。

屠呦呦由此成为第一位获得诺贝尔科学奖项的中国本土科学家、第一位获得诺贝尔生理学或医学奖的华人科学家，也是中国医学界迄今为止获得的最高奖项，实现了中国人在自然科学领域历史性跨越。

但很多人可能并不知道，屠呦呦被戏称为"三无科学家"，因为她没有博士学位，没有留洋背景，没有院士头衔。

屠呦呦，1930年生于浙江宁波，1951年进入北京大学医学院药学院学习，1955年毕业于北京医学院（今北京大学医学部）。在被人们熟知前，屠呦呦已与青蒿素结缘半个多世纪。20世纪60年代初，疟疾肆虐，全球都没有控制疫情的有效疗法。1967年，屠呦呦所在的单位响应号召，启动了对抗疟疾的"523项目"，屠呦呦成为中医药协作组的组长，把全部心思都扑在了疟疾药物的研究上。她带着一批研究员，调查了2000多种中草药制剂，选择了其中640种可能治疗疟疾的药方。通过对380多个提取物的筛选，最终确定了青蒿作为治疗疟疾的首选。而在此期间，她曾有长达4年的时间毫无进展。还曾在反复的提取实验中，吸入过量乙醚，患上中毒性肝炎。经历了高达190余次的失败、失败再失败，屠呦呦终于成功了。在诺贝尔的领奖台上，屠呦呦说："这不仅是授予我个人的荣誉，也是对全体中国科学家团队的嘉奖和鼓励。"她将获得的46万美元（折合人民币约300万元）中，100万元人民币捐献给了培养她的北京大学医学部，100万元人民币捐献给了她的工作单位中国中医科学院。面对接踵而至的荣誉，屠呦呦表现出超乎常人的淡然和冷静，她说道，总结这么多年来的工作，我觉得科学要实事求是，不是为了争名争利。

2. 当代毕昇：王选

在全世界的各个角落，只要使用电子设备获取中文信息，就不应忘记一个人，是他带来继活字印刷术后中国印刷界的"第二次革命"。因为他，汉字和中华文化的传承与发展进入信息化时代。2006年2月13日，在他去世的那一天，北京大学在百年讲堂布置了灵堂，人们从全国四面八方赶来吊唁，表达对他的崇敬之情。这个人就是王选。

20世纪70年代，知识信息时代急速到来，全世界都要被裹挟进信息化大潮中时，历史悠久的方块字们却陷入了进退两难的尴尬处境。在发达国家的出版业已经带着光与电融入信息化河流的同时，1000多年前就发明了的活字印刷术还在中华大地上继续使用。科学是在复苏，但它宣传和普及的速度却实在有限，难以计数的科技著作在出版社里堆积如山，等待着排版、付印。不少人断言，中国的方块字就是不如英文的26个字母简单，它们一定会成为阻碍中国科技往前迈进的包袱。而且，和电子计算机及其他的一些高科技设备不同，现代出版印刷产业无法直接借鉴来自国外的技术成果，当时美国、欧洲、日本的第二代、第三代照排机所用的方法都不是根据中文特色来设计的，所以中文在存储和输出技术上就存在着难以解决的困难和难以跨越的障碍，它们导致汉字的印刷需求总是不能够得到满足。因此，中国的出版业要想实现信息化，必须坚持独立自主、自力更生的研发道路。

在1974年时，王选就以北京大学专家的身份参与了国家重点科技攻关项目——汉字信息处理系统工程（简称748工程）。由他主持研究的汉字激光照排技术，实现了对日本的第二代机械式照排机和欧美的第三代阴极射线管照排机的跨越，直接迈步踏进整个世界范围内都还没有正式量产的第四代激光照排系统的行列。根据汉字的特点，王选开创了高分辨率信息压缩技术和高速复原方法，并且成功研制出了相应的专用实体芯片。同时，王选还发明出了用轮廓加参数这一途径来描述汉字字形的方法，成为第四代激光汉字照排技术的核心，在技术层面领先了西方将近十年之久。王选的上述发明刚告成熟，便在全国迅速推广，让中国的出版印刷业告别了"铅与火"，迎来了"光与电"，为后来中国电子出版系统的成型奠定了扎实基础。为此，王选被人们誉为"汉字激光照排技术之父"。而后的几十年，王选并没有停滞不前，而是选择了精益求精、止于至善。

功夫不负有心人。在几年不分昼夜的苦心钻研之后，王选于1979年7月完成了汉字激光照排系统主体工程的研发，并成功输出了一张完美的报纸样张。当时，《光明日报》对此做了题为《汉字信息处理技术的研究和应用获重大突破——中国自行设计的计算机—激光汉字编辑排版系统主体工程研制成功》的专门报道，在国内外引起了巨大反响。随后，汉字激光照排技术就如同"芝麻开花"一般，不断进步发展。4年后，王选又带领团队成功研制出了高分辨率汉字字形发生器、照排机和印字机共享的字形发生器和控制器以及华光出版系统。其中，华光Ⅱ型系统的成绩尤为突出，它不仅通过了国家鉴定，在新华社投入运行，还当选了1985年的中国十大科技成就。很快，升级产品华光Ⅲ型系统问世，这是中国第一个高度实用的科技排版系统，它获得了首届全国发明展览会奖的肯定。高科技应做到"顶天立地"——这是王选为之奋斗一生的信条。所谓"顶天"，是不断追求技术上的新突破；所谓"立地"，则是把技术商品化，使其大量推广并应用，而"顶天"是为了更好地"立地"。当汉字激光照排技术发展到较为成熟的阶段，和它相关的硬件设备也研制成功后，王选开始致力于汉字激光照排技术的商品化、产业化工作，顺利地闯出了一条"产学研"紧密结合的市场化道路。在他的努力推动下，汉字激光照排技术逐渐占领了国内报业99%和单色书刊出版业90%的市场，以及80%的海外华文报业市场。这项技术将中国书刊的平均出版周期从300多天缩短至100天左右，时长不足原来的1/3，为中国科学技术知识的教育、普及与传播开辟了一条"高速公路"。

3. 中国神经外科事业的领航人：王忠诚

天坛医院名誉院长、北京市神经外科研究所所长王忠诚院士是新中国培养的第一代神经外科专家，也是我国神经外科的开拓者之一。在半个世纪的医学生涯中，他为我国神经外科事业的发展壮大、走向世界做出了创新性贡献。他率先提出了"脑干和脊髓具有可塑性"的观点，总结出一套不同脑干肿瘤采取不同手术入路的理论和方法，这些理论要点对打开医学界的"禁区"——脑干肿瘤手术，起到了决定性的作用。在这一理论指导下，迄今已施行手术1100余例，手术死亡率低于1.0%，手术质量和数量居世界领先。

在发现脑干具有可塑性的基础上，他又悉心研究脊髓结构及功能，通过大量动物实验和数十年的临床实践，得出"脊髓对于慢性的肿瘤压迫也同样具有可塑性"的结论。截止到2008年，他带领团队已施行髓内肿瘤手术2500余例，无一例死亡和手术致残，手术水平居世界领先。他提出的"脊髓缺血预适应"的观点，对防止脊髓内肿瘤术后瘫痪起到了关键性作用，病人的生存质量得到很大提高。他率先提出了"大型血管母细胞瘤术后可产生正常灌注压突破"的观点，利用术前供瘤血管栓塞、术中亚低温等措施，有效地预防了"正常灌注突破现象"的发生，使手术死亡率降至4.3%，并极大降低了手术致残率，而该项手术死亡率国际综合组报道高达24%。

20世纪50年代，王忠诚为提高神经外科诊疗水平，在缺少资料及设备的情况下研究脑血管造影术，忍受了大剂量放射线照射，得过6次肺炎，身体受到严重摧残。他积累了2500余份病例，编著了我国第一部神经外科专著《脑血管造影术》并荣获"全国科学大会奖"，使当时的神经外科诊断水平发生了质的飞跃。20世纪60年代，他率先在国内采用并推广显微神经外科技术，施行逾千例动脉瘤手术，使该病死亡率由10%降到2%以下。20世纪70年代，他率先在国内开展并推广颅脑显微手术，一次性利用显微外科技术完全切除垂体腺瘤并保留患者的正常垂体功能。20世纪80年代，他摘除了直径为9厘米的巨大动脉瘤，至今为世界罕见。他带领团队建立了神经外科手术新方法，解决了神经外科领域众多世界性难题，极大地提高了脑干肿瘤、脊髓内肿瘤、丘脑肿瘤、颅底中线肿瘤等疑难脑病疗效，让患者术后基本享有正常人的生活质量，把我国神经外科整体水平带入世界先进行列。

王忠诚院士是我国医疗卫生领域德高望重的学者和杰出的医学教育家。他教书育人、严于律己、言传身教、为人师表，亲手培养了80余名研究生，为全国各地培养了许多神经外科学科带头人、骨干和知名专家。特别是他80岁高龄仍致力于老少边穷地区神经外科事业的发展，无偿扶持和支援20余家边远地区医院，亲自手术示教，普及技术，让更多的患者能在当地得到治疗。他牵头组建"中华医学会神经外科分会"，创办《中华神经外科杂志》，统一了全国神经外科疾病诊断标准。他创建并扩建的北京市神经外科研究所和天坛医院已成为亚洲最大的神经外科基地。他带领学生研制成功了国产导管、球囊栓塞等7种材料，填补了我国空白。他领导并组织我国神经流行病学的调查工作，为党和国家制定预防政策提供了依据。王忠诚院士将毕生心血投入自己深爱的神经外科事业中，为中国神经外科事业的发展壮大、走向世界，做出了卓越贡献。

4. 点石成金的稀土之父：徐光宪

2008年度"国家最高科学技术奖"获得者、北京大学教授徐光宪院士开创了对稀土量子化学和稀土化合物结构规律的研究的新纪元，被誉为"中国稀土之父"。20世纪30年代起，年轻的徐光宪在抗日的战火中颠沛流离，辗转求学，最终考取了美国哥伦比亚大学并获取博士学位。为投身新中国建设，1951年，徐光宪和夫人高小霞毅然放弃在美国的优厚待遇和平静生活，冲破重重阻力，回到祖国，任教北京大学化学系。在数十年的科学实践中，因国家发展战略需要，徐光宪几度变更研究方向，先后致力于量子化学、放射化学、配位化学和萃取化学等方面研究，不断突破创新。为扭转我国稀土工业落后状况，1972年，52岁的徐光宪临危受命，开始稀土分离方法的理论和实验研究。

业界有这样的说法："谁掌握了稀土，谁就全天候掌握了战场。"作为工业"维生素"，稀土是隐形战机、超导、核工业等高精尖领域必备的原料，提炼和加工难度极大，珍贵稀少。中国已探明的稀土储量位列世界第一，却曾因缺乏技术支撑，长期受制于人。多年前，由于萃取技术不过关，中国不得不低价出口稀土精矿和混合稀土，再以几十倍甚至几百倍的价格购进深加工的稀土产品。徐光宪决心打破这一尴尬局面。1972年，他所在的北京大学化学系接到了一个军工任务——分离镨钕。镨钕，在希腊语中是双生子的意思，是稀土元素中最难分彼此的一对。分离镨钕是当时国际公认的大难题。"中国作为世界最大的稀土所有国，长期只能出口稀土精矿等初级产品，我们心里不舒服。所以，再难也要上。"这是年过半百的徐光宪人生中第三次改变研究方向，换专业，只有一个理由：此时此刻，祖国需要我。当时，镨钕分离采用离子交换法是惯例，缺点是生产速度慢、成本高，徐光宪提出了采用萃取分离法来实现镨钕分离。当时在国际上稀土萃取化学还是一门并不成熟的新兴学科，但这难不倒曾长期从事核燃料萃取分离的徐光宪。徐光宪带领学生查遍了国内外的相关资料，终于在美国人因失败而放弃的推拉体系中找到了灵感，自主创新出一套串级萃取理论，把镨钕分离后的纯度提高到了创世界纪录的99.99%。然而对于徐光宪来说，这只是传奇的开始！徐光宪面对的最大挑战是如何把已经成功的串级萃取理论真正应用于大规模工业生产。为获得准确参数，他不得不使用烦琐的"摇漏斗"的方法来模拟串级试验，整套流程下来需要耗费一百多天的时间，如果得不到满意的结果，一切又都要从头再来。

为了更快地推进稀土研究，徐光宪每周要工作80个小时。他白天"摇漏斗"，晚上琢磨理论，黑白连轴转。研究量子化学出身的徐光宪，在理论归纳方面有着过人的天赋。他在实践的基础上推导出了一百多个化学公式，设计出最优化的工艺流程，并利用当时还不普及的计算机技术进行虚拟试验，使原本复杂的稀土生产工艺彻底简单化，原来需要一百多天才能完成的模拟实验流程被缩短到不超过一星期。自此，我国稀土分离技术开始走在世界前列，根本改变了受制于人的困窘局面。

徐光宪坚持"立足基础研究，面向国家目标"的研究理念，将国家重大需求和学科发展前沿紧密结合，在稀土分离理论及其应用、稀土理论和配位化学、核燃料化学等方面做出了重要的科学贡献。他发现了稀土溶剂萃取体系具有"恒定混合萃取比"基本规律，在20世纪70年代建立了具有普适性的串级萃取理论，广泛应用于我国稀土分离工业，彻底改变了稀土分离工艺从研制到应用的试验放大模式，实现了设计参数到工业生产的"一步放大"，引导了我国稀土分离科技和产业的全面革新，使我国实现了从稀土资源大国到生产和应用大国的飞跃，为稀土功能材料和器件的发展提供了物质保证，大大提高了我国稀土产业的国际竞争力。[①]2009年1月9日，89岁的徐光宪获得

---

① 徐光宪.稀土紧紧连着我和祖国［N］.新民晚报，2019-06-05.

国家最高科技奖。面对至高荣耀，老人感慨地说，"稀土紧紧连着我和祖国"，"我愿意一辈子搞稀土，把咱们宝贵的资源利用得更好"。

"年轻人要有时代幸福感、社会责任感和时代使命感。现在是中国历史上最好的时期，但也还有很多问题没有解决，未来需要年轻人负担起来。"如今，一代大师远逝，其生前的教诲犹在耳边。

5. 中国预警机之父：王小谟

现任中国电子科技集团公司电子科学研究院名誉院长、中国工程院院士王小谟是我国著名雷达专家、预警机事业的奠基人和开拓者，被誉为"中国预警机之父"。1961年，王小谟毕业于北京工业学院，毕业后被分配到国防部第十研究院工作，参与我国三坐标雷达的研制工作。当时苏联专家刚刚撤走，王小谟承担起中国三坐标雷达的研制工作，他在仔细研究苏联专家方案的基础上，又广泛涉猎了各国的研究，最后提出了自己的方案并被国家批准，这个方案被公认是世界上最先进的。后来，他到贵州参与创建了中国电子科技集团公司38所。在当时物质条件极度匮乏的条件下，王小谟依旧坚持了下来，并在那里与中国雷达界的精英们一起，成功研制出第一部自动化三坐标雷达，在国内首次采用计算机技术，雷达技术指标达到国际先进水平，实现了我国防空雷达从单一警戒功能向精确指挥引导功能的重大跃升。王小谟从事雷达研制工作50余年，先后主持研制过中国第一部三坐标雷达等多部世界先进雷达，在国内率先力主发展国产预警机装备，提出中国预警机技术发展路线图，构建预警机装备发展体系，主持研制中国第一代机载预警系统，引领中国预警机事业实现跨越式、系列化发展，并迈向国际先进水平。可以说，王小谟把自己的一生都奉献给了他所挚爱的预警机和雷达事业。

早在20世纪70年代，中国就曾经启动预警机研制，但终因当时国力有限和技术基础薄弱，未能成功。那时，王小谟就敏锐地意识到，要在信息化条件下捍卫国家主权，中国必须拥有预警机。于是，在雷达科研一线摸爬滚打了几十年的他，义无反顾地投身于中国预警机研制事业。

20世纪80年代，王小谟对机载预警雷达实施关键技术攻关，并逐步获得突破。为加快预警机研制，中国开展预警机对外合作，作为中方技术总负责人，王小谟坚决要求中方主导研制方案，并在国内同步研制，为后来的自主研制打下坚实基础。他还创造性地首次提出采用大圆盘背负式三面有源相控阵新型预警机方案。就在外国合作方单方面撕毁合同、中国预警机事业将被扼杀在摇篮里时，中国决定自主研制预警机。王小谟临危受命，担纲国产预警机研制工作。为培养后续力量，他选用年轻人担任总设计师，自己担任预警机研制工程总顾问，全面指导总师确定型号技术方案和工程设计。

"十年磨一剑"，中国自主研制成功空警2000、空警200两型预警机，创造出世界预警机发展史上9个第一，突破100余项关键技术，累计获得重大专利近30项，在众多关键技术指标上超过世界最先进的预警机主流机型，是世界上看得最远、功能最多、系统集成最复杂的机载信息化武器装备之一，被美国智库评价为比美E-3C和E-2C预警机整整领先一代。2009年10月1日，新中国60周年国庆阅兵式上，由王小谟主导研制的预警机作为领航机型，引领机群，米秒不差飞过天安门广场，中国预警机首次完美亮相。在中国历次重大军事演习以及北京奥运会、上海世博会、广州亚运会等重大活动安保中，空警2000均以优异性能出色完成任务。

早在投身预警机事业之初，王小谟就意识到中国疆域广大，除装备大型预警机外，还应形成自己的预警机装备系列。他在心中描绘中国预警机体系化发展的谱系蓝图，思考能否用国产中型飞机实现背负式大圆盘，打造类似美国E-3A性能的预警机，以验证"小平台、大预警"技术，解决大型预警机载机的国产化难题，并通过研制工程的延伸来锻炼培养技术队伍。为了早日实现心中的蓝图，王小谟在条件简陋的外场试验现场，顶着40℃的高温和高分贝噪声每天工作十几个小时。2006年，在工程研制的关键时刻，王小谟在外场不幸遭遇车祸，腿骨严重骨折，不久又诊断出身患淋巴癌。但他依然镇静平和，即使躺在病床上输液，也要把设计师请来面对面探讨交流。病情稍有好转，就赶赴热火朝天的试验现场。功夫不负有心人，王小谟院士及其团队的努力很快收获丰厚的回报：中国又一型国产预警机横空出世，并成为世界上继美国、瑞典、以色列之后，第四个能够出口预警机的国家。

创新的脚步永不停顿，王小谟随后又将目光聚焦在全数字阵列雷达技术上。数字阵列技术是当前国际上的最新技术，他认为这是中国预警机未来发展的方向。基于数字阵列雷达和中国国产运载飞机的新型中型预警机由此开始研制，而通过"小平台、大预警"，中国摆脱了大型预警机对进口飞机平台的依赖，解决了中国预警机的规模建设问题。更重要的是，这是世界上首次将数字阵列雷达技术应用于预警机，标志着中国预警机的主要技术将从国际先进提升到国际领先水平。在王小谟院士的创新发展和辛勤耕耘下，中国国产预警机家族不断壮大，既有高端产品，也有高低搭配；既服务国内，也出口国际市场。国产预警机装备部队后，推动了解放军信息化武器装备实现跨越式发展，实现一体化、信息化作战，推进解放军从国土防空型向攻防兼备型跃升，在解放军武器装备发展史上具有里程碑意义。中国也由此跨入世界上拥有先进预警机研制能力的国家行列，并在国际上有力提升了中国的政治和军事影响力。

6. 神舟飞船的"驾舟人"：戚发轫

神舟飞船是中国自行研制的国际第三代载人航天飞船，具有自主知识产权。截至2016年10月，"神舟一号"至"神舟十一号"均已成功发射，它们将共计14人次的中国航天员送上了太空，完成有"中国首次载人航天""中国宇航员首次太空行走""中国航天首次空间交会对接"等一系列具有里程碑意义的航天实验。神舟飞船们一次又一次地飞上苍穹、平安返程，体现了中国航空航天事业的巨大进步，反映了中国航空航天技术的闪电式飞跃。在这所有一切的背后，是多少代中国航天人心血的凝结。而在千千万万个为中国载人航天事业做出贡献的人当中，北京航空航天大学教授、中国工程院院士、神舟飞船总设计师戚发轫，无疑便是那个站立在船头的"驾舟人"。

1957年，戚发轫从北京航空航天大学的前身——北京航空学院毕业，被直接分配到了国防部第五研究院工作。戚发轫毕业于飞机系，最初对导弹和火箭领域感到非常陌生，所幸，他遇到了一位极为高明的"领路人"，也就是"中国航天之父"钱学森。在钱学森的带领下，戚发轫从一位"门外汉"，逐渐长成为航空航天领域的大师。在几十年的从业生涯中，他亲自参与了中国首颗卫星——"东方红一号"的研制工作，主持过"东方红二号""风云二号""东方红三号"等6种卫星的研制。在此之外，戚发轫还亲自组织过十多次的卫星发射任务。因此，当中国决定进军载人航天领域的时候，这位拥有如此辉煌"战绩"的大将很自然地成为最合适的人选。

载人航天工程一向被视为航天器技术中最为复杂的大系统工程，与中国以往进行的各种航天实验相比，它涉及的技术领域的广度、难度都有很大的不同，而最大的、最直观的不同，就在于航天器里有了人。因为"人命关天"，所以对技术整体的可靠性和安全性等方面的要求一下子就被拔到了最高。可想而知，当初戚发轫临危受命接下这件任务，是顶着常人无法想象的压力。

刚接过这个担子，戚发轫就做出了4项重要的决策：一是组织一支队伍，面对人才断层，大力培养年轻科学家；二是拿出一个方案，在保证航天员相对舒适的基础上，降低飞船返回的难度；三是组建一个试验基地，北京航天城应运而生；四是建立一套规章制度，将分属于不同部门的飞船分系统和设备的研制，通过可行的规章制度进行保障。戚发轫带领着这支"新军"夜以继日地工作，他们七年的努力最终在1999年11月20日6时30分得到了回报——中国第一艘无人实验飞船"神舟一号"成功发射，且回收地点距离预定地点仅有10公里。这次飞天壮举迅速吸引了海内外的注意，戚发轫和他的团队用实际行动向世界证明：在航空航天的领域，外国人能办到的，中国人也必然能够办到，甚至比他们做得还要出色。这次实验的大获成功，本身便已标志着中国距离正式载人航天又近了一步。

在"神舟一号"飞船后，"神舟二号""神舟三号""神舟四号"

飞船相继成功发射，这4艘无人飞船都经受住了高远青空的考验，中国终于可以迎来真正的载人航天了。望着面前能将人类与宇宙相互连接的庞大机器，戚发轫在心里暗暗地对航天员们说着："朋友们，放心飞吧，你们一定能平安归来！"2003年10月15日9时，"神舟五号"载人航天飞船在甘肃省的酒泉卫星发射中心发射，它将航天员杨利伟和一面中国的五星红旗送入太空，并于次日6时23分顺利返回。在苏联和美国后，中国成为第三个将人类送上太空的国家，华夏民族千年以来飞天的夙愿终于实现，中国的航空航天史上拔地而起一座不朽的丰碑。

此后，神舟系列飞船还有"六号""七号"……一直到"十一号"。后来，戚发轫已经不再担任新飞船的总设计师，但他的心一时一刻也没有离开过神舟飞船，一时一刻也没有离开过中国的航空航天事业。也许是因为在青年时期曾经有过钱学森这样一位优秀、卓越的引路人，戚发轫非常重视"传帮带"环节，他将年轻人视为中国航空航天事业未来的希望，并且不止一次地去找老同志、老专家们做工作，试图共同为青年们营造出一个适合成才的环境。如他所说："咱们辛辛苦苦干了一辈子，都六七十岁了，为了事业，该让年轻人接班啦，如果不放心，我们还可以帮他们一阵子。"

在这句情真意切的话语背后，是中国老一辈航天人的无私奉献，是代代相传的中国航天精神，是中国必将光华闪耀的未来航天之路。

7. "嫦娥之父"：欧阳自远

自古时候起就拥有明月情结的中国人自然不会忘却探索月亮的初心，只不过在新中国成立后，经济实力和科技实力的限制减缓了中国人迈向月球的步伐。在探月这件事情上，中国被那些因为先发而更加老牌、更具优势的航天大国拉开了一段距离。不过幸运的是，自从跨入新千年后，随着综合国力的大幅提升和航天技术的日益精进，中国人进军月球的号角也被再度吹响。而说起中国的探月之旅，就不得不提中国月球探测工程的首席科学家，有着"嫦娥之父"美称的欧阳自远。

欧阳自远出生于江西的一个医药世家，他的祖祖辈辈几乎全部行医或经营药房，但欧阳自远从小就展现出了对浩渺天空中繁星与明月的好奇。每当母亲将嫦娥奔月的故事娓娓道来，他都会听得入了迷，幽深美丽的广寒宫和广袤无垠的星空在他幼小的心灵里埋下了一颗种子。1952年的夏天，欧阳自远高中毕业，他没有像父辈的期望那样从事与医学相关的职业，而是选择了当时中国人才缺口较大的地质专业。欧阳自远的理由很朴实也很简单，他希望自己学成之后能够为国家找到各种矿物质和能源，进而发展工业，赶上西方发达国家的脚步。同年9月，欧阳自远正式进入北京地质学院勘探系求学，并在本科毕业后留校攻读地球化学专业的硕士研究生。硕士毕业之后，欧阳自远前往中国科学院地质研究所矿床专业继续深造。完成学业之后，他又分别到中国科技大学、中国科学院原子能研究所加速器室等地进修。

　　如此看来，欧阳自远的学科背景似乎与航天探月之间还有一定距离。然而，世事经常便是如此奇妙，地质与航空两者的交会点——陨石，让欧阳自远孩提时代起就已存在的追月梦想不再只是梦想。学生时期，欧阳自远数次在机缘巧合之下接触到陨石，这些神秘的"天外来客"重新唤起了欧阳自远幼时的飞天之梦。从1962年开始，欧阳自远和其他一些研究人员开始对美国的众多月球探测器进行跟踪研究，他研究的对象有"月球号""徘徊者""勘测者""月球轨道""阿波罗"等。尽管当时接触到的大多数是二手材料，但是规律的工作、扎实的观察和多方的合作都让人受益匪浅。1978年，一件仅有1克重的小礼物不远万里、跨越重洋，美国国家安全事务顾问布热津斯基将它从美国带到中国，这是一块来自月球的岩石样品。这颗属于月亮的小石头被欧阳自远分为各自0.5克的两半，一半在北京天文馆公开展览，另一半则由他牵头，找来各领域的专家共同进行研究。以中国当时地质学方向的测量技术水平，科技人员们已能确定这件特殊的礼物乃是被"阿波罗17号"采集回来的月海玄武岩，它的采集地点、生活环境等也都能够得到一定程度的还原。

20世纪90年代，世界形势瞬息万变，不变的是人们对于探月的热情。1992年，中国载人航天工程立项。欧阳自远受此启发，决定向"863计划"专家组提出开展探月。当时，社会上有不少并不支持和理解月球探测工作的声音，欧阳自远带着他的队伍各处奔走，多次申明和宣传探月这一行为的深刻意义和迫切程度。终于，在2004年的时候，中国正式启动了探月工程，它被命名为"嫦娥工程"，这是中国向着月球探测迈出的第一步。当时，中国探月工程被初步分为三个阶段：第一阶段，无人探月阶段；第二阶段，载人登月阶段；第三阶段：建立月球基地。按照这个发展轨迹，中国的探月工程开始突飞猛进。2007年，中国第一颗月球探测卫星"嫦娥一号"成功发射，顺利地完成了任务。2010年，被寄予了厚望的"嫦娥二号"卫星也在西昌卫星发射中心成功发射，它取得了精度更高、细节更多的月球表面影像数据和月球极区表面数据。2013年，"嫦娥三号"卫星成功发射，它创造了无数个"最"和"第一次"：它以超过两年的漂亮数据，在月球表面停留和工作了最长的时间，它让人类第一次能够身处月球、仰望星空。2018年，"嫦娥三号"卫星的备份星"嫦娥四号"成功发射，它将"玉兔二号"巡视器带往太空。2020年，"嫦娥五号"返回器携带月球样品成功着陆，圆满完成任务。欧阳自远与高天明月间的故事，就和所有关于月亮的传说一样，既有种种巧合的、难以捉摸的不确定因素，又如此的激动人心。

8. "天宫"的总设计师：杨宏

杨宏出生于1963年，和钱学森、"航天四老"等老一辈的航天英雄相比，可以说是个十足的"新兵"。但是，杨宏身上所蕴含的那种中国航天精神，却与他们如出一辙。杨宏出生在一个知识分子家庭，从小就在父母的耳濡目染下刻苦学习。1980年，他顺利考入西安电子科技大学。毕业之后，杨宏正巧赶上了中国信息技术的高速发展期，与他同龄的一批年轻人正在中关村的土地上呼风唤雨，而他则没有被时代影响，反而一心向学，选择进入中国空间技术研究院攻读研究生，圆自己始于童年的航空航天梦。1991年，杨宏研究生毕业，再次来到了人生的岔路口，当时如日中天的联想集团向他抛出了橄榄枝，真心渴望吸纳他这位奇才。不管对谁来说，这都是一个充满诱惑力的选择。然而，杨宏心心念念的仍然是他的工程师事业和航空航天梦，他拒绝了联想，毅然投身于国家的航空航天事业。

在中国航空航天事业的第一线，杨宏从一名"新兵"干成了"大将"。他是中国载人航天发展腾飞的亲历者和见证者，他参加中国载人飞船的所有项目、所有工程、所有方案、所有设计，无一遗漏。而在这些工作当中，他最为人所称道的便是带领"神舟六号"研制队伍时的经历。"神舟六号"的班子全都是年轻人，在杨宏思路清晰、条理分明的带领下，在他细致、谨慎、务实、勤恳的品质的影响下，他们做到了"神舟六号"13个分系统、643台设备、40万条语句、82个软件、10万多只元器件无一差错。中国载人航天飞船取得成功，中国的航天人们终于将目光转向了空间站的建设。因为交出过之前"神舟六号"那样令人满意的漂亮答卷，杨宏接过了这个担子堪称众望所归。

空间站叫作"天宫"，这种起名方法与"嫦娥""玉兔"等有着一以贯之的诗意情怀。除了早先在航空航天其他方向的经验积累，空间站工程"天宫"的建设几乎可以说是要从零开始、"一砖一瓦"地搭建起来。在这个过程中，杨宏起到了决定性的作用，他与他的团队坚韧、专业、持之以恒，在2011年9月29日那天，让中国的第一个目标飞行器"天宫一号"成功升天。大约一个月后，"天宫一号"在太空中找到了"神舟八号"并顺利与之完成对接，中国自此成为全球第三个自主掌握空间交会对接技术的国家。此后，"天宫一号"分别在2012年6月18日、2013年6月13日和"神舟九号""神舟十号"对接。许多人可能不知道空间站存在无法回收利用的特性，这是目前所有空间站都将面临的宿命。2018年4月，原定运行到2016年的"天宫一号"坠入南太平洋。此时，中国第一个太空实验室，"天宫一号"的后继者"天宫二号"已经在茫茫宇宙中与它并肩作战了将近两个年头，中国的航空航天事业也终于即将步入建设大型空间站的第三个阶段。对于未来，杨宏充满信心。他对中国将来在航空航天上的布局这样介绍道："我国计划在2020年前后建成中国自己的空间站，届时将发射一个核心舱、两个实验舱，在天上形成一个大'T'字形结构，整个加起来是将近百吨的量级。在空间站运行期间，将开展较大规模的科学实验和应用，服务于国家战略发展的需求。据外电报道，到2024年国际空间站将退役，那个时候中国空间站有可能就是人类在太空的唯一的太空站。我们中国的航天员、科学家将在中国的空间站上开展大量的科学实验，这些实验将形成常态化，将为中国和平地利用空间、和平地开发空间资源打下坚实的基础。"

从无到有，从有到优。这句俗套的话反而最精准、最概括地讲清了中国航空航天事业在数十年间的发展壮大。"国之重器"，强国兴邦，中国航空航天事业的传奇印刻在高旷的天空里，印刻在细微的人心里，也印刻在北京城这个一切的起始点和发生处。未来，北京还将继续在以习近平为核心的党中央的科学决策和坚强领导之下，艰苦奋斗、自强不息、开拓进取，继续追寻发展航天事业、建设航天强国的航天梦，在人类攀登科技高峰的征程中不断刷新中国的高度，让中华民族真正成为人类文明发展光辉史册上最响亮的名号。

三、中国信息高速公路从这里起步

（一）中国互联网产业在这里萌芽

北京市海淀区车道沟10号院内一座树木掩映的小楼，是中国兵器工业计算机应用技术研究所所在地。30多年前，一封电子邮件——*Across the Great Wall we can reach every corner in the world.*（越过长城，走向世界。）从这里发出，业界普遍认为这是中国的第一封电子邮件。当时，人们并不知道，互联网时代已经悄然来临，并将在多年后深刻地影响中华大地，融入我们生活的方方面面。作为互联网络进入中国的第一站，北京和互联网之间的关系尤为紧密。

1969年，世界上第一个互联网诞生了。刚开始的互联网仅适用于美国的军事领域，后开始逐步向民用方面发展，并渐渐蔓延到了整个世界。1994年，互联网这个跨时代产品成功进入中国。也就在那个时候，有很多有识之士意识到了互联网将是未来。其中就包括了瀛海威的创始人——张树新。张树新之所以能够如此早地意识到互联网的影响，源于她的经历。1963年，张树新出生于辽宁省抚顺市，学生时代的张树新学习十分认真，并且考上了中国科技大学的应用化学系，这在当时已经可以称得上是人中龙凤了。从中国科技大学毕业之后，张树新进入《中国科学报》担任记者，也由此得以接触到国外先进的科学知识。后来张树新又进入中国科学院从事战略研究方面的工作，这为她后来的创业打下了牢固的基础。在1994年互联网进入中国之后，张树新很快就意识到了这是一次机遇。1995年5月，张树新创立了瀛海威信息通信有限责任公司。然而，作为中国第一家互联网企业，瀛海威刚创立的时候，社会大众对于互联网还没有多少概念。为了解决这个问题，张树新开始不断想办法推销互联网。

1995年深秋的一天，北京白颐路口竖起了一面硕大的牌子，上面写着"中国人离信息高速公路还有多远？向北1500米"。前方向北1500米，就是瀛海威的网络科教馆。成长于21世纪的新一代网民，也许并没听说过瀛海威，但对于早期的中国互联网从业者，瀛海威曾是一面标志性的大旗，被誉为中国第一家IT公司。那时，信息高速公路、互联网对大部分人来说还是崭新的名词，而瀛海威已经开始提供上网服务。这块大广告牌成为很多人对早期中国互联网的一个经典记忆。

瀛海威是中国第一家互联网公司，同时也是中国首批互联网服务提供商之一，其名取自信息高速公路英文表述"Information Highway"的音译。作为中国互联网商用的开拓者，瀛海威的确有许多优越之处。在瀛海威的广告词中，它如此宣传自己的功能："进入瀛海威时空，你可以阅读电子报纸，到网络咖啡屋同不见面的朋友交谈，到网络论坛中畅所欲言，还可以随时到国际网络上漫步……"同一时期，许多以计算机技术与互联网知识为主题的出版物也会向读者介绍瀛海威，甚至教授大家如何使用："与Internet相比，瀛海威时空的全中文菜单提示、全鼠标操作、客户/服务器模式十分简单易学。任何一个具有中学文化程度的人都可以在十分钟内自学掌握瀛海威时空的使用。"在这，"授权用户既可得到瀛海威时空提供的中文信息服务，也可通过瀛海威时空直接访问Internet，享受各种Internet服务，获取Internet上的各种信息"。

而在有了用户之后，瀛海威充当起了中国第一家将网民串联到互联网上的企业，它允许用户在瀛海威上注册，并且为用户提供聊天、收发邮件以及浏览新闻、交友等服务。那个时候它的赚钱手段也十分原始：根据用户上论坛所用的时间来算钱。虽然当时在瀛海威上网的花销确实是一笔不菲的数字，但是作为中国国内独一无二的互联网公司，仅仅一年时间，瀛海威就有了6000名的注册用户，而到了1998年，瀛海威的注册用户更是超过了6万人。当时的瀛海威，可谓是当之无愧的中国第一互联网公司。

然而作为第一个吃螃蟹的人，瀛海威最终还是倒下了。张树新一直没想明白老百姓需要什么，只是一味按照自己的想法去做技术研发，却忽略了市场需求。瀛海威提出了许多不符合实际的目标，做了许多自以为是的活动，却找不到业绩再次增长的突破口。而这时，国内互联网的"门户时代"来了，许多人建议张树新转型，但她没有听取建议，错过了这一绝佳机会。1997年底，全国入网价格大调整，靠着上网费营利的瀛海威业绩暴跌。一年后，张树新被迫辞职，离开了一手创立的瀛海威，1998年底，瀛海威除总经理外的整个管理团队集体出走。

在瀛海威倒下的地方——中关村，这个被称为"中国硅谷"的地方，见证了中国最早一批互联网创业者。从20世纪90年代，网易、搜狐、新浪等一批门户网站问世，到"BAT"相继成立、互联网走进千家万户，再到微信、移动支付、网络租车、移动视频等海量应用覆盖百姓生活的方方面面……它们和瀛海威一样，敢吃螃蟹，敢啃硬骨头，却比它更加冷静、清醒，比它拥有更多能够借鉴的经验和更加利于发展的环境。它们在北京这座城市里起伏沉落，并一直相信自己"肯定能赢"。

（二）创业英才辈出的世纪之交

创业文化是北京科技创新文化的独特体现，也是重要的精神财富。在世纪之交，伴随着物联网的普及和新经济的加速渗透，北京科技创业的第二波浪潮开始涌现。创业英才从早一辈的陈春先、王洪德、柳传志、王选，到俞敏洪、王志东、曹国伟、李彦宏、雷军等创业浪潮的后起之秀。创业企业也从当初的"两通"、"两海"、联想、方正，迭代为用友、金山、新浪、新东方这些"后浪"品牌。这些铭刻在首都科技创业历程中的人和事，演绎着锐意进取、艰苦奋斗、敢闯敢为的首都创业精神，铭刻在北京科学技术创新发展历史的长廊之上。

1. 企业管理软件界的金字招牌——用友

王文京的经历是20世纪90年代中关村传奇中最典型的一个。他是用友的董事长和首席执行官，他和他的公司非常精准地切中了中关村的核心精神。同时，王文京和中关村第一批的许多创业者一样，也曾经是一名拥有"铁饭碗"的体制内人员。

1983年，王文京从江西财经大学毕业，顺利地进入了国务院机关事务管理局财务管理司工作。虽然他只在机关内干了五年，但是用他自己的话来说，"五年机关工作，尽管思想有这样那样的起伏，但我很庆幸自己没有一天是瞎混的"。无论是单位还是个人，都能证明他所言非虚。就是在这短短的五年内，王文京既起草了《中央国家机关行政单位会计制度》（一直到20世纪90年代，这个制度都在被广泛使用），又实施了中国最早将电子计算机技术应用到中央国家机关行政中去的工作。1985年，王文京和他的同事苏启强受上级指派，一起负责规划和推进行政财务信息管理系统的建设。在这个项目上，他们倾注了整整两年的心血，亲手操持了包括项目规划、硬件选型、软件合作、单位选择等一系列事务。最终，他们成功地将项目推广到了

100多家单位。因为自己的良好表现，王文京在当年被评为中央国家机关先进会计工作者。但更为重要的是，在这为期两年的工作中，王文京和苏启强敏锐地发现了国内对于会计电算化软件的巨大需求。同时，作为机关内的工作人员，他们还积累到了对日后创业来说最为重要的阅历和人脉。

1988年，改革开放进行到了第十个年头。那一年正好是国务院批准建立北京市高新技术产业开发试验区的时间，中关村理所当然地扛起了全国第一面国家高新技术产业开发区的大旗，探寻培育发展高新技术产业的新路子。王文京再也按捺不住了。那时候的中关村风起云涌，各式各样的科技企业在这里汇聚、交融、碰撞，到处充满着生机与活力，以柳传志为代表的一批民营科技企业家站在时代的舞台上挥斥方遒。在王文京看来，那才是他梦想中的赛场。随后，他与同事兼战友苏启强在辞职创业的问题上一拍即合。他们甚至没有选择当时最流行也最保险的停职留薪方式，干脆利落地提交了辞呈，径直走出了国务院机关事务管理局的办公地点。彼时彼刻，王文京只有24岁而已。3个月后，用友财务软件服务社在中关村海淀南路一间不足10平方米的老房子里成立。创业初期，王文京经历了和大多数创业者们一样的困难——缺少设备、缺少人员、缺少资金。王文京和苏启强捏着仅仅5万元的初始资金，每天白天骑着车到处跑业务和推销软件，晚上就回到小小的房子里面编写程序。后来，王文京索性直接睡在了办公室。凭借着扎实过硬的技术和此前积累的人脉，他们很快就卖出了彼此创业生涯当中的第一套软件，这套软件的售价在当时的北京就已经达到了7000元人民币。1989年3月，王文京和苏启强揣着更新过后更加完善的用友财务处理软件参加了北京市的软件交易会，他们的成果吸引了无数人的眼球。半年之后，中国的第一次财务软件专项展示会在北京举行，用友仅在这一次活动中就斩获了金额高达20万元的意向订单。

1990年，在用友财务软件服务社的基础上，王文京和苏启强成立了用友电子财务技术有限公司。这时，他们已经彻底拥有了让用友在市场上立足的产品。其一是王文京开发的1990版用友账务软件，其二则是苏启强开发的UFO财务报表软件，它使得用友崛起并站稳了脚跟。无论在实际应用中，还是在技术含量上，UFO财务报表软件都有着极高的水平。它让用友在很长一段时间里保持着同一行业当中的技术领先地位，强大便捷的功能帮助财务人员们解决了大量烦琐的报表编制工作，它也因此被当时的很多会计从业者评价为"中华第一表"。在这一年之中，用友的员工数量已经从最初的两名发展到了20余名，用户骤增至650家，软件销售额达到200万元。用友财务软件（DOS版）获得了国家财政部的评审，成为首批获得财政部资质认证的财务软件，同时也成为全国会计人员会计电算化资格认证学习过程中普及程度最高的软件。毫无疑问，用友有效地促进了中国会计领域信息化水平的提高。然而，"甜蜜的日子"并没有持续太久。王文京和苏启强因为在公司经营理念方面产生了分歧，这对曾经的铁搭档在1993年选择了分道扬镳，王文京回购了苏启强在用友的所有股份。苏启强则带着这笔钱创办了连邦软件，将正版软件专卖店开到了全国各地。这在当时盗版软件疯狂蔓延、大行其道的背景下不得不说是一股清流。

1995年，基于Windows系统的用友财务软件正式发布。与之前基于DOS系统的那个版本一样，用友财务软件（Windows版）获得了国家财政部的评审。从DOS到Windows，这是用友第一次在平台方面的重大升级。值得注意的是，在这一年的8月24日，微软公司推出了Windows95。这是当时最成功的操作系统，截至那年底就卖出了大约2000万套，它同时也是第一款得到中国网民广泛关注的操作系统。用友的与时俱进，它在此过程中体现出的国际视野、扎实技术，可见一斑。在财务软件方面，用友带领着中国紧跟世界的脚步，共同迈进Windows的时代。1997年，用友开始着力拓宽产品所涉及的领域——从财务扩展到管理（于1998年11月上市的企业资源计划软件U8即这次转型的产物），同时公司搬迁至位于上地的用友大厦。此后，用友用了仅仅4年时间，便顺利地在中国管理软件厂商的行列当中登顶。

2001年的5月18日，用友在上海证券交易所挂牌上市，这是中国第一家成功上市的民营高科技企业。发行当日，用友的股价就高出了每股100元，成交额则突破了17亿元。用市值来估算，当时只有36岁的王文京几乎等于拥有了高达50亿元的身价。

1992年11月，王文京被评为中国优秀民办科技实业家。1994年9月，他被评为中国优秀民营企业家。此外，他曾经当选第九届至第十二届的全国人大代表。同时，他还是2001年的年度经济人物，是2002年的中国软件企业十大领军人物和"亚洲之星"（由美国《商业周刊》杂志评选，王文京是当时中国大陆地区唯一当选的企业家），是2005年的全国劳动模范和五一劳动奖章获得者……2018年10月，在改革开放40周年到来之际，王文京被中共中央统战部和中华全国工商业联合会推荐为百名杰出民营企业家之一。

王文京和他缔造的用友极好地诠释了中关村精神的内涵。数十年以来，不管经济如何发展、方向如何变化，不管各种各样的投资项目如何持续上演着"你方唱罢我登场"的戏码，王文京始终坚持立足本行，把本行做大、做强、做好。回顾用友的发展路线，不难发现它所有的布局都在围绕软件开发这个中心展开，从未发生过大幅度的偏离。对于王文京，美国《财富》杂志曾经有过这样的评价："与中国众多声称以房地产、农业或者资本运作起家的富翁们过于传奇的经历相比，王文京作为知识英雄的故事可信度高，对受过良好教育的年轻创业者来说显得更具参考价值。"

2. 金山和"中国第一程序员"

区别于联想、方正、用友这样发迹于中关村的企业，金山软件公司是从香港的金山公司发展而来的，它的传奇故事也因此呈现出与众不同的别样风貌。

香港金山公司创建于1973年，公司的创始人是爱国港商张铠卿，公司的主要经营业务是IBM个人电脑兼容机的组装与销售。在1980年后，张铠卿将公司交给了自己的儿子张旋龙管理。张旋龙，1956年出生于福建，既是金山公司的创始人，也是方正集团的创始人之一。

1978年，张旋龙随父亲在香港定居，他先后从事过高中教师、工人、导游等多份职业，后来开始协助父亲管理公司。张旋龙虽然只有高中学历，但是却极具商业头脑。他嗅觉敏锐、判断精准，巧妙地抓住了市场对APPLE Ⅱ型个人计算机和兼容机的需求，迅速为公司积累了一定的财富。1984年，张旋龙来到中关村，和当时最早的民营科技企业四通公司做生意，随后又和方正的奠基者王选加强联系，试图拿到方正在海外市场的拓展权。由于王选一开始对张旋龙不甚了解，并不敢轻易相信他，还是通过日后的深入接触，才终于被张旋龙过人的商业本领和超前的思维构想打动。而张旋龙对方正做出的最大贡献，正是协助方正拓展了海外市场，让80%的海外华文报业用上了方正的系统。在王选外，中关村的几代传奇人物也几乎都与张旋龙有过深入的接触或密切的联系。因此，他也被人们尊称为"中关村教父"。不过，张旋龙对科技界的最大贡献，更有可能是作为伯乐挖掘和培养了有着"中国第一程序员"美誉的求伯君。

求伯君，1964年11月26日出生于浙江省绍兴市新昌县。他毕业于中国人民解放军国防科技大学，后来被分配到河北省徐水县石油部物探局的一个仪器厂。他和同时期的那些中关村新秀一样，觉得工作索然无味，一身才华无处施展。然后，他顶着巨大的压力从原单位辞职，带着西山超级文字打印系统加入了当时如日中天的四通公司。一年后，因其个人原因，求伯君要求公司将他调往深圳分公司，经过一番折腾，他最终如愿以偿。不过，公司却要他负责经营类工作，这与他的本行——编程之间有着很大差距，他认为自己无法胜任，便再一次打起了辞职的念头。1989年，求伯君这匹"千里马"被张旋龙相中了，张旋龙邀请他加入香港金山公司，而他的工作主业也再一次回到令他熟悉的编程。加入新公司伊始，求伯君就为自己定下了要开发一个能够挑战Wordstar，也就是中文之星软件的文字处理系统的目标，而这个软件就是后来的WPS1.0。

WPS全称为Word Processing System，最早运行在DOS系统上，是一款兼容性极高的文字处理软件。金山当时有一句口号，是"让我们的软件运行在每一台电脑上"。在这款软件上，求伯君付出了很多很多心血。在1988年至1989年这一年多的时间里，求伯君把自己关在深圳的一个旅店屋子内，不舍昼夜地编写代码，困倦了就在沙发上歇一会儿，饿了就靠方便面果腹，这样高强度的工作对他的身体产生了极大的损害。在开发WPS1.0期间，他前前后后得了三场大病，但即便是这样也没有耽误工作进度，甚至还一度把电脑搬到病房里继续工作。最后的结果显然没有辜负求伯君的努力，WPS1.0凭借着优秀的性能和简单易学的特质，迅速席卷了软件市场，很长时间在国内都属于电脑必装软件。仅仅在WPS1.0发布后的一年时间里，它就售出了超过3万套，获得利润将近7000万元。在1988年至1995年这七年之间，WPS进入了全速发展时期。其间，求伯君单独成立珠海金山电脑有限公司。到了1994年的时候，WPS的用户人数已经要以千万计，它几乎占领了中文文字处理领域的九成市场。也是在1994年的时候，Windows系统登陆中国。那时，金山和微软达成了一纸对WPS命运有着重要影响的协议——通过一定设置，双方文件可以相互读取，Office系列软件对WPS形成了强烈的冲击。

为了面对来自微软的挑战，求伯君带领金山着手开发新一代WPS——"盘古组件"。它包括金山皓月、文字处理、双城电子表、金山英汉双向词典、名片管理、事务管理等，意在对标Office软件家族。但是，这个产品系列并没有能够成功赢得用户的青睐，之前在DOS操作系统中积攒下的领先优势也逐渐丢失，公司因此一度陷入困境，有些员工选择了黯然离开。在启动资金都无法得到保证的时候，求伯君为了反败为胜，开发出基于Windows系统的WPS97软件，不仅贡献出当初开发WPS1.0的奖金，还卖掉了公司奖励自己的一套别墅。最终，WPS97被开发出来。这是一套运行在Windows3.X、Windows95环境下的中文文字处理软件，在保留原有文字编辑方式的同时，支持"所见即所得"的文字处理方式，是中国本土首个在Windows平台上运行的文字处理软件。WPS97一经推出，就取得了不错的商业成绩。这令求伯君宽慰了许多。用他自己的话来说："微软能够做到的事情，中国软件也能做到。"

为了拓宽公司的营收渠道、丰富公司的产品类型，北京金山软件公司在1994年1月成立。除了继续研究、发售WPS系列文字处理软件外，金山还致力于电子游戏、电子词典和杀毒软件等的开发。1998年8月，凭借来自联想的450万美元资金，金山有惊无险地渡过了难关。这次注资无异于雪中送炭，同时也刺激了WPS软件的二次崛起。和这次注资一并发生的还有一件大事：不满30岁的雷军出任金山软件公司总经理，为这家颇具传奇色彩的公司注入了新的活力。2000年底，金山进行股份制改组，雷军改任为北京金山软件股份有限公司的总裁，求伯君则担任董事长。时至今日，金山公司仍然是国内顶级的软件产品和服务供应商之一，在全国拥有多家分公司与机构，产品线覆盖了桌面办公、信息安全、实用工具、游戏娱乐和行业应用等多个领域。

在金山涉足的众多产业之中，尤其值得一提的是电子游戏。1995年5月，金山旗下的游戏工作室西山居成立，这是中国最早的游戏开发工作室，它在1996年1月发布的《中关村启示录》是中国大陆的第一款商业游戏。那些对于金山而言举足轻重的人，也都对电子游戏的意义、价值和它富有的无穷的可能性有着很高的评价，求伯君将它视为"撞击灵魂的工程"，雷军则称它是"释放人类天性和激发智慧的最好方式"。除了较早阶段推出的管理类游戏和策略类游戏，金山的西山居还为中国当代流行文化贡献出了至今仍然被众多玩家所支持和喜爱的《剑侠情缘》系列。其中，《剑侠情缘》的单机作品序列是华语单机游戏繁盛时代里最为璀璨的星星之一，这个极其著名的武侠品牌一度被玩家们和另外两个单机游戏品牌并称为"国产三剑"（意指三款名字中带有"剑"字的优秀中国国产单机游戏，它们大多为武侠、仙侠题材，是中国国产单机游戏玩家们珍贵的共同文化记忆。因为时间变迁，具体是哪三款的说法也有过数次变化，曾经被放进过这个合称里的作品系列有《仙剑奇侠传》《幽城幻剑录》《轩辕剑》《古剑奇谭》）。此外，西山居出品的大型多人在线角色扮演游戏《剑侠情缘网络版叁》更是极富生命力，由它催生的粉丝文艺创作至今仍然十分活跃，是当代青年网络生活中一道亮丽的风景线。

金山的故事有过很多个主题，它们跌宕起伏、波澜壮阔，它们经受过一次次低谷，又必将因自己的坚持迎来一次次高峰。就像奠定金山的WPS那样，在21世纪到来后相当长的一段时间里，中国人独立自主研发的WPS未能撼动微软公司的Office系列软件在国际、国内的行业霸主地位，但是求伯君和金山公司没有停下优化完善WPS软件的脚步，他们一直努力让WPS为广大用户带来绝不逊色于微软公司软件的良好体验。如今，使用WPS代替Office的用户已经越来越多，金山的坚持、求伯君的坚持正在逐渐得到回馈。正如求伯君所说的那样："世界上没有哪一个民族愿意把作为信息产业灵魂的软件产业完全建立在他人的智慧上。全世界优秀软件的决战更是一种文化的碰撞，一场智慧的较量。"

3."我和新浪的故事"

2018年12月2日，时值新浪成立20周年之际，新浪的董事长兼首席执行总裁曹国伟以"我和新浪的故事"为题，向广大网民用户征集他们人生中与新浪有关的点点滴滴。在当代中国，人们的互联网生活中总是能够见到新浪的影子，这从它的前身——四通利方公司那时起，便是如此。

从名字上就能够看出来，四通利方公司与四通公司有着极深的渊源：四通利方公司，乃是王志东在得到来自四通公司的500万港币投资后创立的。王志东，后来在千禧年左右被人列为"网络三剑客"之一（这个称呼是因当时中国的三大门户网站——新浪、网易和搜狐而来的，另外两位"剑客"分别是创立了网易的丁磊和创立了搜狐的张朝阳），出生于广东东莞的一个知识分子家庭，在家庭氛围、个人努力与天资禀赋的加持之下，顺利考入北京大学无线电电子学系求学。在进入北京大学读书前，王志东一直对无线电有着非常高的热情和非常大的兴趣，然而这份热情和兴趣却随着他对电子计算机的接触和了解而逐步发生了转移。他是个富于创意且时时有灵感迸发的人，对他来说，这些要在无线电技术上完成转化实在是有些太缓慢、太昂贵了，电脑这个新鲜事物显然是更好的选择。于是，在大学期间，他就加入了北京大学的计算机小组，认真钻研计算机技术。与此同时，王志东也时常会做一些与电脑技术有关的兼职。毕业前夕，他就在中关村接到了这样一个活儿：让王选给方正做的激光排版系统能够在四通的机器上运行。仅用半个月，王志东就顺利完成了这次兼容任务，他的出色能力也因此被王选知晓，这次事件成为他日后进入方正集团工作的契机。

尽管王志东最终从方正离职，他在软件开发方面的卓越表现却自此广为人知。在经历了几次工作和创业以后，他被当时如日中天的四通集团看中，由他拿着大笔投资成立了四通利方公司。而在此时，这个小伙子也就只有26岁而已。几年之内，他就将四通利方公司打理得蒸蒸日上。四通利方凭借着中文操作系统RichWin，占据了中国大陆计算机中文平台大约八成的预装，公司的资产更是达到了800万美元之多。此后，王志东还亲身前往硅谷，获得了高达650万美元的融资。1996年6月，四通利方公司开通了一个叫作"利方在线"的中文网站，这是中国最早的商业网站之一，同时也是后来为人们所熟知的新浪网的前身。在最早一批上网的用户看来，利方在线是一个充满了美好回忆的地方，并且随着时间流逝被附加了一些传奇色彩。1997年11月，此后被追忆为"中国论坛第一帖"的《大连金州没有眼泪》在利方在线的体育沙龙上发布，这让无数并不相识、素未谋面的人聚集在虚拟的网络空间当中，获得了巨大的情感共鸣。而这，也是此后新浪一直努力为用户提供和营造的东西。

1998年9月，彼时海外最大的华人互联网公司华渊资讯的领导者姜丰年和王志东一拍即合，决意要创建世界范围内最大的中文网站。同年12月，四通利方公司成功完成了对华渊资讯的收购，在中国互联网历史之中有着举足轻重地位的新浪终于宣告了它的正式成立。为这颗冉冉升起的新星，王志东取了"新浪"这个中文名字。众所周知，"新浪"的英文名称是承袭自华渊资讯的"Sina"。"Sina"由两部分构成，前半乃是拉丁文"Sino"，后半则有两种说法，一说其为古印度语中的"Cina"，另一说其为英语词汇"China"，而这些词都是"中国"的意思，它们被合并为"Sina"，王志东又取其发音定下了"新浪"这个中文名称。新浪成立之后，王志东领着它一路披荆斩棘。很快，时间就到了1999年，这无疑是新浪早年发展历程之中最春风得意的一年。在这一年的2月，新浪网获得了来自高盛银行等的2500万美元投资，刷新了那时中国互联网企业取得的风投数额纪录。同年5月，随着新浪网的全面改版和它对重大热点新闻第一时间的全面报道，新浪迅速发展壮大，一度在CNNIC的互联网网站排名中夺得魁首。同年11月，新浪网完成了6000万美元的融资。到了2000年4月，新浪成功在美国的纳斯达克敲钟上市。

然而，在这样犹如鲜花着锦的岁月里，风险和危机也悄然潜伏在新浪的身体中。一方面，在内部，新浪的成立过程中包含着多层级、多方面的合并，在这个庞然的门户网站迅猛发展、一路向前的时候，这些彼此相异的部分并未真正地相融。另一方面，21世纪初，互联网泡沫破灭，全世界的互联网行业都处在惊人的震荡之中，新浪和其他互联网公司一样面对着严峻的整体形势。谁都看得出来，这是一个需要慎之又慎的岔路口。面对挑战，王志东当时选择的解决方案乃是"拆分"，他要将那些没有完全成为一体的内容拆开，将它们按照业务的区别化整为零。但是，这个做法没有得到采用。那时候全球互联网行业都在强调合并和化零为整，试图反其道而行之的王志东也因此被解除了在新浪担任的董事与首席执行总裁职务，这个创立了新浪的"网络剑客"就这样结束了他和新浪的缘分。在此之后的许多年，王志东没有停下脚步，他从未想过放弃自己的创业梦想，而是不断在计算机技术和互联网行业方面寻找机会、播撒梦想。和他一样，新浪在更换了领导班子以后，也不曾有过分秒的停步止息，它在不断创造着自己的新鲜历史。

在2009年，也就是新浪诞生十年的时候，《中国新时代》杂志曾经做过互联网公司特写专题，其中有一篇题为《新浪：五代领导人成就十年路》的特稿，回顾了新浪从在动荡中疯狂成长，到厚积薄发，又迎来太阳的时光，这期间新浪的掌舵人也从最早的沙正志到王志东，从茅道临到汪延。新浪这艘巨轮的"船长""舵手"真正稳定下来，乃是在2006年5月曹国伟正式接过重任之时。曹国伟的学术背景主要在新闻领域，硕士期间他的主业之中又多了一个财务管理、资本运作。在从德州大学奥斯汀分校商业管理学院毕业后，曹国伟曾经先后在安达信和普华永道这两间位于硅谷的会计事务所中任职，并在此期间接触到了大量知名公司丰富多样、极其复杂的上市、兼并和收购案例。在又一次面对硅谷同类企业的邀请时，曹国伟向他的朋友——时任新浪首席运营长的茅道临请教，正是这次请教，改变了曹国伟的一生。1999年，曹国伟入职新浪。半年之后，在他的推动下，新浪成功上市。在他进入新浪后的20年里，他帮助新浪渡过了无数次难关，他让新浪得以在全球性的行业波动中站稳脚跟，让新浪在强敌环伺的情况下奠定了广告霸主的地位。他盘活了新浪，让新浪不再囿于门户网站的局限，为新浪的未来发展找到了新的方向、开辟了新的道路。《新周刊》赞他"以制度立人，以市场立言，热情而冷静，缜密而坚毅，长于战略又精于战术"。这样的溢美之词绝对不能说是过誉。

目前，新浪已经形成了由门户网站、移动应用和社交媒体三方组成的数字媒体网络，内容涵盖新闻、财经、体育、娱乐、科技等多个方面，为用户创造基于自身发散而出的"网络新世界"。如今，新浪最为核心的产品——微博正是由曹国伟拍板开发的。对于微博，在2018年底的"我和新浪的故事"主题征文及讨论当中，作家韩寒回忆道："我的生活有两个节点，一个是出书，另一个就是写博客。出书让我有了收入，博客让我有了跟读者的连接。我从小就被贴过很多标签，每多一个标签就更接近真实的我。微博也一样，每一次更新都跟随着时代的风向，与时代同行。"

和提起网易总是想到丁磊、提起搜狐总是想到张朝阳不一样，新浪的20年里熔铸着很多人的名字，例如王志东、曹国伟。新浪和很多人有过故事，其中既不乏充满创新精神的科技人才，也不乏富有进取之心的管理精英，更不能离开那些见证它成长旅程又被它见证成长旅程的忠实用户。毫无疑问，新浪还将在往后的时间里与很多人缔结下新的故事。

4. "众里寻他千百度"

在千禧年，中国的互联网行业有由"网络三剑客"创立的三大门户网站。如今，中国的互联网行业则有"BAT"——百度、阿里巴巴、腾讯这三大巨头，它们的领导者李彦宏、马云和马化腾则是又一个时代的"三剑客"。在"BAT"中，阿里巴巴的主要阵地在杭州，腾讯的主要阵地在深圳，而百度的主要阵地则在北京。

百度公司成立在21世纪的第一天。2000年1月1日，刚从美国硅谷回国、手握搜索引擎专利技术的李彦宏在中关村创建了百度公司。"百度"之名取自南宋词人辛弃疾《青玉案·元夕》中的"众里寻他千百度"一句，既与百度公司的核心功能有所关联，又与创始者李彦宏本人的心境相互映照——李彦宏是回国到中关村来"寻梦"的。1991年，刚刚从北京大学信息管理专业毕业的李彦宏独自踏上了前往美国求学的道路。1994年，他顺利从纽约州立大学布法罗分校毕业，获得了计算机科学硕士学位，并且毕业时已是道琼斯子公司的一名高级顾问。之后，李彦宏在华尔街打拼了大约三年，在这个鼓励竞争、追求卓越、永不停歇且极度精英化的地方，他被全方位地训练和锻造，不仅技术实力更上一层楼，商业嗅觉也越发敏锐。三年过去，李彦宏离开华尔街，前往硅谷知名搜索引擎公司Infoseek（搜信）工作。硅谷对从业者的磨砺又与华尔街给人带来的影响不同，李彦宏在这里重新寻找到了一种思路："技术本身并不是唯一的决定性因素，商业策略才是真正决胜千里的因素。"怀抱着扎实的技术和全新的视野，李彦宏在1999年底归国，决定在即将腾飞的中国互联网蓝海中创下自己的一番事业。

百度公司最初的主打产品是搜索引擎"百度搜索"，在上线的三年之内，它便已经成为最受中国网民青睐的搜索引擎，并且如今业已成长为全球最大的中文搜索引擎。随着百度搜索在用户群体中站稳脚跟，搜索功能进一步完善，百度又推出了新的产品百度贴吧。百度贴吧一度成为世界最大的中文社区，无数异彩纷呈的故事在这里一幕幕上演，是中文互联网文化达到极度繁盛的一站。2004年，人们不再只能在个人电脑上使用百度，它被搬到了手机这个移动端口上。2005年，百度知道功能上线。在这一年，比百度知道更让人无法忘怀的乃是8月5日百度公司在美国纳斯达克敲钟上市。首日，百度股价一度高达151美元，涨幅更是最高达到惊人的354%，这是至今中国概念股的一次神话，当时无人不为它疯狂。2006年，百度百科功能上线。2007年，百度主页上的"百度搜索"四字正式被"百度一下"所替换，那句简洁直白、朗朗上口的"百度一下，你就知道"被更多人铭记在心……

　　至今，百度已经走过了20个年头。在这些年岁里，百度曾登上过高峰，曾经历过低谷；抓住过时代的脉搏，错失过真正的需求；它在诞生不久就面对了全世界互联网泡沫的破灭，一切还未完全长成、还未顺遂平稳时，就由李彦宏拍板从"to business"改变为"to consumer"；因为用户习惯、技术环境、文化氛围等多个方面的变化，它的核心产品跌落神坛，生存空间不断遭到挤压……转型，或者创新，一直就书写在百度的字典和基因里。每次转型，每次创新，无论是顺利还是艰难，只要它跨过去了，便能望见更高处的风景。

　　时至今日，百度公司已经离开了人们传统认知中的中关村，搬到了被称为"中关村软件园2.0"的后厂村。在上地十街上，百度大厦高高矗立，俨然要在这片中关村精神得到存续与更新的土地上，继续书写属于自己的传奇。2019年2月22日的凌晨，平日在这栋大楼里工作的"百度人"们纷纷收到了一封署名"Robin"的信件，这是来自百度公司创始人、董事长兼首席执行总裁李彦宏的内部全员信。在这封信发出之前，百度公司2018年第四季度及全年未经审计的财务报告已经公布。数据显示，百度在本季度的营业收入为272亿元人民币（约合39.6亿美元），同比增长22%，净利润21亿元（约合3.03亿美元），全年度的总营收则为1023亿元人民币（约合148.8亿美元），同比增长28%。

在信件中，李彦宏对百度在2018年取得的进步进行了梳理。首先，在移动领域，百度旗下多款移动产品发展迅猛，移动基础更加扎实，移动生态更加繁荣。同时，AI技术的创新和应用向消费市场拓展，AI商业化的探索初见成效。除此之外，人工智能业务的竞争实力增强，向着更加广泛的领域进行着更加深层的渗透。最后，在无人驾驶技术与智能网联汽车领域，百度更是成果颇丰。于2018年11月发布的Apollo 3.5，"覆盖更多、更复杂的自动驾驶场景，支持市中心、住宅小区等城市道路路况"。百度"还开源了Apollo车路协同的技术服务和解决方案，正在与多地政府达成合作意向，以智能交通缓解出行拥堵、改善道路安全"。在这一年，百度"与金龙汽车合作推出的阿波龙，不仅是全球首款量产L4级车型，更成为当今千万用户印象中'无人车'的形象代言。第四季度，一汽和沃尔沃也成为Apollo合作伙伴，共同生产商用L4级轿车。在Apollo的推动下，自动驾驶技术正在向智能交通、自动泊车等多种场景不断渗透"。

在20世纪末的美国硅谷，李彦宏认为自己摆正了技术与商业的位置。而在21世纪第二个10年的末尾，李彦宏再次判断了这个时代的关键词。在上述这封百度内部信的结尾，李彦宏这样说道："2018年，中国互联网的发展已经从用户红利期逐步进入技术红利期。这意味着技术的价值和意义正被重新认识、重新评估。这对于百度来说，是战略，是优势，更是机遇。"为了应对新的形式，百度"将继续坚定'夯实移动基础，决胜AI时代'的战略，聚焦主航道，打好关键战役，构建开放共赢的生态圈"。百度将继续增加在人工智能领域的投入，百度将"始终坚守积极、正向的AI伦理观，让人工智能成为服务社会、助人成长的变革力量"。

在故事开始的地方，"众里寻他千百度"划过李彦宏的脑海，百度因此得名。而今，时光如水般流过，百度的"寻梦"之旅亦将再次启航。

第五章

时代担当：北京科技创新服务创新型国家建设

第一节　新时代北京发展迎来的机遇和挑战

一、新时代、新使命、新篇章

（一）新一轮科技革命蓄势待发

2016年5月31日，习近平总书记在全国科技创新大会、两院院士大会、中国科协第九次全国代表大会上发表重要讲话，对科技革命及其影响做出了深刻论述："历史经验表明，科技革命总是能够深刻改变世界发展格局。16、17世纪的科学革命标志着人类知识增长的重大转折。18世纪出现了蒸汽机等重大发明，成就了第一次工业革命，开启了人类社会现代化历程。19世纪，科学技术突飞猛进，催生了由机械化转向电气化的第二次工业革命。20世纪前期，量子论、相对论的诞生形成了第二次科学革命，继而发生了信息科学、生命科学变革，基于新科学知识的重大技术突破层出不穷，引发了以航空、电子技术、核能、航天、计算机、互联网等为里程碑的技术革命，极大提高了人类认识自然、利用自然的能力和社会生产力水平。一些国家抓住科技革命的难得机遇，实现了经济实力、科技实力、国防实力迅速增强，综合国力快速提升"。

进入21世纪，新一轮的科技革命和产业变革正在孕育兴起，信息技术、生物技术、新材料技术、新能源技术广泛渗透，带动了以绿色、智能、泛在为特征的群体性技术突破，重大颠覆性创新不时出现，对国际政治、经济、军事、安全等均产生着深刻影响，甚至改变着国家力量的对比，成为重塑世界经济结构和竞争格局的关键。创新已经成为大国竞争的新赛场，谁主导创新，谁就能主导赛场规则和比赛进程。为抢占战略制高点，各国纷纷提出创新战略。2013年3月4日，习近平总书记在全国政协十二届一次会议科协、科技界委员联组讨论时的讲话中指出："现在世界科技发展有这样几个趋势：一是移动互联网、智能终端、大数据、云计算、高端芯片等新一代信息技术发展将带动众多产业变革和创新，二是围绕新能源、气候变化、空间、海洋开发的技术创新更加密集，三是绿色经济、低碳技术等新兴产业蓬勃兴起，四是生命科学、生物技术带动形成庞大的健康、现代农业、生物能源、生物制造、环保等产业。"这反映了中央领导对世界科技创新发展革命引发新一轮产业变革的深刻洞察。①

美国于2009年、2011年、2015年连续出台三版创新战略。根据2015年美国创新战略，美国提出了六大创新要素和九大重点领域。这六大创新要素是：（1）投资创新基础要素。包括：在基础研究方面进行世界领先的投资；推进高质量的科学、技术、工程、数学的教育；开辟移民路径以帮助推动创新型经济；建设一流的21世纪基础设施；建设下一代数字基础设施。（2）激发私营部门创新。包括：加强研究与实验税收抵免；支持创新的企业家；确保适当的创新框架条件；将公开的政府数据授权于创新人员；从实验室到市场，资助研究商业化；支持区域性创新生态系统的发展；帮助创新的美国企业在国外竞争。（3）营造一个创新者的国家。通过激励奖励激发美国民众的创造力，通过多种方式挖掘创新人才。（4）创造高质量就业岗位和持续经济增长。技术创新是美国经济增长的关键来源，将加强美国先进制造的领先地位、投资未来产业、建设包容性创新经济列为优先领域协调工作，以期对就业岗位和经济增长有重大影响。（5）推动国家优先领域突破。在国家优先领域创新影响的最大化意味着确定重点投资领域能够取得变革性结果，以满足国家和世界面临的挑战。（6）建设创新型政府服务大众。借助于人才、创新思维及技术工具适当组合，政府能够为民众提供更好的服务效果。具体行动包括：采取创新的工具包解决公共部门问题；在创新实验室培育创新文化革新；通过更高效的数字服务传递，为美国民众提供更好的服务；提升政府解决社会

---

① 新一轮产业革命正在孕育之中［EB/OL］.人民网－理论频道，2017-02-15. http://theory.people.com.cn/n1/2017/0215/c410789-29081875.html.

问题的能力，推动社会创新。此外，美国政府将先进制造、精准医学、大脑计划、先进汽车、智慧城市、清洁能源和节能技术、教育技术、太空探索、计算机新领域这九大领域作为重点突破的科技领域，投入大量资源从事研发创新。

德国政府提出实施工业4.0战略，并在2013年的汉诺威工业博览会上正式推出，其目的是提高德国工业的竞争力，在新一轮工业革命中占领先机。工业4.0战略利用信息通信技术把产品、机器、资源和人有机结合在一起，通过信息通信技术建立一个高度灵活的个性化和数字化的智能制造模式，包括三个主题：一是"智能工厂"，重点研究智能化生产系统及过程，以及网络化分布式生产设施的实现。二是"智能生产"，主要涉及整个企业的生产物流管理、人机互动以及3D技术在工业生产过程中的应用等。该计划将特别注重吸引中小企业参与，力图使中小企业成为新一代智能化生产技术的使用者和受益者，同时也成为先进工业生产技术的创造者和供应者。三是"智能物流"，主要通过互联网、物联网、物流网，整合物流资源，充分发挥现有物流资源供应方的效率，而需求方则能够快速获得服务匹配，得到物流支持。通过工业4.0战略的实施，德国将成为新一代工业生产技术（即信息物理系统）的供应国和主导市场，会使德国在继续保持国内制造业发展的前提下再次提升它的全球竞争力。

自2007年出台《日本创新战略2025》、2010年出台《未来10年经济增长战略》后，2015年，日本又推出了"新成长战略"的一揽子经济改革计划，具体包括《经济财政运营与改革基本方针》《日本再兴战略》《规制改革实施计划》。"新成长战略"在原经济成长战略基础上进行修订，提出了促进产业振兴、设立战略特区、推动科技创新、拓展国际市场等举措，旨在振兴日本企业，带领日本经济走出20年的萎靡不振。为推动"新成长战略"的落实，安倍内阁提出以下几项重要的改革议题：一是加快结构改革，促进产业振兴。通过企业税制结构改革，提高企业国际竞争力。二是设立战略特区，推进规制改革。为了增强地方竞争力，日本政府决定加速推进国家战略特区建设，在特区内加快各项规制改革，强化全球化金融监管功能，设立一体化综合保税区，有效利用外国劳务人员，加强高校治理改革，推进义务教育机构民营化。三是扩大外部需求，拓展国际市场。除了推进国内结构改革外，日本政府通过推进跨太平洋伙伴关系协定（TPP）谈判，加快区域全面经济伙伴关系协定（RCEP）、中日韩自贸区、日本与欧盟的经济合作伙伴关系协定（EPA）等经济合作谈判进程，进一步扩大外需，拓展国际市场。四是推动科技创新，力争成为"知识产权国"。日本政府将加快推进科技创新，实现世界上最高水平的信息化社会，力争成为世界最尖端的"知识产权国"。

正如习近平总书记指出的："我们迎来了世界新一轮科技革命和产业变革同我国转变发展方式的历史性交汇期，既面临着千载难逢的历史机遇，又面临着差距拉大的严峻挑战。我们必须清醒认识，有的历史性交汇期可能产生同频共振，有的历史性交汇期也可能擦肩而过。"总书记的重要论述清晰地指明了我国科技发展所处的历史方位。我们要实现建成社会主义现代化强国的伟大目标，实现中华民族伟大复兴的中国梦，必须紧紧抓住新一轮科技革命和产业变革重大机遇，与之同频共振，加快建设世界科技强国。

（二）新时代中国科技创新任重道远

经过改革开放多年发展，2010年起中国经济总量已跃居世界第二，制造业规模已经是世界第一。中国经济已经进入重大转型期，企业原先熟悉的投资驱动、规模扩张、出口导向的发展模式已经发生了重大转变。支撑中国经济发展的要素条件正在发生变化，劳动力、资源、环境成本都在提高，旧有的发展模式空间越来越小。单纯靠规模扩张推动发展会产生严重的产能过剩，这条路不能再走下去了。在新的时代背景下，创新从未像今天这样深刻影响着国家前途命运和人民生活福祉。推动经济转型发展是中国经济历经40多年高速增长之后实现可持续发展的必然选择，是适应新时代、新常态的必然要求，是贯彻落实新发展理念的必然要求，是遵循经济发展客观规律的必然结果，具有历史必然性。

一是传统要素驱动增长模式缺乏可持续性。中国经济以往的高速增长创造了世界经济史上的"中国奇迹"，但这种增长很大程度上是建立在消耗低成本劳动力、土地等要素所取得的，随着劳动力等要素成本持续上升，环境承载压力越来越大。一方面，中国"人口红利"优势不再凸显，根据预测显示，到2050年中国人口老龄化率将提高到34%，老龄人口将达峰值4.87亿，随着人口老龄化的到来，中国"人口红利"的时代将一去不复返。另一方面，自然资源总量难以为继。经济发展不仅依赖于人力资源，对自然资源的依赖度也非常高。从总量上看，中国是资源大国，但从人均占有量上看，中国又是资源小国，如人均占有石油和天然气仅为世界平均水平的1/5。随着城市化和工业化进程的加快，高楼大厦鳞次栉比、工厂林立，土地资源却呈下降趋势。面临能源紧张的危机，中国不得不从国外进口大量能源。但随着中国经济总量的不断扩大、资源禀赋供给达到极限，这种粗放式、外延式的经济发展方式必将难以为继。

二是环境承载能力达到极限。相较于发达国家，长期以来中国的能源消耗依然比较粗放，以牺牲生态环境获取短期经济利益的做法是不可取的。过去几十年的粗放型经济发展模式无节制地消耗自然资源、不尊重自然规律，盲目开发、过度开发、无序开发，超过了自然承载能力的极限，水污染、大气污染等各种环境问题接连不断，造成了严重的生态危机。根据《国家创新指数报告2018》，2016年中国单位能源能耗产出为3.59美元/千克标准油，而同期美国、英国、德国、法国、日本、瑞士分别为8.25美元/千克标准油、15.87美元/千克标准油、10.82美元/千克标准油、9.82美元/千克标准油、10.07美元/千克标准油、27.35美元/千克标准油。随着人们从满足物质需求逐渐转向对美好生活的向往，对经济的高质量发展和人与自然的和谐共处提出了更高的要求，生态环境的重要性不仅关乎人民群众的切身利益，更关系着民族未来。

三是核心技术受制于人。由于缺乏核心技术，中国许多制造业产品都处于价值链低端，体现在价值链中间段的加工、组装和制造环节，即"微笑曲线"低端。2016年4月19日，习近平总书记主持召开网络安全和信息化工作座谈会，做了一个形象而又令人警醒的比喻："一个企业即便规模再大、市值再高，如果核心元器件严重依赖外国，供应链的'命门'掌握在别人手里，那就好比在别人的墙基上砌房子，再大再漂亮也可能经不起风雨，甚至会不堪一击。"核心技术是国之重器，没有核心技术，只会受制于人。尤其是在当今世界，关键核心技术越来越难以获得，当前单边主义、贸易保护主义盛行的情况下，中国不能再幻想靠"化缘"获得核心技术，而必须走自力更生之路，必须坚定不移地实施创新战略，把核心技术掌握在自己手中。①

二、创新驱动发展战略全面实施

（一）新时代创新蓝图徐徐展开

改革开放以来，中国根据自己的资源禀赋和比较优势，选择了要素驱动和投资驱动的发展模式，这是与我国当时的国情和发展阶段相适应的现实选择，在实践上也取得了成功，创造了连续30余年高速发展的经济奇迹。著名管理学家迈克尔·波特将经济发展划分为四个阶段：第一阶段是廉价劳动力、自然资源等"生产要素驱动发展阶段"；第二阶段是大规模投资、改善技术装备成为支持经济发展主要因素的"投资驱动发展阶段"；第三阶段是创新能力成为驱动经济发展主要动力的"创新驱动发展阶段"；第四阶段是"财务驱动发展阶段"。②按照波特的观点，过去长期以来，中国经济呈现出鲜明的"生产要素驱动"和"投资驱动"发展特征，这种发展模式延续到尽头，使我们面临资源紧缺和环境污染带来的巨大压力。特别是2008年爆

---

① 赵卢雷，沈伯平.新时代背景下实施创新驱动发展战略的若干思考［J］.改革与战略，2020（02）：68-79.

② 迈克尔·波特.国家竞争优势［M］.北京：九州出版社，2006.

发了席卷全球的金融危机，西方发达国家纷纷主动调整产业结构和消费模式，对全球产业分工造成了严重影响，对我国传统发展模式带来前所未有的冲击。如果我们不及时、果断地转变发展理念，我们就可能重蹈拉美国家的覆辙，陷入中等收入国家发展停滞的陷阱而不能自拔。①

时代的发展推动着中国步入了新纪元，必须走以知识和科技为先导的创新驱动发展之路。党的十八大提出"科技创新是提高社会生产力和综合国力的战略支撑，必须摆在国家发展全局的核心位置"。党的十八大以来，以习近平总书记为核心的党中央高度重视科技创新，对实施创新驱动发展战略做出顶层设计和系统部署。强调要坚持走中国特色自主创新道路、实施创新驱动发展战略。这是我们党放眼世界、立足全局、面向未来做出的重大决策。

党的十八大做出了实施创新驱动发展战略的重大部署，强调科技创新是提高社会生产力和综合国力的战略支撑，必须摆在国家发展全局的核心位置。这是党中央综合分析国内外大势、立足国家发展全局做出的重大战略抉择，具有十分重大的意义。②习近平强调："实施创新驱动发展战略是一项系统工程，涉及方方面面的工作，需要做的事情很多。最为紧迫的是要进一步解放思想，加快科技体制改革步伐，破除一切束缚创新驱动发展的观念和体制机制障碍。"就此，总书记特别强调五个"着力"：（1）着力推动科技创新与经济社会发展紧密结合，处理好政府和市场的关系，让企业真正成为技术创新的主体。（2）着力增强自主创新能力，努力掌握关键核心技术。坚持科技面向经济社会发展的导向，围绕产业链部署创新链，围绕创新链完善资金链，消除科技创新中的"孤岛现象"，破除制约科技成果转移扩散的障碍，提升国家创新体系整体效能。（3）着力完善人才发展机制，建

① 陈鹏飞，贾惠霞，刘金石.创新驱动发展：战略意义与路径选择［J］.战略咨询，2013（4）.

② 中共中央政治局举行第九次集体学习 习近平主持［EB/OL］.http：//www.gov.cn/ldhd/2013-10/01/content_2499370.htm.

立更为灵活的人才管理机制，打通人才流动、使用、发挥作用中的体制机制障碍，最大限度支持和帮助科技人员创新创业，吸引更多海外创新人才到我国工作。（4）着力营造良好政策环境，引导企业和社会增加研发投入，加强知识产权保护工作，完善推动企业技术创新的税收政策，加大资本市场对科技型企业的支持力度。（5）着力扩大科技开放合作，充分利用全球创新资源，在更高起点上推进自主创新，并同国际科技界携手努力为应对全球共同挑战做出应有贡献。

2016年5月30日，全国科技创新大会在北京召开，习近平总书记提出"为建设世界科技强国而奋斗"的目标，并发布《国家创新驱动发展战略纲要》（简称《纲要》），为创新驱动发展战略做出了明确的顶层设计。《纲要》明确提出"三步走"战略目标：

第一步，到2020年进入创新型国家行列。基本建成中国特色国家创新体系，有力支撑全面建成小康社会目标的实现。创新型经济格局初步形成。若干重点产业进入全球价值链中高端，成长起一批具有国际竞争力的创新型企业和产业集群。科技进步贡献率提高到60%以上，知识密集型服务业增加值占国内生产总值的20%。自主创新能力大幅提升。形成面向未来发展、迎接科技革命、促进产业变革的创新布局，突破制约经济社会发展和国家安全的一系列重大瓶颈问题，初步扭转关键核心技术长期受制于人的被动局面，在若干战略必争领域形成独特优势，为国家繁荣发展提供战略储备、拓展战略空间。研究与试验发展（R&D）经费支出占国内生产总值比重达到2.5%。创新体系协同高效。科技与经济融合更加顺畅，创新主体充满活力，创新链条有机衔接，创新治理更加科学，创新效率大幅提高。创新环境更加优化。激励创新的政策法规更加健全，知识产权保护更加严格，形成崇尚创新创业、勇于创新创业、激励创新创业的价值导向和文化氛围。

第二步，到2030年跻身创新型国家前列。发展驱动力实现根本转换，经济社会发展水平和国际竞争力大幅提升，为建成经济强国和共同富裕社会奠定坚实基础。主要产业进入全球价值链中高端。不断创造新技术和新产品、新模式和新业态、新需求和新市场，实现更可持续的发展、更高质量的就业、更高水平的收入、更高品质的生活。总体上扭转科技创新以跟踪为主的局面。在若干战略领域由并行走向领跑，形成引领全球学术发展的中国学派，产出对世界科技发展和人类文明进步有重要影响的原创成果。攻克制约国防科技的主要瓶颈问题。研究与试验发展（R&D）经费支出占国内生产总值比重达到2.8%。国家创新体系更加完备。实现科技与经济深度融合、相互促进。创新文化氛围浓厚，法治保障有力，全社会形成创新活力竞相迸发、创新源泉不断涌流的生动局面。

第三步，到2050年建成世界科技创新强国。成为世界主要科学中心和创新高地，为我国建成富强民主文明和谐的社会主义现代化国家、实现中华民族伟大复兴的中国梦提供强大支撑。科技和人才成为国力强盛最重要的战略资源，创新成为政策制定和制度安排的核心因素。劳动生产率、社会生产力提高主要依靠科技进步和全面创新，经济发展质量高、能源资源消耗低、产业核心竞争力强。国防科技达到世界领先水平。拥有一批世界一流的科研机构、研究型大学和创新型企业，涌现出一批重大原创性科学成果和国际顶尖水平的科学大师，成为全球高端人才创新创业的重要聚集地。创新的制度环境、市场环境和文化环境更加优化，尊重知识、崇尚创新、保护产权、包容多元成为全社会的共同理念和价值导向。

（二）创新驱动发展进入新时代

党的十八大以来，习近平发表一系列重要讲话，深刻阐释创新驱动发展战略的丰富内涵。在核心理念上，鲜明提出"创新是引领发展的第一动力"，强调抓创新就是抓发展、谋创新就是谋未来；在战略目标上，以建设世界科技强国为总牵引，提出创新驱动发展战略"三步走"目标，与"两个一百年"奋斗目标紧密呼应、高度契合；在创新体系上，既强调科技创新在全面创新中的核心地位，又强调协同推进发展理念、体制机制、商业模式等创新，系统构建国家创新体系。

在习近平新时代中国特色社会主义思想指引下，《国家创新驱动发展战略纲要》全面实施，科技体制机制改革、中央财政科技计划管理改革、人才发展体制机制改革、全面创新改革试验和促进科技成果转化等一系列重大改革措施密集出台，建设具有全球影响力的科技创新中心、组建综合性国家科学中心、谋划启动国家实验室建设和实施"科技创新2030—重大项目"等一系列重大战略部署加快推进，我国科技创新能力和水平实现巨大跃升，为经济发展注入强劲动力，以创新为主要引领和支撑的经济体系和发展模式逐渐形成，我国创新驱动发展进入新时代。主要体现在推动实现三个重大历史性转变上：

一是自主创新能力显著提升。过去，中国一直在追赶世界科技的潮流，尽管科技工作者和相关领域的从业者们勤勤恳恳、兢兢业业，尽管国家的政策和资源一直在为科技事业的高速前进提供加速度，但是在成熟的开发度已很高的技术跑道上，中国作为后发国家的劣势还是难以完全消弭，在致力于追赶和超越领先的选手时，很难真正以自身的创新去影响和引领世界科技之潮，而新兴科技产业这一尚未被开垦的处女地中正蕴含着无限新的可能。创新驱动发展战略的实施，标志着中国科技"弯道超车"，开始从"跟跑"向"并跑""领跑"转变。近年来，我国科技进入迅猛发展期，重大创新成果不断涌现，一些重要领域跻身国际并跑行列，部分领域达到国际领先水平，已成为仅次于美国的世界第二大知识产出国。从研究成果看，在基础研究领域，量子信息、高温超导、中微子振荡、干细胞和基因编辑、纳米催化等领域都取得大批世界领先的原创成果，化学、物理、材料、数学、地学等主流学科进入世界前列。在战略高技术领域，空间科技、深海探测、超级计算、新一代高铁、核能技术、天然气水合物勘查开发等创新成就举世瞩目。在国际竞争最激烈的前沿方向，如量子通信领域，我国科学家捷报频传，牢牢占领创新制高点，从基础研究到工程技术全面保持领先地位；在人工智能领域，在高端人才、领军企业、创业投资特别是大数据和应用落地等关键环节已显现中美"双雄"格局。从研发投入看，作为全球第二大研发经费投入国，2016年我国全社会研究与试验发展（R&D）经费支出达19678亿元，比2012年增长92.1%；研究与试验发展（R&D）经费投入强度达到2.19%，连续5年超过2%，再创历史新高；自2013年研究与试验发展（R&D）经费总量超过日本以来，我国的研究与试验发展（R&D）经费投入一直稳居世界第二，2018年研发投入强度首次高过欧盟15国平均水平（2.13%）；我国全时研发人员419万人/年，约占全球总量的1/3，连续6年居世界首位[①]。从创新主体看，在国际公认的衡量基础研究影响力的"自然指数"排行榜上，中国科学院连续多年综合排名全球第一，多所中国大学跻身全球大学50强；一些中国企业的创新能力也迅速提升。这些都表明，我国科技发展已经站在新的历史起点上，科技创新能力正从量的积累向质的飞跃转变、从点的突破向系统能力提升转变，具备了从科技大国迈向科技强国的重要基础。

二是经济发展动力转化。科技创新与经济社会发展的关系实现从"面向、依靠、服务"到"融合、支撑、引领"转变。推动我国科技随着创新驱动发展战略的深入实施，科技创新加速突破应用瓶颈，有力促进了经济发展传统动能改造提升和新动能不断成长，科技进步贡献率由2012年的50%左右提高至2018年的58.5%，科技创新与经济社会发展水乳交融、互联共进的创新型经济新格局逐步形成。发展高技术产业是实施创新驱动发展战略的核心抓手。在很多高技术领域，科学、技术与产业交叉渗透融合。如人工智能领域，基础理论、前沿技术、集成应用等创新链的不同环节已融为一体。《中国制造2025》规划的新一代信息技术产业等十大重点领域也都强调技术突破与产业融通融合，全面提升制造业整体水平。在这一创新战略导向的支撑引领下，我国高技术产业经历了前所未有的"战略上升期"，随着创新驱动发展战略的大力实施，新产业、新业态、新商业模式层出不穷，新技术、新产品、新服务不断涌现，新动能成为保持经济平稳增长的

---

① 国家统计局，科技部，财政部.2018年全国科技经费投入统计公报［EB/OL］. http://www.gov.cn/xinwen/2019-08/30/content_5425835.htm?utm_source=UfqiNews.

重要动力。2018年，规模以上工业战略性新兴产业增加值比2017年增长8.9%，规模以上工业高技术产业增加值比上年增长11.7%，分别高于整个规模以上工业2.7个和5.5个百分点①。集成电路制造、移动通信、新一代高铁、新能源汽车、核电技术、"数控一代"等高技术攻关和应用示范工程，有力带动了传统产业转型升级和战略性新兴产业发展，推动我国重要产业向全球价值链中高端攀升，为塑造引领型发展积蓄强大新动能。

科技创新全球竞争力显著提升，推动我国实现从被动跟随到主动挺进世界舞台中心的历史性转变。我国及时抢抓历史机遇，前瞻布局，主动作为，成为多极化全球创新版图中日益重要的增长极。据中国科学院发布的《2016研究前沿》报告，在180个国际热点和新兴前沿中，我国在30个研究前沿表现卓越，仅次于美国。中国科学技术发展战略研究院发布的《国家创新指数报告2018》显示，我国创新指数排名全球第十七位，是唯一进入前20位的发展中国家。②从研发投入变化看，从2000年到2015年，美国研发投入占全球比重由41.5%下降到34.6%，日本由21.9%下降到9.9%，我国则从1.7%上升到15.6%，居世界第二位。据普华永道"全球创新1000强"调查结果，我国是仅次于美国的全球第二大重要研发活动地。从国际合作角度看，我国已成为世界第四大科研合作国，全球发表的多作者科技论文中超过一半有中国科学家的贡献。高技术产业发展水平是衡量国家创新竞争力的重要指标。2012年，在世界500强企业的高技术企业中，我国只有1家企业入围，到2016年有11家企业入围，超过日本的6家，与美国19家的相对差距也明显缩小。在全球互联网企业10强中，我国企业占据4席。

这些重大创新成就，体现了我国快速崛起的科技实力和创新能

---

① 国家统计局相关负责人解读2018年主要经济数据：稳中有进 迈向高质量发展 [EB/OL].http://www.ce.cn/xwzx/gnsz/gdxw/201901/23/t20190123_31331467.shtml.

② 中国国家科学技术发展战略研究院.国家创新指数报告2018[EB/OL].http://www.most.gov.cn/kjbgz/201907/t20190705_147465.htm.

力，彰显了世界科技发展的中国贡献，前所未有地提振了全社会的创新自信，激发了全民族的创新热情，开辟了建设世界科技强国的广阔前景。

三、"四个中心"战略定位引领北京新发展

进入新时代，随着中国日益走近世界舞台的中央，作为大国首都的北京，也全面展现出新的时代面貌。经过改革开放以来多年的快速发展，北京这座千年古都已经成为现代化国际大都市，但也出现了人口功能过度膨胀、环境恶化、交通拥堵等"大城市病"，传统的超级城市发展模式已经不能适应大国崛起、民族复兴的时代诉求，与中国特色大国首都的功能定位不相匹配，与国际一流的和谐宜居之都的长远目标不相匹配。作为大国首都，北京的城市发展必须牢固树立新发展理念，妥善处理好"都"和"城"的关系，优化产业结构，强化创新发展，建设现代化经济体系，推动高质量发展。

党的十八大以来，习近平总书记多次视察北京，对北京发表重要讲话，亲自主持中央政治局常委会会议听取北京城市总体规划编制工作汇报，对首都工作做出一系列重要指示，系统阐述了关系首都发展的方向性、根本性问题，深刻回答了"建设一个什么样的首都，怎样建设首都"这一重大时代课题，为首都当前和今后长期发展提供了根本遵循。

2013年，中共中央政治局到中关村集体学习，习近平总书记提出中关村要加快向具有全球影响力的科技创新中心进军。2014年，习近平总书记在视察北京时，要求北京明确城市战略定位，坚持和强化首都"全国政治中心、文化中心、国际交往中心、科技创新中心"的核心功能，明确将科技创新中心作为北京的首都核心功能之一。在功能定位基础上，习近平总书记指出北京产业发展的高端化、服务化、集聚化、融合化、低碳化方向。这是习近平总书记为破解特大城市发展难题、促进首都更好发展做出的决策部署。2017年，习近平总书记在视察北京时强调，"北京的发展要着眼于可持续，在转变动

力、创新模式、提升水平上下功夫，发挥科技和人才优势，努力打造发展新高地"。在审议《北京城市总体规划（2016年—2035年）》时，习近平总书记强调首都建设要始终围绕"四个中心"城市战略定位，靠"创新发展"，通过舍弃"白菜帮子"、精选"菜心"，调整经济结构，对首都高精尖经济发展提出了具体指导。以科技创新中心功能为战略引领和根本遵循实现首都经济创新发展，已成为在习近平新时代中国特色社会主义思想指导下首都经济建设的重要方略。

根据《北京城市总体规划（2016年—2035年）》，将"国际一流和谐宜居之都"作为新时代首都发展目标，并提出了"三步走"的发展战略：到2020年，建设国际一流的和谐宜居之都取得重大进展，率先全面建成小康社会，疏解非首都功能取得明显成效，"大城市病"等突出问题得到缓解，首都功能明显增强，初步形成京津冀协同发展、互利共赢的新局面。到2035年，初步建成国际一流的和谐宜居之都，"大城市病"治理取得显著成效，首都功能更加优化，城市综合竞争力进入世界前列，京津冀世界级城市群的构架基本形成。到2050年，全面建成更高水平的国际一流的和谐宜居之都，成为富强民主文明和谐美丽的社会主义现代化强国首都、更加具有全球影响力的大国首都、超大城市可持续发展的典范，建成以首都为核心、生态环境良好、经济文化发达、社会和谐稳定的世界级城市群。

站在新的历史起点上，首都发展开启了新的征程。当前，首都发展应当加快转型：从单一城市发展转向京津冀协同发展；从"聚集资源求增长"转向"疏解功能谋发展"。这是破解"大城市病"难题，解决人民日益增长的美好生活需要和不平衡不充分的发展之间的矛盾，建设国际一流的和谐宜居之都的迫切要求。

第二节　全国科技创新中心建设赋予北京新使命

一、全国科技创新中心建设谋篇布局

（一）全国科技创新中心的战略布局和定位

全国科技创新中心是国家科技实力的核心依托，是新知识、新技术、新产品、新产业的策源地，同时也是先进文化和先进制度的先行者。[1]当前，世界正迎来百年未有之大变局，积极谋划建设具有全球影响力的科技创新中心，是应对未来科技革命挑战，增强国家竞争力的重要举措；也是新时代党中央、国务院赋予北京新的使命和战略定位。以科技创新中心建设引领首都经济发展，是习近平总书记首都建设思想的重要方略。科技创新中心是提升自主创新能力的战略引擎，北京建设全国科技创新中心是中国特色自主创新道路的重要组成部分。市委书记蔡奇指出，对北京来说，减量发展是特征，创新发展是出路，而且是唯一出路。市长陈吉宁提出，北京最大的优势，就是人才的优势和科技的优势。《北京城市总体规划（2016年—2035年）》提出："科技创新中心建设要充分发挥丰富的科技资源优势，不断提高自主创新能力，在基础研究和战略高技术领域抢占全球科技制高点，加快建设具有全球影响力的全国科技创新中心，努力打造世界高端企业总部聚集之都、世界高端人才聚集之都。"

2016年，国务院印发《北京加强全国科技创新中心建设总体方案》，明确了北京加强全国科技创新中心建设的总体思路、发展目标、重点任务和保障措施，为全国科技创新中心建设做出了明确的战略指引。方案提出按照"三步走"方针，不断加强北京全国科技创新中

---

[1]　丁明磊，王革.中国的全球科技创新中心建设：战略与路径［J］.人民论坛学术前沿，2020（03）.

心建设，使北京成为全球科技创新引领者、高端经济增长极、创新人才首选地、文化创新先行区和生态建设示范城。第一步，到2017年，科技创新动力、活力和能力明显增强，科技创新质量实现新跨越，开放创新、创新创业生态引领全国，北京全国科技创新中心建设初具规模。第二步，到2020年，北京全国科技创新中心的核心功能进一步强化，科技创新体系更加完善，科技创新能力引领全国，形成全国高端引领型产业研发集聚区、创新驱动发展示范区和京津冀协同创新共同体的核心支撑区，成为具有全球影响力的科技创新中心，支撑我国进入创新型国家行列。第三步，到2030年，北京全国科技创新中心的核心功能更加优化，成为全球创新网络的重要力量，成为引领世界创新的新引擎，为我国跻身创新型国家前列提供有力支撑。

建设全国科技创新中心，标志着北京科技从强调支撑自身发展，向辐射引领带动全国创新发展、参与国际竞争合作的转变，是科技发展理念的升级。北京市科技主动提高站位，发挥引领带头作用，积极应对风险挑战，加快推进科技创新中心建设，努力争当世界科技强国建设排头兵，有力支撑了创新型国家建设，主要体现在以下几个方面：

一是建设科技创新中心是引领我国共性关键技术供给的战略引擎。习近平总书记将掌握关键、核心、共性技术作为自主创新能力提升的标志，强调要构建"高效强大的共性关键技术供给体系"，重视实施"非对称"赶超战略，推进在关键领域、卡脖子的地方实现技术突破。北京是我国高端创新资源的集聚地、国家重大科技专项和科技基础设施的集中承载地。北京通过加强承接实施重大科技专项、科技基础设施等国家科技创新战略，能够推进知识创新和技术创新，持续深入开展基础性、系统性、前沿性技术研发，增强原始创新能力，加强自主创新成果的源头供给，提升我国原始创新策源地的地位。

二是科技创新中心建设为我国创新驱动发展提供制度创新示范。北京科技创新中心是深化科技体制改革，并以科技体制改革引领全面创新改革，带动完善创新驱动发展体制机制的桥头堡。北京科技创新中心建设的根本任务之一，就是为创新成果向高端创新型经济转化探索高效的制度设计和完善的组织机制保障。北京科技创新中心要推动科学研究、技术创新、产业驱动、文化引领功能统筹协调发展，完善区域创新组织制度体系，为科技创新向高层次创新型经济转化提供组织、文化、政策、管理支持。北京科技创新中心综合承载了科技领域和相关经济社会领域改革，要以科技体制改革为核心推动全面创新改革，为我国创新驱动发展提供制度创新示范。

三是科技创新中心建设是我国参与全球科技竞争合作的重要举措。科技全球化使得北京作为世界城市创新网络的重要枢纽和中国国际交往的中心，有更多的机会和可能在更高层次上参与全球科技创新分工，分享全球科技创新成果，在构建全球创新治理新秩序中发挥影响力，与此同时，由于科技创新资源的高度流动性和科研活动的空间集聚性，谁拥有世界级的科技创新中心，谁就能最大限度吸引全球创新要素，进而在国际竞争和创新治理体系建设中获得战略主动权，建设全球创新中心成为许多国家和地区应对新一轮科技革命和增强国家竞争力的重要举措。我国正处于实现中华民族伟大复兴目标的前夜，比以往任何时候都更加需要强大的科技创新中心，在这一背景下，北京建设科技创新中心，特别需要紧密结合国家战略，承担体现国家科技创新战略、科技创新能力、科技创新水平、科技创新文化和国际科技创新竞争力的历史使命，面向全球，构建具有国际影响力和竞争力的创新体系，做好中国创新的示范者和排头兵。

（二）中关村创新旗帜高高飘扬

2009年，国务院《关于同意支持中关村科技园区建设国家自主创新示范区的批复》指出，要加快改革与发展，努力培养和聚集优秀创新人才特别是产业领军人才，着力研发和转化国际领先的科技成果，做强做大一批具有全球影响力的创新型企业，培育一批国际知名品牌，全面提高中关村自主创新和辐射带动能力，使中关村成为具有全球影响力的科技创新中心。2013年，中共中央政治局在中关村举行第九次集体学习，习近平总书记强调，面向未来，中关村要加大实施创新驱动发展战略力度，加快向具有全球影响力的科技创新中心进军，为在全国实施创新驱动发展战略更好发挥示范引领作用。党和国家对中关村寄予殷切希望，要求中关村在全国创新发展中走在前列。作为我国第一个国家自主创新示范区，中关村是我国科技体制改革重要发源地，也是北京建设全国科技创新中心的主阵地。新中国成立以来，中关村与新中国同行，在20世纪50年代初，国家对科教资源进行战略布局，为中关村的创新发展提供了肥沃土壤。20世纪80年代初，中关村形成了"电子一条街"，在30多年的发展历程中，历经北京市新技术产业开发试验区、中关村科技园区、中关村国家自主创新示范区等发展阶段，在改革实践中积极探索发展高科技、实现产业化的新路子。习近平总书记指出，中关村已经成为我国创新发展的一面旗帜。

在深化改革上，中关村发挥着"探路者"作用。中关村在创办民营科技企业、推进股份制改革、企业海外上市、设立创业引导基金、地方科技园区立法等方面，开展了一系列具有破冰意义的改革，创造了多个全国第一的案例。如今的中关村，还在不断发挥先行先试制度优势，统筹谋划科技创新综合改革，努力打通科技和经济社会发展之间的通道，打造中关村制度创新升级版，为建设具有全球影响力的科技创新中心做好改革"排头兵"。在自主创新上，中关村发挥着"主阵地"作用。中关村充分发挥科技人才优势，先后攻克了汉字激光照排系统、曙光超级计算机、中文搜索引擎、人工智能芯片、无人驾驶平台、高端医疗器械等一批关键核心技术，移动互联网、计算机视觉、无人驾驶、高清和液晶显示技术等领域走在国际前列。在创新企业培育上，中关村发挥着"策源地"作用。截至2019年底，中关村国家自主创新示范区拥有国家级高新技术企业15692家，上市公司367家，高新技术企业和科技上市公司数量全国领先。据长城企业战略研究所发布的2019年中国独角兽企业研究报告，示范区拥有中国独角兽企业82家，占全国约四成，主要集中在电子商务（21%）、人

工智能（15%）和移动网络与服务（13%）三个领域，有5家企业入选
CB Insights发布的超级独角兽企业榜单①（全国共6家），平均估值全国
最高，达55.0亿美元，其中字节跳动、滴滴出行位居全球前两位。

表3　2019年在华超级独角兽名单

排名	公司名称	估值（亿美元）	地区
1	字节跳动	750	中关村
2	滴滴出行	560	中关村
6	快手	180	中关村
9	大疆创新	150	深圳
11	贝壳找房	140	中关村
16	比特大陆	120	中关村

中关村国家自主创新示范区天使、创投发生金额与投资案例均占
全国1/3以上，产业联盟和协会600多家，形成了独特的中关村创新
创业文化。2019年新增科技型企业达26037家，是2011年的2.1倍，
平均每天新设立科技型企业71家。中关村培育形成了新一代信息技
术、生物与健康、智能制造和新材料、节能环保、现代交通、新兴服
务业等六大新兴产业集群。2019年，示范区高新技术企业总收入6.6
万亿元，同比增长12.9%。实现工业总产值11886.7亿元，占全市地
区生产总值29.4%，以不足6%的土地面积贡献了全市GDP的1/3。在
开放创新方面，中关村发挥着"桥头堡"作用，率先实施外籍人才绿
卡直通车、外籍人才绿卡积分评估等人才新政，设立了14个海外联
络处，在京外建立了包括雄安新区中关村科技园在内的20多个合作
园区，每年举办上万场国际交流合作活动，国际影响力不断提升，成
为链接全球创新网络的重要节点。

---

① 数据来源中关村管委会。

（三）打造"三城一区"主平台

《北京城市总体规划（2016年—2035年）》提出：以"三城一区"为主平台，优化创新布局。

聚焦中关村科学城，突破怀柔科学城，搞活未来科学城，加强原始创新和重大技术创新，发挥对全球新技术、新经济、新业态的引领作用；以创新型产业集群和"中国制造2025"创新引领示范区为平台，促进科技创新成果转化。建立健全科技创新成果转化引导和激励机制，辐射带动京津冀产业梯度转移和转型升级。

中关村科学城：通过集聚全球高端创新要素，提升基础研究和战略前沿高技术研发能力，形成一批具有全球影响力的原创成果、国际标准、技术创新中心和创新型领军企业集群，建设原始创新策源地、自主创新主阵地。

中关村科学城作为中关村国家自主创新示范区核心区的核心，是我国科技智力资源最为密集、科技条件最为雄厚、科研成果最为丰富的区域，始终站在我国科技创新最前沿。原中关村科学城占地约75平方公里，东至原八达岭高速和新街口外大街，西至西三环、苏州街和万泉河快速路，北至北五环及小营西路以南，南至西北二环、西外大街和紫竹院路，以及沿中关村大街、知春路和学院路轴线形成的辐射区域，总面积约75平方公里。这一区域不仅集聚了中国科学院数理化学部和技术科学部以及国防科工委所属的28家国家级科研院所（研究中心），而且还有上千家高科技企业，其中两院院士近130位，高级科研人员超过6000人。这一区域不仅是核心区中的核心，也是全国科技资源最集中、自主创新能力最强的高端科技人才集聚区。2017年初，中关村科学城的范围正式扩大至海淀全域，将北部生态科技新区和"三山五园"历史文化景区全部纳入其中。扩大后的科学城以中关村大街为主脉，按照区位条件、资源禀赋、发展基础和产业特色，划分为北部、南部、东部和西部四个产业功能区，形成核心要素集聚、服务链条完整，功能协同融合的"一城四区"产业空间格局。

怀柔科学城：围绕北京怀柔综合性国家科学中心、以中国科学院大学等为依托的高端人才培养中心、科技成果转化应用中心三大功能板块，集中建设一批国家重大科技基础设施，打造一批先进交叉研发平台，凝聚世界一流领军人才和高水平研发团队，做出世界一流创新成果，引领新兴产业发展，提升我国在基础前沿领域的源头创新能力和科技综合竞争力，建成与国家战略需要相匹配的世界级原始创新承载区。

怀柔科学城原规划面积约41.2平方公里，东至京通铁路—怀柔区界，西至雁栖河—京通铁路及中国科学院大学西边界，南至京密路，北至怀柔新城边界。2017年6月，根据市委、市政府指示精神，怀柔科学城空间规划面积扩大至100.9平方公里，其中将密云区32.5平方公里纳入怀柔科学城规划范围。怀柔科学城怀柔区内部按照"一核四区"进行空间功能布局："一核"即核心区，主要包括重大科技基础设施集群和前沿科技交叉研究平台区域，位于怀柔科学城的中部，规划面积2.3平方公里。"四区"即科学教育区、科研转化区、综合服务配套区、生态保障区。其中，科学教育区位于怀柔科学城北部，规划面积5.6平方公里，主要依托中国科学院大学建设；科研转化区位于怀柔科学城南部，规划面积12.3平方公里，主要依托雁栖经济开发区建设；综合服务配套区位于怀柔科学城西部，规划面积10.2平方公里，主要依托雁栖小镇组团建设；生态保障区位于怀柔科学城东南部，规划面积10.8平方公里。

未来科学城：着重集聚一批高水平企业研发中心，集成中央企业在京科技资源，重点建设能源、材料等领域重大共性技术研发创新平台，打造大型企业技术创新集聚区，建成全球领先的技术创新高地、协同创新先行区、创新创业示范城。

未来科学城原占地面积约16平方公里，东至京承高速和昌平顺义交界，西至立汤路（距中关村生命科学园12公里），南至规划二十八路（距北五环11公里），北至顺于路西延（距北六环2公里），地处中关村北部研发服务和高新技术产业发展带。分为两期开发建设，项目一期总占地面积约10平方公里，以温榆河和定泗路为界，分为南北两区，其中北区占地面积为2.19平方公里，入驻6家央企；南区占地面积为4.46平方公里，入驻9家央企；两区之间生态绿地面积为3.54平方公里。一期规划总建筑面积约800万平方米，总投资约1000亿元，建成后入驻科研人才约4万人，总体人口规模控制在10万人以内。未来科学城按"一心、两园、双核"的空间结构布局，其中"一心"是沿温榆河的绿色空间，"两园"是南、北两区，"双核"是为园区配套的公共服务中心。功能定位一主一副：温榆河以南为主公共服务核心区，以北为副核心区。未来科学城将以丰富的央企资源、良好的生态环境、优越的区位环境，打造国际知名、国内一流的科技园区。

创新型产业集群和"中国制造2025"创新引领示范区：围绕技术创新，以大工程大项目为牵引，实现三大科学城科技创新成果产业化，建设具有全球影响力的创新型产业集群，重点发展节能环保、集成电路、新能源等高精尖产业，着力打造以亦庄、顺义为重点的首都创新驱动发展前沿阵地。

北京市第十二次代表大会报告提出，要打造以北京经济技术开发区为代表的创新驱动发展前沿阵地，建设创新型产业集群和"中国制造2025"创新引领示范区。北京经济技术开发区位于北京大兴亦庄地区，属明清时期北京城皇家园林南苑境内，是北京市唯一同时享受国家级经济技术开发区和国家高新技术产业园区双重优惠政策的国家级经济技术开发区。2019年，《亦庄新城规划（2017年—2035年）》发布，亦庄新城规划范围包括现阶段北京经济技术开发区范围、综合配套服务区（旧宫镇、瀛海地区、亦庄地区）、台湖高端总部基地、光机电一体化基地、马驹桥镇区、物流基地、金桥科技产业基地和两块预留地，以及长子营、青云店、采育镇工业园，面积约为225平方公里。规划指出，围绕新一代信息技术、新能源智能汽车、生物技术和大健康、机器人和智能制造为重点的四大主导产业，充分发挥核心地区的产业发展引领作用，统筹带动周边产业功能区提质升级，形成核心地区与多个产业组团相协同的产业发展格局。

"聚焦、突破、搞活、承接"，"三城一区"在规划之初就各有侧重，避免了同质化。中关村科学城——聚焦，集聚全球高端创新要素，形成一批具有全球影响力的创新型领军企业、技术创新中心、原创成果和国际标准。怀柔科学城——突破，聚集一批大科学装置，建设国家重大科技基础设施和前沿科技交叉研究平台，吸引聚集全球高端科学家。未来科学城——搞活，打开院墙搞科研，集聚一批高水平企业研发中心，研发创新平台，持续引进"千人计划"人才，打造全球领先的技术创新高地。创新型产业集群和"中国制造2025"创新引领示范区——承接，发展高端制造业，承接三大科学城科技成果转化。"三城一区"是北京建设全球影响力的科技创新中心的主战场。

二、继往开来，转型升级

（一）以科技创新为核心的全面创新改革

从集聚资源求增长，到向改革创新要动力，北京不断以实际行动回答着"建设一个什么样的首都，怎样建设首都"这一时代课题，展示着大国首都迈向高质量发展的坚实步伐。作为全国科技创新中心，北京孕育着惊人的创新动能，同时肩负原始创新、前沿技术创新、协同创新和制度创新这"四个高地"的定位，在创新资源集聚、科技成果转化、创新辐射引领、创新国际合作等方面都在全国发挥着率先垂范的作用。建设全国科技创新中心，科技体制改革任重道远，仍需以更强大的决心和更大的魄力，破除全国科技创新中心建设中的体制机制障碍，营造良好创新创业生态环境，始终走在科技创新、体制机制创新最前沿。

《北京加强全国科技创新中心总体方案》提出"着力深化改革，进一步突破体制机制障碍，优化创新创业生态。深入落实创新驱动发展与体制机制改革系列重大部署，充分发挥中关村国家自主创新示范区改革'试验田'的作用，加快推进京津冀全面创新改革试验，破除制约创新的制度藩篱，形成充满活力的科技管理和运行机制，以深化改革促进创新驱动发展"。将改革作为全国科技创新中心建设的主线，贯穿始终。

根据《北京市"十三五"时期加强全国科技创新中心建设规划》，全国科技创新中心建设，涉及四大改革领域：（1）打造中关村制度创新升级版：用足用好"1+6""新四条"等系列试点政策，系统推进新一轮改革试点；加快国家科技金融创新中心建设，营造良好投资环境；落实国家"双创"政策，建设国际一流创新创业生态。（2）建设全球创新人才港：深入落实中关村人才管理改革试验区各项政策，实施更具吸引力的海外人才集聚政策；实施更具吸引力、更加包容的人才政策，更有效的人才引进、人才培养、人才激励等体制机制，更好地激发科研人员的创新动力。（3）发挥市场配置资源的决定性作用：加快营造公平竞争的市场环境，强化企业技术创新主体地位，完善科技创新服务平台体系。（4）加快推动政府创新治理现代化：强化科技创新法制保障，完善统筹协调机制，深化财政科研项目和经费管理改革，充分发挥社会组织作用，培育全社会创新精神。

2019年11月，市政府印发《关于新时代深化科技体制改革加快推进全国科技创新中心建设的若干政策措施》(简称"科创30条")。"科创30条"提出，面向世界科技前沿、面向经济主战场、面向国家重大需求，超前规划布局基础研究、应用基础研究及国际前沿技术研究，加快推动在国家亟须的战略性领域取得重大突破，打造世界知名科学中心。积极承接国家重大科技基础设施、国家科技创新基地，深入对接国家科技创新2030—重大项目、重点研发计划，推动更多重大任务在京落地。支持新型研发机构、高等学校、科技领军企业突破"卡脖子"技术，推动产业链上下游开展战略协作和联合攻关，着力打造竞争新优势。为确保上述重大目标的实现，"科创30条"从组织机制、空间载体、财力支持、决策支撑等方面提供了多重保障。例如，加强北京推进科技创新中心建设办公室统筹协调作用；统筹建立全市推进科技创新中心建设领导协调机制，解决跨层级、跨领域重大事项；在"三城一区"分步骤依法推进审批权限赋权和下放；持续提高市区两级财政科学技术经费投入水平；推动建立与国家自然科学基金委共同出资、共同组织国家重大基础研究任务新机制；成立市科创新决策咨询委员会，在重大战略规划与改革政策制定、科技基础设施与科研项目布局等方面提供决策咨询等，为建设具有全球影响力的全国科技创新中心提供更大改革动力。

(二)建设世界一流新型研发机构

2014年6月，中国科学院北京纳米能源与系统研究所成立。同年8月，北京协同创新研究院成立；2015年8月，北京大数据研究院成立；2017年3月，北京石墨烯技术研究院成立；2017年6月，中国科技大学"1+2"协同创新平台成立……虽然它们的名字各不相同，但却有着共同的属性——北京的新型研发机构。

2019年9月，科技部印发了《关于促进新型研发机构发展的指导意见》(简称《意见》)，对新型研发机构进行了统一定义。《意见》明确，新型研发机构是聚焦科技创新需求，主要从事科学研究、技术创新和研发服务，投资主体多元化、管理制度现代化、运行机制市场化、用人机制灵活的独立法人机构，可依法注册为科技类民办非企业单位（社会服务机构）、事业单位和企业。新型研发机构一般应符合五个条件：一是具有独立法人资格，内控制度健全完善；二是主要开展基础研究、应用基础研究、产业共性关键技术研发、科技成果转移转化，以及研发服务等；三是拥有开展研发、试验、服务等必需的条件和设施；四是具有结构相对合理稳定、研发能力较强的人才团队；五是具有相对稳定的收入来源，主要包括出资方投入，技术开发、技术转让、技术服务、技术咨询收入，政府购买服务收入以及承接科研项目获得的经费等。

早在2005年，北京市和科技部就联合推动成立北京生命科学研究所，探索与国际接轨的管理和运行机制，打造国际一流的基础生命科学研究机构。随后，北京市还推动成立了北京量子信息科学研究院、全球健康药物研发中心等一批新型研发机构，吸引集聚一批战略性科技创新领军人才及其高水平创新团队来京发展。近年来，北京市坚持面向世界科技前沿、面向经济主战场、面向国家重大需求，推动成立了北京量子信息科学研究院、全球健康药物研发中心等一批新型研发机构，吸引集聚一批战略性科技创新领军人才及其高水平创新团队来京发展，努力实现前瞻性基础研究、引领性原创成果重大突破。2018年，市政府印发《北京市支持建设世界一流新型研发机构实施办法（试行）》，明确指出：北京的新型研发机构是指由战略性科技创新领军人才领衔，采取与国际接轨的治理模式和运行机制，协同多方资源，从事基础前沿研究、共性关键技术研发的事业单位或科技类民办非企业单位（社会服务机构）；战略性科技创新领军人才是指在基础前沿、共性关键技术研究方面具有世界学术声望、重大原创贡献的全球顶尖科学家，在科技创新方面具有全球战略眼光、突出管理能力的创新型企业家，以及其他专注科技创新领域的杰出投资和管理型人才。

实施办法明确新型研发机构的公益性定位，突出与国际接轨的体制机制创新，在政府放权、财政资金支持与使用、绩效评价、知识产权和固定资产管理等五个方面实现重大突破：一是新的运行机制，深化"放管服"改革，建立与国际接轨的治理结构和运行机制，将传统院所的行政管理转变为实行理事会领导下的院（所）长负责制。二是新的财政支持政策，根据机构类型和实际需求给予稳定资金支持，探索实行负面清单管理。三是新的评价机制，根据合同约定，对新型研发机构组织开展绩效评价，围绕科研投入、创新产出质量、成果转化、原创价值、实际贡献、人才集聚和培养等方面进行评估分析，同时，由理事会下设的审计委员会对资金使用情况实施审计，加强审计结果共享，作为绩效评价的重要参考。四是新的知识产权激励与转化安排，除特殊规定，市财政资金支持产生的科技成果及知识产权，由新型研发机构依法取得；支持其自主决定科技成果转化及推广应用，重大科技成果转化安排由院（所）长提出方案，理事会审定，对符合首都城市战略定位的科技成果在京实施转化的，通过北京市科技创新基金等提供支持。五是新的固定资产管理方式，市财政资金支持形成的大型科研仪器设备等由新型研发机构管理和使用，推进开放共享，提高资源利用效率。

目前，北京已建成纳米能源与系统研究所、全球健康药物研发中心、量子信息科学研究院、脑科学与类脑研究中心、智源人工智能研究院、雁栖湖应用数学研究院等一批国际领先水平的新型研发机构。这些新型研发机构均采用与国际接轨的科研组织与运行机制，吸引了包括诺贝尔奖获得者、菲尔兹奖获得者、图灵奖获得者在内的大批国际顶尖科学家和科研团队，取得了显著的创新绩效。2019年，北京量子信息研究院院长薛其坤研究团队完成的"量子反常霍尔效应的试验发现"项目，获得2018年度国家自然科学奖项中唯一的一等奖，实现了凝聚态物理学科领域重大的科学目标，被杨振宁评价为"第一次从中国实验室里发表的诺贝尔奖级的物理学论文"。

（三）大众创业、万众创新

2014年9月，李克强总理在夏季达沃斯论坛上提出要在960万平方公里土地上掀起"大众创业、万众创新"的新浪潮、新势态。此后,他在政府工作报告及各种场合中频频阐释这一关键词,并且开展"放管服"改革,不断优化营商环境,为双创助力。与此同时,国务院制定并下发了《关于大力推进大众创业万众创新若干政策措施的意见》《国务院关于加快构建大众创业万众创新支撑平台的指导意见》《关于加快众创空间发展服务实体经济转型升级的指导意见》《国务院关于强化实施创新驱动发展战略进一步推进大众创业万众创新深入发展的意见》等一系列政策文件,推动双创向纵深方向发展。

"创新创业首选地"是全国科技创新中心的重要标志。《北京加强全国科技创新中心总体方案》将"创新创业生态引领全国"作为全国科技创新中心建设的重要标志,将"完善创新创业服务体系"作为全国科技创新中心建设的重点任务之一。近年来,北京持续打造双创"升级版",不断会聚双创人才、顶尖资本、创新创业服务机构等高端要素,创新创业生态体系不断完善。而中关村作为全国双创策源地,以中关村大街为代表的创业生态体系日渐完善,成为全国创新创业的首善之区。以中关村大街为例,中关村创业大街以创新创业需求为导向,积极推动政府、大企业、资本、创新创业者对接和融合。目前,街区汇聚了包括联想之星、创业黑马、北创营、清华经管创业者加速器、车库咖啡、氪空间等在内的45家国内外优秀创业服务机构,联合一大批大企业、高校、风险投资机构等各类合作方,不断探索模式创新和服务升级,打造各具特色的创新创业服务,在各个垂直领域形成矩阵式服务体系。同时,中关村创业大街及入驻机构在国内分支总数超过100家,向全国输出创新创业理念、服务与资源。据统计,2019年中关村国家自主创新示范区服务于创新创业的社会组织多达463家;示范区内创新型孵化器、大学科技园和留学人员创业园的数量分别达到177家、29家和44家。示范区拥有15个国家级大学科技园,占全国的13.2%,科技园内共有1357家企业在孵,占全国的14.3%;拥有国家级科技企业孵化器61家,占全国的5.2%,5477家企业在孵,占全国的5.7%。27家硬科技孵化器,在孵科技型企业超过1000家。国际化方面，双创服务机构目前已在海外设立55家分支机构，遍及全球45个国家及地区。国际知名企业数据机构Crunchbase数据显示，2018年全球最活跃的风险投资城市中北京位列第2名。[①]截至2019年底，中关村地区注册创业投资及私募股权投资基金管理机构共802家，已披露金额的管理资本总量约1.2万亿元，股权投资案例和金额分别占全国的1/4和1/3。全球投资案例超过50笔的风险投资机构近1000家，中关村国家自主创新示范区是国内集聚头部创投机构最多的园区，拥有其中超过30家的创投机构。其中真格资本、红杉中国等投资案例均超过500笔，投资数量在世界领先。[②]

国际知名创业调查公司发布的《2017年全球创业生态报告》，北京首次上榜，排名第四，排在前三位的分别为硅谷、纽约和伦敦。

三、加快构建高精尖经济结构

（一）高精尖经济结构战略布局

坚持创新发展、构建高精尖经济结构，是北京履行首都职责、探索超大城市优化发展新模式、引领全国转型发展的责任担当，是突破人口土地和资源环境约束、提升城市品质和发展质量、建设国际一流的和谐宜居之都的必然选择。《北京加强全国科技创新中心建设总体方案》将"实施技术创新跨越工程，加快构建高精尖经济结构"作为全国科技创新中心建设的五大重点任务之一，明确提出：深入实施"北京技术创新行动计划""《中国制造2025》北京行动纲要""'互联网+'行动计划"等，突破一批具有全局性、前瞻性、带动性的关键共性技术，加强重要技术标准研制，培育具有国际竞争力的研发创新体系，加快科技成果向现实生产力转化，在北京经济技术开发区等

---

① Crunchbase 是覆盖全球初创公司及投资机构生态的企业服务数据库公司。该排名基于2018年前三季度超1亿美元的风险投资交易量排名。

② 中关村指数 2019 [EB/OL].http://zgcgw.beijing.gov.cn/zgc/resource/cms/article/zgc_318/618274/20191202170551127110.pdf.

地打造具有全球影响力的创新型产业集群。

为构建高精尖经济结构，建设具有全球影响力的科技创新中心，北京市委、市政府于2017年12月26日印发了《关于加快科技创新构建高精尖经济结构系列文件的通知》，围绕十大高精尖产业——新一代信息技术、集成电路、医药健康、智能装备、节能环保、新能源智能汽车、新材料、人工智能、软件和信息服务以及科技服务业，着眼于为产业升级定方向、立标准、指路径，回答北京未来重点发展什么产业、重点发展什么技术以及怎么发展的问题，为全市产业的新发展提供"路线图"，为企业的新发展亮出"信号灯"。强化关键技术攻关。一是大力推进面向新兴产业的关键技术突破，围绕新一代信息通信技术、碳化硅材料和器件、能源互联网关键技术等重点方向，支持开展关键技术研究。二是强化科技支撑超大城市治理和人民生活品质提升的研究布局，围绕科技冬奥、环境治理、城市交通、医疗健康、应急能力等实施关键技术攻关及应用示范。

2019年，北京地区生产总值超过3.5万亿元，全年实现新经济增加值超1.2万亿元，其中，高技术产业增加值占地区生产总值的比重为24.4%。医药健康、人工智能、智能网联汽车、大数据、5G等高精尖产业加速态势明显。

（二）打造升级版开发区——亦庄新城

北京经济技术开发区始建于1992年4月，位于北京市东南亦庄地区，起步区面积3.83平方公里。1994年8月，经国务院批准为国家级经济技术开发区，一期规划面积15.8平方公里。2002年8月，经国务院批准开发区扩区24平方公里。2010年1月，市委、市政府决定开发区与大兴区行政资源整合，并授权开发区统一开发和管理亦庄新城范围内大兴区12平方公里产业和配套用地。截至2017年，开发区实际管辖面积59.6平方公里。经过近30年的发展，开发区拥有国内首屈一指的产业基础和产业集群，包括以京东方为代表的新型显示产业集群、以中芯国际为代表的集成电路产业集群、以拜耳医药为代表的生物医药创新产业集群、以北京奔驰为代表的高端汽车产业集群、以北京新能源汽车为代表的新能源汽车产业集群，以SMC（中国）为代表的智能制造产业集群、以京东为代表的互联网产业集群等。

近年来，开发区全力推动"三城一区"主平台建设，围绕"白菜心"，聚焦"硬技术"，持续打造科技成果转化承载区、技术创新示范区。2019年12月11日，《亦庄新城规划（国土空间规划）（2017年—2035年）》正式印发，规划了约225平方公里的范围，明确了要建设世界一流的产业综合新城的目标；12月13日，北京市委常委召开会议，研究推进北京经济技术开发区（亦庄新城）高质量发展事项，明确"强化创新驱动，建设高精尖产业主阵地"的发展要求，标志北京经济技术开发区发展迈入"亦庄新城"时代。建设亦庄新城是落实首都"四个中心"建设，着力建设好"三城一区"创新主平台的重要内容，是辐射带动首都东南部地区发展、彰显首都的创新发展能力和综合经济实力的重要体现。

四、开放创新，融入全球创新网络

（一）主动融入全球创新网络

习近平强调："科学技术是世界性的、时代性的，发展科学技术必须具有全球视野。不拒众流，方为江海。自主创新是开放环境下的创新，绝不能关起门来搞，而是要聚四海之气、借八方之力。"在新时代，我国加快建设创新型国家和世界科技强国，需要以全球视野谋划和推动创新，全方位加强国际科技创新合作。

作为全国科技创新中心，北京担负着代表中国参与全球科技创新竞争合作的使命担当。《北京加强全国科技创新中心总体方案》将"加强全球合作，构筑开放创新高地"作为全国科技创新中心建设的重要任务，提出：坚持"引进来"与"走出去"并重、引智引技和引资并举，集聚全球高端创新资源，以创新提升区域发展层级，使北京成为全球科技创新的引领者和创新网络的重要节点。

近年来，北京不断加大国际科技合作力度，搭建全球科技交流合作的平台，促进科技创新在全球范围内的开放与融合、交流与互鉴，使北京在全球创新网络的重要节点地位不断巩固。

搭建全球唯一国家级服务贸易平台。为增强我国服务业和服务贸易国际竞争力，充分发挥服务业和服务贸易在加快转变经济发展方式中的作用，2012年党中央、国务院批准由商务部、北京市人民政府共同主办中国（北京）国际服务贸易交易会（简称京交会），并于2019年更名为中国国际服务贸易交易会（简称服贸会），成为国际服务贸易领域传播理念、衔接供需、共享商机、共促发展的重要平台，是全球服务贸易领域规模最大的综合性展会和中国服务贸易领域的龙头展会，同中国进出口商品交易会（简称广交会）、中国国际进口博览会（简称进博会）一起成为中国对外开放的三大展会平台。服贸会顺应全球服务贸易快速发展趋势，是目前规模最大的服务贸易领域综合型展会，涵盖运输，旅行，建筑，保险服务，金融服务，电信、计算机和信息服务，知识产权使用费，个人、文化和娱乐服务，维护和维修服务，其他商业服务，加工服务，政府服务等十二大服务贸易领域，成为国际服务贸易领域传播理念、衔接供需、共享商机、共促发展的重要展会，也是中国服务贸易领域龙头展会。党中央、国务院十分关心服贸会的发展，习近平总书记向2019年服贸会发来贺信。2020年，习近平总书记在服贸会全球服务贸易峰会上再次致辞，提出"近年来新一轮科技革命和产业变革孕育兴起，带动了数字技术强势崛起，促进了产业深度融合，引领了服务经济蓬勃发展……我们要顺应数字化、网络化、智能化发展趋势，共同致力于消除'数字鸿沟'，助推服务贸易数字化进程"。将创新作为引领服务贸易，促进数字经济蓬勃发展，推动世界经济焕发生机活力的核心动能。

打造具有世界影响力的中关村论坛。中关村论坛由北京市人民政府联合国家科学技术部、中国科学院、中国科学技术协会共同举办，定位为服务国家创新发展战略和北京科创中心建设，以科技创新为核心推动全面创新，服务于科学、技术、产品、市场全链条。论坛致力于搭建创新思想新理念的交流传播平台、新科技新产业的前沿引领平台、新技术新产品的发布交易平台、创新规则和创新治理的共商共享平台，着力打造高层次、综合性、高水平的国际科技合作平台，努力成为代表国家融入国际创新网络、深度参与全球创新治理，推动提升国际话语权的国家级国际化重大活动。自2007年首届中关村论坛以来，论坛始终以"创新与发展"为主题，聚焦国际科技创新前沿和热点问题，每年设置不同议题，邀请全球顶尖科学家、领军企业家、新锐创业者等共同参与，纵论创新，交流分享，产生思想碰撞和深度思考，引发科技创新领域和创新创业主体广泛关注，不断传播新思想、提炼新模式、引领新发展。2020年，面对新冠肺炎疫情在国外蔓延的不利局面，中关村论坛于9月17日至20日举办，这届论坛以"合作创新·共迎挑战"为主题，聚焦"全球疫情下的民生福祉"，通过"线上+线下"的方式，开展"会议+展览+交易+发布"四大板块50余场活动，吸引了2600多名来自全球40多个国家和地区的顶尖科学家、专家学者、企业家、政府官员和国际组织负责人相聚中关村，生动诠释了"科学无国界"，促进科学技术为全人类求进步、谋福祉的理念。

（二）"一带一路"战略下北京的使命担当

"一带一路"是创新之路，推动"一带一路"科技创新合作是我国应对世情国情变化、扩大开放、实施创新驱动发展战略的重大举措。近年来，由"一带一路"引领的科技创新合作在促进各国创新要素流动聚集、科技创新深度融合方面发挥了重要作用，中国已经成为世界科技创新的重要贡献者。

为更好推动北京全国科技创新中心和国际交往中心的建设，发挥北京科技创新资源优势和辐射带动作用，使北京成为"一带一路"创新合作网络重要枢纽和具有全球影响力的科技创新中心，2019年北京市提出实施《"一带一路"科技创新行动计划（2019—2021年）》，到2021年，北京在国家构建"一带一路"创新共同体中的支撑和引领作用进一步凸显，创新共同体官方渠道和机制建设逐步完善，创新主体融入全球创新网络能力显著增强，国际人才、技术引进及科技成果转移转化成效突出，从科技人文交流、共建联合实验室、科技园区合作、技术转移4个方面，支撑北京成为"一带一路"创新合作网络重要枢纽和具有全球影响力的科技创新中心。具体目标及措施包括：（1）国际创新合作环境不断优化。与20个以上全球主要创新国家和地区搭建起政府间合作渠道和机制；中国（北京）跨国技术转移大会、中关村论坛、中意创新合作周、"北京设计"、中国北京国际科技产业博览会、未来论坛等科技创新品牌活动影响力进一步提高；技术、资本、人才等创新要素在国内外流动更加便捷。（2）国际科技创新资源引进落地。引进一批国际高水平科技创新人才，建成国际创新合作集聚区，建立20个以上跨境联合孵化加速平台，促成50项以上海外技术成果在京落地，国际技术转移协作平台年均对接项目500项以上。（3）京内科技创新主体海外布局。促进一批科技企业在海外设立分支机构，参与20余项国际技术标准制定，国际标准话语权进一步增强。（4）国际科技创新合作有序开展。参与两个以上"大科学"计划；共建"一带一路"特色科技园区；实施联合研发计划；建成一批联合实验室；与"一带一路"沿线及相关参与国家共同举办科技创新人才培训班15期左右。

（三）直面日趋激烈的国际科技竞争

党的十八大以来，我国科技发展突飞猛进，自主创新能力大幅提升，但同时必须清醒地认识到，我国在某些关键领域依旧存在被其他国家"卡脖子"的情况，导致行业发展处处受制，直接影响到我国经济社会发展目标实现及综合国力提升。习近平总书记曾在多个场合、反复强调：核心技术是我们最大的"命门"，核心技术受制于人是我们最大的隐患。[①]"不掌握核心技术，我们就会被卡脖子、牵鼻子，不

---

① 资料来源于2016年4月19日习近平在网络安全和信息化工作座谈会上的讲话.

得不看别人脸色行事。而真正的核心技术是花钱买不来的、市场换不到的。我们必须争这口气，下定决心、保持恒心、找准重心，增强抓核心技术突破的紧迫感和使命感。"①

近年来，中美贸易摩擦不断升级，而其背后是日益激烈的科技竞争，美国为维护科技霸权，正在极力遏制中国在高技术领域的发展。例如，自2019年开始，美国对华为的制裁措施全面升级，将华为列入实体名单，从各方面限制华为在美国和世界的贸易机会，其背后就是为了遏制中国在5G通信领域的发展，削弱中国在相关领域的行业优势，确保其在通信领域的技术垄断地位；2018年8月1日，美国以国家安全和外交利益为由，将44家中国企业列入出口管制清单，实施技术封锁。自此美国商务部就不断抛出"实体清单"，被制裁中国企业数量超过250家，包括华为、海康威视、大华科技、中芯国际等国内知名领军科技企业，以及哈尔滨工业大学、北京航空航天大学、北京理工大学等大批国内理工科优势院校，美国正在对中国科技研发力量实施全面封锁。

2020年12月，中央经济工作会议明确提出"尽快解决一批'卡脖子'问题，在产业优势领域精耕细作，搞出更多独门绝技"，面对日益严峻复杂的国际形势，唯有建立新型举国体制，抢占全球科技创新制高点，才能不断增强我国科技和经济社会发展应对国际风险挑战的能力，把国家发展建立在更加安全、更为可靠的基础之上，捍卫国家发展权益，在激烈的全球竞争中处于不败之地。在此背景下，《中共北京市委关于制定北京市国民经济和社会发展第十四个五年规划和二〇三五年远景目标的建议》深刻分析了"十四五"时期首都经济社会发展面临的宏观形势，指出"国内国际形势深刻变化，各种不稳定不确定性因素也明显增多，在传统增长动力减弱和疏解减量背景下，创新发展动能仍然不足，高科技领域'卡脖子'问题日益凸显，保持

---

① 人民日报评论员.突破核心技术　建设数字中国——四论贯彻习近平总书记全国网信工作会议讲话［EB/OL］.http://theory.people.com.cn/n1/2018/0425/c40531-29948095.html.

经济平稳健康发展压力加大"，并提出"聚焦高端芯片、基础元器件、关键设备、新材料等短板，完善部市合作、央地协同机制，集中力量突破一批'卡脖子'技术"。北京作为全国科技创新中心，承载着国内最具优势的科技创新资源，是国家参与全球科技竞争合作的生力军和主平台。"十四五"时期，北京明确提出建设国际科技创新中心的战略目标，升级了首都"科技创新中心"的定位和重要性，对提高北京创新能力的国际影响力和代表国家参与全球科技竞争的历史使命无疑有着重要意义。

第三节　在服务国家区域发展战略中展现新作为

党的十八大以来，习近平总书记多次视察北京并发表重要讲话，明确北京"四个中心"的战略定位，为北京建设全国科技创新中心指明了前进方向，具有重大里程碑意义。《中国城市科技创新发展报告2018》调查显示，在289个城市科技创新指数排名中，北京位列第一。报告显示，北京作为全国科技创新中心的实力凸显，创新资源、创新服务和创新绩效三个一级指标均排名第一，支撑创新型国家建设作用不断增强。[①]近年来，北京以新发展理念为指导，加快推进全国科技创新中心建设，在创新投入、创新产出、创新环境等方面均取得了长足进展，对周边区域和全国都产生了良好的辐射带动作用，在服务国家区域发展战略中展现出新作为。

一、对京津冀协同创新的辐射引领作用

京津冀三地一脉相连，共荣共进。自京津冀协同发展国家重大战略实施以来，北京市科委以建设"京津冀协同创新共同体"为核心，抓好顶层谋划设计、建立工作落实机制，推动一批政策举措、项目任务落地实施，在京津冀协同创新发展取得非常显著的成效，对京津冀协同创新产生良好的辐射带动作用。

（一）技术交易额实现快速增长，成果辐射带动作用显著

2017年，北京地区的技术市场交易额增速较明显，北京技术交易增加值占地区GDP比重由2010年的9.00%上升至2016年的9.50%，呈连年稳定增长态势，知识溢出效应显著提升。[②]据统计，2014年

---

① 首都科技发展战略研究院.中国城市科技创新发展报告2018［M］.科学出版社，2019.

② 首都科技发展战略研究院.首都科技创新发展报告2016［M］.科学出版社，2017.

至2017年，北京输出津冀技术合同成交额共计552.8亿元，年均增速30%以上。2017年，北京流向津冀技术合同4646项，比上年增长20.7%；成交额203.5亿元，增长31.5%，占北京流向外省、自治区、直辖市的8.7%。其中，流向河北省技术合同2880项，成交额154.2亿元，增长56.3%；流向天津市技术合同1766项，成交额49.3亿元。主要集中在现代交通、城市建设与社会发展和电子信息领域，成交额达121.0亿元，占输出津冀的59.5%，环境保护与资源综合利用领域技术合同222项，成交额22.4亿元，增长73.1%。[①]

（二）完善京津冀协同发展体制机制，搭建科技创新资源合作平台

北京结合专项实施，重点开展搭建创新资源平台、共建创新攻关平台；建立成果转化平台、实施协同创新工程等工作。2014年，京津冀三地科技主管部门共同出资设立了京津冀基础研究合作专项，率先打破管理机制条块分割，实现科技项目跨区域协同。经过3年多的发展，已在南水北调环境影响、京津冀一体化交通、智能制造等领域资助项目48项，部分成果已实现初步应用。2018年8月，三地签署《关于共同推进京津冀基础研究的合作协议（2018—2020年）》，启动新一轮京津冀基础研究合作，进一步加大资助力度和协同机制。其中，2018年度专项瞄准精准医学领域，优先资助重大心血管疾病等4个方向。此外，北京市科委还与河北省科技厅签署《共建京冀联合实验室框架协议》，合作共建一批具有区域特色优势、符合发展需求、意义重大的联合实验室，并于2018年6月细化签署《关于支持建设"运动型多用途乘用车节能与智能化联合实验室"文件》，支持由北京航空航天大学与河北汽车制造领军企业联合建立首个京冀联合实

---

① 2017年北京技术市场统计年报［EB/OL］.http://kw.beijing.gov.cn/art/2018/9/25/art_6656_475738.html.

验室。①

在科技成果跨区域转移转化与推广应用中，实现多区域、多领域合作。围绕钢铁产业节能减排需求，成立"京津冀钢铁行业节能减排产业技术创新联盟"，并组建"京津冀钢铁联盟（迁安）协同创新研究院"，推进迁安钢铁行业节能减排与转型升级科技示范区建设，强化科技创新对钢铁产业转型升级的支撑。目前，已在迁安建成"京津冀钢铁行业分析检测及技术服务平台"，开展72项检测业务，推动6项先进技术落地转化。围绕新能源汽车产业发展，成立"京津冀新能源汽车与智能网联汽车协同创新联盟"，全面跟踪京津冀三地新能源汽车产业的创新发展及前沿技术，促进三地在新能源汽车领域的创新合作，推动三地资源共享及互联互通，推动三地产业联动及合作创新，加强三地示范应用。围绕重点发展产业，在先进制造、电子信息、能源环保和生物医药等领域，预计投资10亿元。目前已经完成10个投资项目，投资金额3.2亿元。

（三）全力支持河北雄安新区建设，促进"一核两翼"协同发展

近年来，北京全力支持河北雄安新区建设，努力使雄安新区与北京在创新驱动发展中形成互为支撑、共同发展的良好格局。在雄安新区建设过程中，北京发挥科技研发优势，在城市建设、生态环境治理、产业转型升级等方面，提供全力支持。在城市服务方面，首都科技领军人才魏剑平团队与中国雄安集团数字城市科技有限公司达成战略合作，开发物联网智能园区运维管理系统并在容东片区试点应用，预计示范面积将达到100万平方米。在环境治理方面，北京师范大学科技领军人才夏星辉团队围绕雄安新区水环境治理和城市生态环境建设开展研究，并在白洋淀建设示范工程，推动雄安新区构建蓝绿交织、清新明亮、水城共融的生态城市。在产业转型方面，北京服装学

---

① 建设全国科技创新中心——"三城一区"高标准推进京津冀将共建联合实验室［EB/OL］.http：//kw.beijing.gov.cn/art/2017/4/27/art_982_113936.html.

院依托服装设计领域的创新资源优势，与雄安新区容城县服装产业需求紧密对接，形成京冀服装设计与产业提升服务平台，将设计端、生产端、消费端连为一体，助力当地服装产业转型升级。此外，北京市科委持续加强京保石产业带、廊坊北三县、张承生态功能区、滨海—中关村科技园和天津宝坻京津中关村科技城等重点区域建设，推动北京创新资源布局发展，打造科技成果转化新高地。

（四）开展民生科技问题联合攻关，营造良好创新生态环境

围绕共同关注的城市重点、热点、难点问题，京津冀三地科技部门共同促进京津冀高校、院所、企业协同创新，解决城市治理难题。三地联防联控解决区域大气治理问题，科技、环保等16家科研单位共同实施"京津冀区域大气污染联防联控支撑技术研发与应用"国家科技支撑项目，建立了京津冀区域高分辨率固定源和面源排放清单，获得了区域污染源颗粒物与挥发性有机物（VOCs）排放特征，为大气污染治理提供有力保障。北京医疗卫生领域成果在津冀应用，提升区域医疗水平。发挥北京脑卒中治疗优势，建立京张地区远程卒中协同救治体系，促进"互联网+医疗"的发展。北京宣武医院已与张家口第二医院等3家医院进行实质性合作，将"一键通"远程卒中急救关键技术进一步升级应用到体系中，指导当地医院院前和院中救治流程改进。此外，北京积极开展科技扶贫与对口帮扶，北京市科委推动对口帮扶河北赤城县扶贫项目落地，签署《北京科技特派员（赤城）产业扶贫工作站共建协议》《赤城农产品质量安全检测中心建设协议》《蔬菜技术指导协议》等9个共建合作协议，重点以科技产业扶贫和科技智力扶贫为先导，精准施策，带动技术、生产、销售等全产业链共同发展，确保脱贫实效。[①]

在科技资源共享共用上，北京向天津输出北京双创模式，优客工

---

① 北京市科委对口帮扶河北赤城县扶贫项目落地 [EB/OL].http：//stdaily.com/02/difangyaowen/2018-07-06/content_688077.shtml.

场、创业公社、东方嘉诚等众创空间将成熟的创新创业服务模式、产业园集群运营模式从北京带到天津滨海新区、河北区、南开区，建成一批文化创意园、产业创新中心等实体机构，进一步提升天津"彩虹杯""创青春"等创业大赛影响力，形成京津创新创业良好局面。另外，北京与天津、河北共同签署了《京津冀创新券合作协议》，实现京津冀三地"创新券"共享互认，意味着小微企业和创业团队可以拿着它去购买首都科技条件平台上研发服务机构的科研服务，进一步促进了京津冀三地科技资源的开放共享。

二、对长三角地区发展的辐射带动作用

长三角地区是我国经济发展最活跃、开放程度最高、创新能力最强的区域之一，在国家现代化建设大局和全方位开放格局中具有举足轻重的战略地位。[①]早在2012年，长三角地区就成为北京科技产业转移首选地。长三角地区的一些城市经济基础良好，相比北京等一线城市，土地、租金、薪资、水电费等运营成本较低，扩大了企业利润空间，加之长三角区域作为全国人口拥入的集中地，人才聚集度仅次于北京等一线城市，足以满足科技企业的人才需求，多重优势聚合，构成了长三角城市吸引北京科技企业南下的重要砝码。比如，纽曼、千橡等科技企业率先走出北京落地长三角地区；以科技地产为龙头，商业地产、住宅地产协同发展的北京科技园建设集团，分别在无锡、嘉兴建立了北科建无锡中关村软件园太湖分园和北科建嘉兴长三角创新园；北京的水晶石数字科技股份有限公司、先锋教育网、清华阳光能源开发等高新科技企业均在长三角地区选址，乃至将企业迁移过去永久发展。

北京与上海交往源远流长，如今北京和上海都是国家明确的科技创新中心，都承担着推动区域协调发展的国家战略任务，是世界银行

---

① 中共中央国务院印发《长江三角洲区域一体化发展规划纲要》[EB/OL].http://www.gov.cn/home/2019-12/01/content_5459043.htm.

全球营商环境报告中选取的中国两个样本城市，在推动重点产业发展、城市精细化管理等很多方面都需要相互对接、相互支持。在推动科技创新上，京沪探索形成更多的强强联手、优势互补，共同增强创新策源能力。自2004年以来，"京沪杭高科技产业化合作交流活动"已连续举办16届，该活动旨在促进京沪杭地区的高校、研究机构以及高技术企业进行产学研交流与合作，搭建高科技科研成果推广与转化的良好平台。

在科技交流合作方面，北京与江苏的苏州等加强对接与交流。2019年5月，苏州市人才科技合作对接会在北京召开，现场有来自中国科学院、清华大学、北京大学、北京科技大学等高校院所的80余名专家学者，与来自苏州的50余家企业进行了广泛的交流互动，就苏州企业迫切需要解决的技术与人才需求开展了有效的对接。①清华大学、北京理工大学、北京科技大学分别与苏州市的企业签订了产学研合作项目，通过北京各大高校院所与苏州达成更多的合作、建立更深的友谊、深入开展人才科技合作，推动苏州实现更好的发展，为苏州经济社会的高质量发展输送更多的创新创业人才，为苏州转型升级和创新发展提供宝贵的科技创新资源。

随着全国科技创新中心建设的推进，北京的高校也纷纷布局长三角地区，通过推动产学研合作，发挥科技创新的辐射带动作用。比如，2018年3月，北京航空航天大学与浙江省、杭州市及滨江区三级政府共建北京航空航天大学杭州创新研究院，以"建设信息领域世界一流技术创新平台和创新人才培养平台"为使命，汇聚全球创新资源，设立了量子精密测量与传感、微电子与信息材料、人工智能、大数据与脑机智能、综合交通大数据、网络空间信息安全六大研究中心及国家级科研平台杭州分部，开展相关专业的高层次人才培养和多学科交叉的前沿创新研究。通过这些平台和项目的实施，将有助于会聚

---

① 苏州市人才科技合作对接会在北京召开［EB/OL］.http://www.subaonet.com/2019/0513/2463900.shtml.

和培养一批具有国际视野的一流创新团队，取得一批重大原始创新和关键核心技术突破与应用，为长三角地区乃至全国的科技创新做出重要贡献。

三、对粤港澳大湾区发展的辐射带动作用

推进粤港澳大湾区建设，是以习近平为核心的党中央做出的重大决策，有利于深化内地和港澳交流合作，对港澳参与国家发展战略，保持长期繁荣稳定具有重要意义。2019年2月，中共中央、国务院印发《粤港澳大湾区发展规划纲要》。按照规划纲要，粤港澳大湾区要打造国际科技创新中心，构建国际化、开放型区域创新体系，形成以创新为主要引领和支撑的经济体系和发展模式。北京积极与粤港澳大湾区开展科技合作，促进大湾区建设。2017年，北京流向外省、自治区、直辖市技术合同成交额增长明显，其中成交额超过50亿元的省、自治区、直辖市共17个，广东省居首位，流向广东省技术合同4360项，成交额302.0亿元，占流向外省、自治区、直辖市技术合同成交额的13.0%。主要集中在现代交通、城市建设与社会发展、电子信息和环境保护与资源综合利用等领域。[1]2018年，北京流向粤港澳大湾区各省、自治区、直辖市技术合同4412项，成交额528.9亿元，增长38.5%，其中环境保护与资源综合利用领域技术合同成交额211.4亿元，增长121.5%，占流向粤港澳大湾区的40.0%。[2]

在《粤港澳大湾区发展规划纲要》的指导下，北京市属国企紧跟步伐。2019年3月，北京建筑设计研究院有限公司（简称北京建院）粤港澳大湾区创新中心在深圳正式成立。北京建院作为与共和国同龄的、具有70年传承与积淀的专业设计企业，在北京市国资委全力支持下，结合自身专、特、精、优的特点，以"文化+科技"的高精

---

[1]　2017年北京技术市场统计年报［EB/OL］.http://kw.beijing.gov.cn/art/2018/9/25/art_6656_475738.html.

[2]　2018年北京技术市场统计年报［EB/OL］.http://kw.beijing.gov.cn/art/2019/11/11/art_6656_475740.html.

尖发展为导向，积极投入粤港澳大湾区建设，持续推动"一带一路"走深走实，在区域优势和创新发展之路上迈出坚实一步，为打造国际一流湾区和世界级城市群做出扎实努力。未来，在深圳中心发展进入稳定期后，北京建院也将尝试在香港建立中心，借助香港的国际化程度，学习国际先进技术，引进国际高端的建筑设计人才，更好地服务湾区建设。用在粤港澳大湾区积累的人才资源、技术资源，服务于全国，服务于"一带一路"，更好地贴近发展战略的总要求，为国家建设贡献力量。

在国家深化高等教育改革和推进粤港澳大湾区建设的时代背景下，清华大学、北京大学、对外经济贸易大学等知名高校纷纷与深圳市人民政府合作，建立了深圳研究院。2016年11月4日，清华大学与深圳市人民政府签署协议，共建清华大学深圳国际研究生院。根据清华大学的发展战略和深圳市的产业需求，国际研究生院优先布局清华大学一流的工科学科并辅以创新管理，形成"6+1"个主题领域，一些优势学科与深圳市的产业发展需求高度契合，将为深圳产业转型提供动力，为大湾区的社会创新发展助力。国际研究生院探索加强产学研互动合作的新模式，促进原创性、颠覆性的重大技术创新成果产出，更加快速地响应和引领新兴产业发展需求的变革。目前，国际研究生院已引进石墨烯发现者、诺贝尔奖获得者安德烈·盖姆（Andre Geim）教授共建石墨烯研究中心，图灵奖获得者大卫·帕特森（David Patterson）教授担任主任的RISC-V国际开源实验室也在深圳揭牌。同时，该院已与腾讯、华为及中国南方电网等产业伙伴建立深度产学研关系。国际研究生院还通过建立系统的技术转移体系，持续推动高水平科研成果产业化研发工作，为产业界不断输入技术、人才两大新鲜"血液"，为科技、产业、经济的发展不断贡献高校力量。

在京港科技合作与交流方面，京港洽谈会自1997年以来已连续举办二十几届。其中，"京港科技创新合作论坛"专题活动由北京市科委香港贸易发展局共同主办，是京港会的重要组成部分。论坛以"新发展、新机遇"为主题，致力打造科技合作创新平台，推动科技与经贸项目务实合作，构建两地青年双创服务体系，支撑两地科技创新中心建设。多年来，京港两地聚焦科技研发合作、技术成果转移、科技人文交流三大热点，充分发挥了京港合作优势，提升了两地科技创新国际影响力。在此过程中，北京市科委与香港科技大学、香港理工大学、香港城市大学分别签署了《京港科技创新协同发展战略合作协议》。以首都科技条件平台为抓手，北京市科委与香港高校在仪器设备资源、研发测试等方面开展共享与合作，搭建了"京港青年创新创业服务平台"，共建了"中国国际技术转移中心香港分中心"，在基础研究和成果转化方面推动促成了一批京港科技合作项目。

2018年10月，在第二十二届"京港科技创新合作论坛"上，北京市科委与香港贸发局代表签署了《京港科技合作平台谅解备忘录》。北汽福田汽车股份有限公司、北京双高国际人力资本集团分别与香港城市大学签署了战略合作备忘录、合作备忘录，北汽福田汽车股份有限公司与香港城市大学共建智能汽车联合研发中心，北京三态环境科技有限公司与香港安乐工程有限公司签署了"香港特别行政区环境保护署厨余、污泥共厌氧消化试验计划预处理联合研发"合作协议。未来，新阶段京港科技合作将充分发挥京港两地在汇聚各类高端科创资源方面的优势，以市场为主导，以政府力量为支撑，密切交流互动，在科技人文交流、科技研发合作、创新环境培育、技术转移促进等4个方面精准发力，形成京港两地合作新格局。

四、对其他地区发展的辐射带动作用

从全国范围来看，北京与18个省、自治区、直辖市建立了区域科技合作和对口支援机制，在山西、内蒙古、黑龙江、宁夏、重庆、云南、贵阳等地搭建"首都科技条件平台"合作站和技术市场窗口，共建"北京—贵阳"大数据应用展示中心，服务全国的创新发展能力进一步增强。[1]2017年，区域合作与对口支援工作取得了良好效果。

---

① 白晓伟.科技创新驱动北京现代化经济体系建设研究 [J].当代经济,2020（04）：28-31.

在对口支援新疆和田地区、西藏拉萨地区，对口帮扶内蒙古赤峰、乌兰察布，以及与云南、贵阳的区域合作中，将首都科技资源与当地资源禀赋充分结合，孕育可持续造血式扶贫成果。[①]

2018年，北京流向"长江经济带"各省、自治区、直辖市技术合同20198项，成交额1526.0亿元，比上年增长50.9%，占北京流向外省、自治区、直辖市的50.6%。其中，电子信息领域成交额222.4亿元，增长28.5%，环境保护与资源综合利用领域成交额129.3亿元，比上年翻一番。流向"一带一路"18个沿线省、自治区、直辖市技术合同24715项，增长6.0%，成交额1504.5亿元，增长33.6%。其中，电子信息领域成交额437.5亿元，增长55.7%；新能源与高效节能领域成交额167.2亿元，增长141.7%。[②]

开展东北地区与东部地区部分省市对口合作工作，是落实总书记关于东北振兴重要思想的重要举措。京沈对口合作机制启动以来，京沈两市共同起草《北京市和沈阳市对口合作实施方案（2017—2020年）》，同步印发《北京市和沈阳市对口合作2017年工作计划》。沈阳经济区各市和朝阳市、盘锦市、葫芦岛市主动融入，形成了在更大范围、更高层次、更广领域深入对接的良好局面。截至2019年2月，京沈对口合作产业项目已达218个，计划总投资约3264亿元，实际完成投资450亿元。其中，在京世界500强企业、中国500强企业和民营500强企业在沈投资项目共计22个，中关村企业在沈投资项目53个，区域总部项目13个。高端装备制造业、新一代信息技术、新材料、新能源等新兴产业项目以及航空、大数据、电子商务、软件、双创领域项目占比达40%，有力推动了沈阳经济转型升级和新旧动能

① 北京市科学技术委员会.北京科技年鉴2018［M］.北京：北京科学技术出版社，2018.

② 2018年北京技术市场统计年报［EB/OL］.http://kw.beijing.gov.cn/art/2019/11/11/art_6656_475740.html.

转换。①

2018年，京沈积极推动科技资源共享。两市共同举办了科技合作项目推进会，科技自动化联盟智慧工厂研究院与中国科学院沈阳自动化研究所等6个项目成功签约，北京东旭集团与东北大学等7家在沈高校院所签订战略合作框架协议，推进京沈高等院校、科研机构加强科技研发合作，开展学术交流。东网科技与中关村大数据产业联盟和北京航天数据股份有限公司共同成立工业大数据研究院东北分院，中国电子科技集团有限公司成果转化中心（辽宁）落户沈阳浑南国际软件园。中国科学院沈阳自动化研究所、东北大学2家重点实验室分别与北京航空航天大学、清华大学签订合作协议，共建联合实验室，开展技术攻关。借助北京优势科技研发资源，对接国信优易、中科点击等北京大数据行业领先企业，国家信息中心大数据创新创业（沈阳）基地正式运营，北京天地群网、美林数据等11家企业入驻，装备制造业大数据服务平台正式上线。沈阳双创产业运营管理有限公司与北京朝阳区科技企业孵化器联盟共同打造"京沈双创产业加速器"项目，东北第一条以创新创业为主题的特色街区沈阳中国智谷双创街正式运营。北京东旭集团、北京市科技局、东北大学等10家单位共同签订京沈合作科创联盟协议，联合建立多行业跨区域创新平台。沈阳东北科技大市场引进中国生产力学院东北分院、北京百润洪知识产权代理公司、中科合创（沈阳）科技服务有限公司等9家北京科技及金融服务机构进驻，签订技术交易合同突破6000余项，实现服务合同交易额15.8亿元。②

此外，北京市科委与宁夏科技厅签订《科技合作框架协议》，举办京宁科技需求对接会，形成23项合作意向或成果；中国农业科学院、北京林业大学、北京市农林科学院、北京奶牛中心等利用本单位的科技优势，回应宁夏方提出的农业科技需求，提出具体的合作建

---

①② 双城联动开启京沈对口合作新征程 [EB/OL].https://www.sohu.com/
a/294469208_100199098.

议，积极推进京宁农业科技合作工作。2017年9月，北京农科城园区代表赴宁夏开展科技合作对接，调研宁夏开展国家农业科技园区的需求，并就科技合作达成以下几点共识：继续做好已签约项目的跟踪服务和协调，确保取得成效，进一步搭建京宁科技合作平台，提升当地农业科技水平，力促一批新的科技合作项目在宁夏落地，实现科技需求精准对接。

第四节 科技创新推动首都迈进高质量
发展新阶段

发展是第一要务，创新是第一动力。党的十八大以来，北京市牢牢把握首都城市战略定位，坚持以新发展理念为重要指引，将科技创新作为经济高质量发展的第一动力，大力推动经济发展质量变革、效率变革、动力变革，首都高质量发展迈出坚实步伐。

一、感受"中国创造"新脉动

党的十八大以来，北京主动加强经济结构战略性调整，大力发展高精尖产业，专注做好"白菜心"，努力打造高质量发展的北京样板。首都经济发展呈现出四个显著特点：一是经济实力显著增强，二是质量效益显著提升，三是经济结构显著优化，四是创新能力显著提高。

（一）经济实力显著增强

首都经济70余年来实现了跨越式大发展，目前已从高速增长阶段转向高质量发展阶段。1949年，北京地区生产总值仅为2.8亿元，1978年提高到108.8亿元，从亿元到百亿元用了29年。1994年超过千亿元，2007年迈过万亿元，从千亿元到万亿元只用了13年。2018年，地区生产总值迈上3万亿元台阶。[①]2019年，北京实现地区生产总值35371.3亿元，按可比价格计算，比上年增长6.1%，按常住人口计算，全市人均地区生产总值由2018年的15.3万元提高到16.4万元。一般公共预算收入增长0.5%；居民消费价格上涨2.3%，城镇调查失业率保持在4.4%左右，全市居民人均可支配收入实际增长6.3%左右；单位地区生产总值能耗、水耗分别下降4%和3%左右，细颗粒

---

① 首都经济70年实现跨越式发展 [EB/OL].http://bj.people.com.cn/
n2/2019/0820/c82837-33266406.html.

物年均浓度降至42微克/立方米。^①同时，就业形势保持稳定。各季度城镇调查失业率分别为4.0%、4.2%、4.2%和4.0%，保持较低水平。2019年，城镇新增就业35.1万人，超额完成目标任务。^②

同时，北京市发展成果更加惠及民生。一方面，居民收入稳步增加。1986年，北京市城镇居民人均可支配收入突破千元大关，2000年突破万元，2018年城镇居民人均可支配收入为67990元，是1955年的316.2倍，年均增长9.6%。农村居民收入在2018年也达到26490元，是1956年的194.8倍。^③2019年，全市实现市场总消费额27318.9亿元，比上年增长7.5%。居民消费价格比上年上涨2.3%。居民人均可支配收入67756元，比上年增长8.7%，扣除价格因素，实际增长6.3%，快于地区生产总值增速0.2个百分点。其中，在稳定就业及个税改革带动下，工资性收入增长9.4%，比上年提高2.4个百分点。^④另一方面，百姓消费结构不断改善。老百姓消费结构基本改变了以吃穿等生活资料为主的格局，旅游、教育、文化、养老等成为新消费热点，老百姓的精神生活更加丰富。服装消费从实物消费向文化消费升级，瑞蚨祥、内联升等老字号展现了北京的底蕴，百姓衣着更加彰显文化自信。品质升级还体现在住的方面，人民居住条件明显改善，住房上实现了普遍蜗居到基本适居的跨越。

（二）质量效益显著提升

在质量效益方面，2018年北京市人均地区生产总值为2.12万美元，达到发达国家或地区水平；全员劳动生产率达到每人24.4万元，居全国第一位；一般公共预算收入由改革开放初期的50.5亿元提升

---

① 陈吉宁.2020北京市政府工作报告［EB/OL］.http://district.ce.cn/newarea/roll/202001/20/t20200120_34162178.shtml.

②④ 北京市统计局.北京市2019年国民经济和社会发展统计公报［EB/OL］.http://www.tjcn.org/tjgb/01bj/36179_4.html.

③ 首都经济70年实现跨越式发展［EB/OL］.http://bj.people.com.cn/n2/2019/0820/c82837-33266406.html.

到2018年的5785.9亿元。① 产业发展进一步提质增效。2019年，北京市高技术产业增加值占地区生产总值的比重为24.4%，比上年提高0.2个百分点；战略性新兴产业增加值占地区生产总值的比重为23.8%，比上年提高0.1个百分点（高技术产业、战略性新兴产业二者有交叉）；新一代信息技术、人工智能和新材料产业较快发展，相关产品产量快速增长，卫星导航定位接收机产量增长26.3%，智能电视产量增长13.3%。规模以上工业企业劳动生产率比上年提高4.6万元/人，规模以上服务业企业人均创收比上年增长14.1%。②

2019年，北京全面落实中央"六稳"要求，经济运行保持在合理区间。加强统筹调度和项目谋划，狠抓实物投资落地，围绕基础设施、民生改善、高精尖产业等领域，实施300项市重点工程，建安投资增长6%左右。强化标准引领，发布地方标准180项，扩大高质量产品和服务供给。出台19项促消费政策，培育发展消费细分市场。围绕首批"夜京城"地标、商圈和生活圈，点亮夜间消费场景，开发文旅夜游项目，完善交通等公共设施与服务，打造有品质有温度有特色的夜间经济。开展王府井等4个重点商圈改造提升，启动首批10家传统商场"一店一策"升级改造。市场总消费增长7.5%左右，其中社会消费品零售总额、服务性消费额分别增长4%和10%以上。

对外开放全方位扩大。全面落实新一轮服务业扩大开放综合试点方案，以更大力度更高水平打造全面开放型现代服务业发展先行区。实施金融、科技、互联网信息、专业服务等8个领域开放改革三年行动计划，统筹推进政策项目落地。宝马中国投资、戴姆勒商用车投资、丰田氢燃料电池研发中心等272个项目在京落地，规划建设中德、中日国际合作产业园。积极应对中美经贸摩擦，制定稳外贸一揽子措施，全市货物进出口增速持续高于全国平均水平。中国国际服务

---

① 首都经济70年实现跨越式发展 [EB/OL].http://bj.people.com.cn/n2/2019/0820/c82837-33266406.html.

② 北京市统计局.北京市2019年国民经济和社会发展统计公报 [EB/OL].http://www.tjcn.org/tjgb/01bj/36179_4.html.

贸易交易会提质升级，参展参会人次增长3倍，"一带一路"国家参与率超过70%。国际人才社区试点区域增加到8个，确定7家国际医疗试点医院和6个国际医疗服务试点区，实施国际学校发展三年行动计划，"类海外"环境加快形成。

（三）经济结构显著优化

改革开放以后，北京逐步调整产业结构，明确第三产业为主导产业，在全国范围内较早开始发展服务业。以金融业、信息服务业、科技服务业和商务服务业为代表的现代服务业迅速发展，其中金融业在2000年超过批发零售贸易业、餐饮业成为服务业第一大行业。2018年，全市第三产业比重达到81%，对经济增长的贡献率超过80%，成为全市经济的"压舱石"、驱动全市经济稳步前进的主引擎。2019年，全市第三产业增加值比上年增长6.4%，高于地区生产总值增速0.3个百分点，对经济增长的贡献率达到87.8%。其中，金融、信息、科技等优势服务业占经济比重达到40%，对全市经济增长的贡献率达67%，持续发挥带动作用。总部经济贡献了北京市七成的营业收入和四成的财政收入，北京拥有世界500强跨国公司53家、数量居全球城市首位。金融街、CBD、中关村等六大高端产业功能区对经济增长的贡献达40%左右。

消费代替投资成为经济增长的主要驱动力，对经济增长的贡献率超过70%。需求结构持续优化。服务性消费对市场总消费增长的贡献率达到72.7%，生活用品及服务、医疗保健、教育文化和娱乐消费较快增长。升级类商品消费活跃，可穿戴智能设备类、智能家电类商品零售额增速均达到20%以上。高技术制造业固定资产投资占制造业投资的比重为54.0%，比上年提高1.6个百分点。高新技术产品出口额增长8%，增速高于全市出口1.9个百分点。[1]

---

① 北京市统计局.北京市2019年国民经济和社会发展统计公报［EB/OL].http：//www.tjcn.org/tjgb/01bj/36179_4.html.

产业内部结构不断向"高精尖"发展。2017年11月30日,动物园批发市场疏解腾退工作完成。这里将凤凰涅槃,成为金融、科技等业态融合发展示范区。"动批"的腾笼换鸟,是北京产业结构内部转型升级的缩影。

(四)创新能力显著提高

创新是北京经济发展的第一动力,也是唯一出路。随着全国科技创新中心的建设,北京科技创新动力不断增强。2012年至2018年,北京市研究与试验发展(R&D)经费支出占地区生产总值比重年均达5.8%,始终保持全国首位。2018年,专利申请量和授权量、技术合同成交额,均较2012年翻一番;2012年以来,在京单位主持完成的国家科学技术奖累计达500余项,约占全国1/3;2018年,日均增加科技型企业约200家;北京已创建3家国家级制造业创新中心、11家市级产业创新中心、28家国家技术创新示范企业、92家国家级企业技术中心。[①]2019年,北京发明专利授权量占全部专利授权量的比重为40.3%,比上年提高2.3个百分点,每万人发明专利拥有量比上年增加20件;北京向津冀转移技术合同成交额增长24.4%,占流向外省市成交额的比重为9.9%,比上年提高2.4个百分点;全市研发投入强度达到6%左右,技术合同成交额近5700亿元,发明专利授权量增长13.1%。[②]

科技创新的载体和平台建设取得重要进展,科技创新生态环境进一步优化。中关村国家自主创新示范区加大先行先试力度,引导各分园聚焦主业,实现特色化、差异化发展,重点建设22家硬科技孵化器,首发100余项新技术新产品,着力加强科技型企业培育,企业研发投入增长16%左右。示范区企业总收入达到6.5万亿元左右,增

---

① 北京晒出科技创新"大数据"[EB/OL].http://ip.people.com.cn/n1/2019/0826/c179663-31316733.html.

② 北京市统计局.北京市2019年国民经济和社会发展统计公报[EB/OL].http://www.tjcn.org/tjgb/01bj/36179_4.html.

长10%以上。中关村国家自主创新示范区高新技术企业技术收入增长16.9%，占总收入的比重为20.1%，比上年提高2个百分点。① "三城一区"主平台建设取得新进展。中关村科学城深入落实海淀创新发展16条，强化对企业创新服务，持续改善创新生态体系和城市创新形态，涌现出世界首款类脑芯片、我国首款在海外获批的抗癌新药等标志性科技成果。怀柔科学城综合性国家科学中心建设提速，发布实施科学城规划，5个大科学装置全部开工。未来科学城东区央企创新要素聚集效应逐步显现，一批创新配套设施落地，"混合型"研发格局正在形成。北京经济技术开发区完成扩区，改革管理体制、运行机制，明确了推进高质量发展20项重点任务，瓦里安研发中心、阿斯利康北方总部等外资项目落地，开放型、创新型产业集群加快形成。

北京创新生态环境明显改善。近年来，北京市先后出台 "9+N" 系列政策措施，进一步优化营商环境三年行动计划，优化营商环境2.0版、3.0版改革方案等重要文件，在国内营商环境评价中继续保持第一，为我国营商环境世界银行排名进一步提升做出突出贡献。同时，北京还发布实施新时代深化科技体制改革30条政策措施，修订科学技术奖励办法，推动出台促进科技成果转化条例，系统布局基础前沿研究，发布人工智能北京共识，科技创新基金设立33只子基金投向硬科技和创新早期，建立总规模300亿元的纾困资金池，建立健全 "1+8" 的科创、民营、小微企业融资服务体系，为科技创新营造良好环境。

二、高精尖产业蓬勃发展

近年来，北京市相继出台了《加快科技创新发展新一代信息技术等十个高精尖产业的指导意见》《北京市高精尖产业技能提升培训补贴实施办法》等重要文件，为高精尖产业蓬勃发展提供政策支持。在

---

① 北京市统计局.北京市2019年国民经济和社会发展统计公报［EB/OL］.http：// www.tjcn.org/tjgb/01bj/36179_4.html.

科技创新的支撑下，北京高精尖产业建设取得重要进展。

目前北京的十大高精尖产业是新一代信息技术、集成电路、医药健康、智能装备、节能环保、新能源智能汽车、新材料、人工智能、软件和信息服务业、科技服务业。截至2017年底，北京十大高精尖产业实现总收入30065亿元，其中新一代信息技术产业和科技服务业成为万亿级产业集群，医药健康、智能装备、节能环保成为千亿级产业集群。产业发展质量明显提升，全市规模以上工业劳动生产率达到40.8万元/人，规模以上工业万元增加值能耗同比下降8.7%，达到历史最好水平。据统计，2018年，北京国家高新技术企业达到2.5万家，增长25%，平均每天新设创新型企业199家，全市技术合同成交额增长10.5%。中关村国家自主创新示范区总收入超过5.8万亿元，独角兽企业80家，居全国首位。规模以上高技术制造业增加值实现两位数增长，规模以上文化产业收入达到1万亿元，金融、科技、信息等优势服务业对经济增长贡献率达到60%以上。①

2018年，北京深入实施新一代信息技术等10个高精尖产业发展指导意见，制订5G、人工智能、医药健康、智能网联汽车、无人机等产业发展行动计划和方案，精心谋划各区主导产业和重点培育产业方向。落实财政、土地、人才支持政策，推动土地弹性年期出让，实施中关村国际人才20条新政，2300多名人才办理引进落户手续。设立金融街服务局，着力提高国家金融管理中心服务能力。启动建设北京金融科技与专业服务创新示范区。制订防控金融风险三年行动计划，非法集资和互联网金融风险专项整治取得积极成效。规模以上高技术制造业增加值实现两位数增长，规模以上文化产业收入达到1万亿元，金融、科技、信息等优势服务业对经济增长贡献率达到60%以上。②

---

① 北京市产业经济研究中心.北京市产业经济发展蓝皮书（2018-2019）[M].北京：北京工艺美术出版社，2019.

② 2019年北京市政府工作报告［EB/OL］.http://district.ce.cn/newarea/roll/201901/23/t20190123_31339081.shtml.

以国家战略需求引导创新方向，全国科技创新中心加快建设，高精尖产业发展态势良好。北京市突破体制机制障碍，整合创新资源，打通创新链条，组建北京量子信息科学研究院、脑科学与类脑研究中心、智源人工智能研究院等新型研发机构，综合性国家科学中心建设全面展开。深化"三城一区"建设，高水平编制规划、细化方案。中关村科学城创新要素深度融合，服务创新主体能力增强，城市创新文化和形态更加优化，自主创新活力进一步提升，涌现出马约拉纳任意子、新型超低功耗晶体管等重大标志性原创成果。怀柔科学城综合极端条件实验、地球系统数值模拟等两个大科学装置和材料基因组等5个交叉研究平台建设取得阶段性进展；未来科学城着力引进开放性科研平台和双创平台；北京经济技术开发区利用外资水平加快提升，一批重大产业项目落地见效，创新型产业集群增势良好。设立规模为300亿元的科技创新母基金，专注布局硬科技和创新早期。

以新一代信息技术与医药健康为引领，北京市不断塑造高精尖产业发展新动能。5G商用步伐加快，在世界园艺博览会、篮球世界杯期间实现"5G+8K"超高清视频转播。实施智能网联汽车创新发展行动方案，累计开放测试道路503公里，测试总里程达到104万公里。全产业链布局医药健康产业体系，启动建设5个示范性研究型病房，建设专业孵化器，支持第三方技术服务、中试服务和代工生产服务等平台建设，全力满足创新品种落地空间需求。发布促进人工智能与医药健康融合发展工作方案，重点培育"AI+健康"新兴产业。支持创新医疗器械应用推广，创新医疗器械获批数量全国第一。中关村生命科学园引入专业化、市场化、国际化运营服务公司，产业促进能力明显提升。全市规模以上高技术制造业、医药制造业增加值增速均高于全市工业平均水平。以5G技术为支撑，远程医疗会诊将成常态。在高传输速度、低延时的5G网络支持下，千里之外的医生远程操作"机器人系统"做手术将成为常态。

当前，北京正聚焦5G产业发展和示范应用，5G网络部署以及在健康医疗、旅游景区等领域的场景应用，处于全国领先。根据《北京市5G产业发展行动方案（2019—2022）》，北京将加快推动网络布局建设，构筑高端高新的5G产业体系，推动首都新一代信息技术产业全面升级。围绕北京城市副中心、北京新机场、2019年北京世界园艺博览会、2022年北京冬奥会、长安街沿线升级改造五大重大工程、重大活动场所需要，开展5G智能交通、健康医疗、工业互联网、智慧城市、超高清视频应用等五大类典型场景的示范应用，最终培育一批5G产业新业态。数据显示，截至目前三大运营商在本市共建设完成超过8800个5G基站，主要覆盖长安街沿线、世界园艺博览会、央视采播中心、首钢园区等典型应用场景区域，在部分医院、社区、旅游景区以及冬奥会等民生领域布局的5G示范应用，已形成广泛展示、贴近民生的生动局面。[①]即将在2022年举行的冬奥会上，5G创新技术将全面应用到超高清视频直播、VR观赛、机器人礼宾服务、智能交通应用等全新赛事体验上。同时，5G也将为奥运村的智能家居、交通、餐饮、医疗、娱乐、动态图像识别提供更快速便捷的技术手段。下一步，北京将以更多应用场景培育5G产业新业态，从而推动5G技术的进步和产品应用，推动文化娱乐、VR教学、智慧园区、智慧银行等垂直行业的5G应用，满足更多民生需求。

三、群雄逐鹿，英才辈出

北京已成为全球独角兽企业最多的城市。2019年，中国共有218家企业被评为"中国独角兽企业"，北京80家企业进入2019年中国独角兽企业榜单。其中估值超过100亿美元（含）的超级独角兽企业共7家，北京共有5家，分别为字节跳动（750亿美元）、滴滴出行（580亿美元）、快手（286亿美元）、京东数科（200亿美元）和京东物流（134亿美元）。[②]从估值比较，北京以超2万亿人民币的总估值成为大中华

---

① 北京超8800个5G基站完成布局 5G正加速走进千家万户 [EB/OL].http://www.chinanews.com/sh/2019/09-23/8963017.shtml.

② 2019年中国独角兽企业排行榜（北京篇）[EB/OL].https://www.askci.com/news/chanye/20200803/1759461172209.shtml.

区独角兽企业总体规模最大的城市，总估值规模占整个大中华区近4成。值得注意的是，北京在人工智能领域的表现尤为突出。据统计，2019年，全国人工智能领域独角兽企业共有18家，10家在北京，核心业务覆盖AI专用芯片、机器视觉、智能语音、无人驾驶等领域。新零售、新文娱、互联网教育、医疗健康、金融科技等领域升级发展出新赛道，北京独角兽企业在这些新赛道上表现突出。下面，简要介绍独角兽企业字节跳动、滴滴出行、小米和美团，从他们的创业历程和蓬勃发展中，也可以看出北京市的创新创业精神。

（一）张一鸣和字节跳动

作为近年在网络中爆红的产品"今日头条""抖音短视频"等的母公司，北京字节跳动科技有限公司如一匹黑马在互联网行业中杀出重围，充分利用技术创新、市场创新、组织创新等创新手段助力企业成长，一跃成为全球最大的"超级独角兽"。这其中伴随着张一鸣的创新创业史。

张一鸣，2005年毕业于南开大学软件工程专业，曾参与创建酷讯、九九房等多家互联网公司，历任酷讯技术委员会主席、九九房创始人兼CEO。2012年3月，张一鸣创建了北京字节跳动科技有限公司，希望通过技术创新改善人们获取信息的方式。2013年，他先后入选《福布斯》"中国30位30岁以下的创业者"和《财富》"中国40位40岁以下的商业精英"，是中国国内互联网行业最受关注的青年领袖之一。2015年2月，张一鸣荣获人民网主办的"2014中国互联网年度人物"称号。2019年《福布斯》全球亿万富豪榜，张一鸣以162亿美元（折合人民币约1090亿），成为中国80后白手起家富豪第一人。

字节跳动是最早将人工智能应用于移动互联网场景的科技企业之一。发展初期，凭借"今日头条"和"抖音"成为互联网领域的一匹黑马。其独立研发的"今日头条"区别于新闻资讯简单汇总的新闻客户端，开创了一种全新的新闻阅读模式。2015年，"今日头条"在新闻资讯领域的市场份额超越了腾讯新闻和网易新闻两大巨头，成为互联网资讯的头号选手。2016年，字节跳动又推出"抖音"短视频APP，迅速吸引大量用户，成为现象级产品。凭借两大流量APP，字节跳动成为互联网领域的一匹黑马。发展至今，基于内容服务逐步向电商、搜索、支付等领域拓展。字节跳动通过"今日头条"和"抖音"两款核心产品获得了瞩目的流量优势，沉淀了海量的用户兴趣数据，开始积极谋划布局互联网生态系统。2019年2月，CB Insights发布了2019年全球独角兽榜，其中字节跳动以750亿美元估值超越Uber，被评为全球最有价值的独角兽企业。

张一鸣把人划分为两类：活在现实中的少数精英和围绕着一个东西转的大部分人。最推崇"延迟满足感"的张一鸣，最讲究自律。但他做出来的产品，却千方百计地让人马上满足。他知道延迟满足感，只有极少数人才能做到，所以创造出一片欢乐的信息王国，让绝大部分人围着打转；他明白未来由少数精英掌控，就像机器一样训练自己，精确到每分每秒，用算法使自己立于不败之地。正因为如此，始终清醒、冷静的张一鸣，在巨头林立中，硬闯出了自己的一片天空。

（二）程维和滴滴出行

程维曾在阿里巴巴集团任职八年，在区域运营和支付宝B2C业务上取得成功的管理经验。2012年，29岁的程维创办小桔科技，在北京中关村推出手机召车软件。2014年，嘀嘀和快的掀起轰动全国的补贴大战，移动出行由此开始普及。同年，"嘀嘀打车"正式更名为"滴滴打车"；滴滴专车上线，为用户提供高端出行服务。2015年之后，滴滴打车和快的打车成功进行战略合并，由此滴滴进入快速发展阶段；快车、C2C拼车、跨城顺风车服务、巴士业务、代驾业务等相继上线；更名为"滴滴出行"，进行全面品牌升级，明确构建一站式出行平台。同时，滴滴"机器学习研究院"成立并展开全球科学家招募计划，开始在全球范围吸引人才来为中国出行产业发展大数据和深度学习技术能力。同年，程维随中国国家主席习近平访美参加第八届中美互联网论坛，并在夏季达沃斯论坛受到李克强总理接见。共享经济模式得到积极肯定，滴滴入选世界经济论坛2015达沃斯"全球成长型公司"。2015年，滴滴完成14.3亿订单，成为仅次于淘宝的全球第二大在线交易平台。2017年，滴滴完成新一轮超过55亿美元的融资，ofo单车接入滴滴APP，并且与斯坦福大学人工智能实验室达成合作。2018年，新加坡总理李显龙访问滴滴出行，称赞中国智慧交通经验值得学习。同时，滴滴出行成立一站式汽车服务平台，涵盖已有的汽车租售、加油、维保及分时租赁等多项汽车服务与运营业务。

滴滴出行始终致力于与监管部门、出租车行业、汽车产业等伙伴积极协作，以人工智能技术推动智慧交通创新，解决全球交通、环保和就业挑战，持续致力于提升用户体验，创造社会价值，建设安全、开放、可持续的未来移动出行和生活服务新生态。如今，滴滴出行已打造成一站式的移动出行和生活平台，在亚洲、拉美和大洋洲为超过5.5亿用户提供出租车、快车、专车、豪华车、公交、代驾、企业级、共享单车、共享电单车、汽车服务、外卖、支付等多元化的服务。在滴滴平台上，有数千万车主及司机获得灵活的工作和收入机会，年运送乘客超100亿人次。[①]

（三）雷军和小米科技

"只要站在风口上，猪都能飞起来。"这句话出自小米科技董事长雷军，用来形容他的企业再合适不过。北京小米科技有限责任公司成立于2010年3月，是一家专注于智能硬件和电子产品研发的全球化移动互联网企业，同时也是一家专注于高端智能手机、互联网电视及智能家居生态链建设的创新型科技企业。小米公司创造了用互联网模式开发手机操作系统、发烧友参与开发改进的模式，是继苹果、三星、华为之后第四家拥有手机芯片自研能力的科技公司。2018年7月，小米在香港交易所主板挂牌上市。2019年，小米手机出货量1.25亿台，全球排名第四，电视在中国售出1021万台，排名第一。目前，

---

① 滴滴官网［EB/OL］.https://www.didiglobal.com/.

小米已经建成了全球最大消费类物联网平台，连接超过1亿台智能设备，MIUI月活跃用户达到2.42亿。小米系投资的公司接近400家，覆盖智能硬件、生活消费用品、教育、游戏、社交网络、文化娱乐、医疗健康、汽车交通、金融等领域。2019年6月，小米入选2019福布斯中国最具创新力企业榜；2019年，福布斯全球数字经济100强榜显示，小米位列第56位；2019年12月，《人民日报》"中国品牌发展指数"100榜单排名30位。①

"为发烧而生"是小米的产品概念，"让每个人都能享受科技的乐趣"是小米公司的愿景。小米公司应用了互联网开发产品的模式，用极客精神做产品，用互联网模式干掉中间环节，致力让全球每个人都能享用来自中国的优质科技产品。

（四）王兴和美团

美团的全称为北京三快在线科技有限公司，是2010年3月成立的团购网站，以"吃喝玩乐全都有""美团一次美一次"为服务宣传宗旨。2009年7月，王兴的饭否网因故被关闭，直到2010年1月，饭否依然开张无望，于是他萌发了创建一个类似Groupon网站的念头。3月4日，王兴的美团上线。由于王兴的创业经历，美团一上线即引起广泛关注。2015年，美团完成7亿美元融资，估值达到70亿美元。同年10月，大众点评与美团宣布合并，更名为美团点评。2018年9月，美团点评登陆香港交易所。截至2020年3月31日，美团年度交易用户总数达4.5亿，平台活跃商户总数达610万，用户平均交易笔数为26.2笔。②作为中国领先的生活服务电子商务平台，公司拥有美团、大众点评、美团外卖等消费者熟知的APP，服务涵盖餐饮、外卖、打车、共享单车、酒店旅游、电影、休闲娱乐等200多个品类，业务覆盖全国2800个县区市。美团的使命是"帮大家吃得更好，生

---

① 小米官网［EB/OL］.https：//www.mi.com/p/9290.html.
② 美团企业官网—美团点评官方网站［EB/OL］.https：//about.meituan.com/home.

活更好"。当前，美团战略聚焦Food+Platform，以"吃"为核心，建设生活服务业从需求侧到供给侧的多层次科技服务平台。与此同时，美团正着力将自己建设成为一家社会企业，希望通过和党政部门、高校及研究院所、主流媒体、公益组织、生态伙伴等的深入合作，构建智慧城市，共创美好生活。

四、科技创新强劲支撑疫情防控

从2019年底开始，一场突如其来的新冠肺炎疫情席卷神州大地，这次疫情是新中国成立以来在我国发生的传播速度最快、感染范围最广、防控难度最大的一次重大突发公共卫生事件。党中央高度重视科技在疫情防控中发挥的决定性作用，由科技部、国家卫健委等12个部门组成科研攻关组，确定了临床救治和药物、疫苗研发、检测技术和产品、病毒病原学和流行病学、动物模型构建等五大主攻方向，组织跨学科、跨领域的科研团队，科研、临床、防控一线相互协同，产学研各方紧密配合，为打赢疫情防控阻击战提供了强大科技支撑。

面对疫情，北京作为全国科技创新中心，责无旁贷，建立战时机制，推动"政、医、研、产"上下游衔接，创新组织和合作模式，出台加强新冠肺炎科技攻关"十条"，组织优势力量开展疫苗、诊断试剂、药物研发攻关，强化大数据、人工智能和新材料等技术应用，加班加点、争分夺秒与病毒"赛跑"。

在加强临床诊断领域技术攻关方面，北京市科委支持军科院军事医学研究院合作开发病毒核酸类检测关键技术，首批获国家药监局批准用于临床诊断；万泰生物、热景生物、金豪制药、纳捷诊断、卓诚惠生、泛生子等企业与军事医学研究院五所、国家CDC等机构合作，加快开发免疫法、快速PCR法等快速诊断产品；京天成、神州细胞等完成了病毒抗原关键蛋白和相关特异性抗体，为药物和试剂开发提供关键核心原料。

在加快潜在药物筛选和新药研发方面，全球健康药物研发中心与清华大学一同对外免费开放药物研发平台和数据资源，实行科研数据与信息共享；借助人工智能等手段，通过对已知文献、资料进行大数据挖掘，多家机构合作开展"老药新用"筛选，为制药企业提供有潜力的药物靶点。四环制药、舒泰神、天广实、科兴生物等北京企业加紧开展抗体、疫苗等药物研发。

在支持疫情防控所需药品生产方面，根据国家推出的诊疗方案，推动以岭药业、同仁堂、聚协昌、凯因科技、三元基因等企业在春节期间积极调整计划，优先安排纳入方案的药物生产，主要包括连花清瘟胶囊（颗粒）、金花清感颗粒、重组人干扰素注射液等。

在新型智能测温设备与系统研发方面，针对机场、火车站、地铁等场所人员密度高、流动性大等特点，组织人工智能与红外热成像领域科技企业联合攻关，研制高通量、高效率智能体温检测与分析系统，并协调应用场景加快应用。

截至2020年12月，全国有5种疫苗进入Ⅲ期临床试验，其中北京研发占4种；全国有5个团队的中和抗体药物获批临床试验，研发均来自北京；全市9个诊断试剂产品获批上市，数量居全国第一。支持开发了AI影像辅助诊断产品、新冠肺炎线上医生咨询平台等新产品。深度运用大数据技术精准开展确诊病例溯源、流调和进出京人员风险识别。新发地聚集性疫情发生后，仅用不到16小时精准锁定疫情传播源头并迅速确定高危风险人员。北京自觉担当起全国科技防疫的先锋骨干角色，坚持面向人民生命健康，强化科技支撑疫情防控，人民群众获得感、幸福感、安全感显著增强。

第五节　面向未来的北京科技创新任重道远

新时代呼唤新的科技发展理念。当前，全球科技创新进入空前密集活跃的时期，新一轮科技革命和产业变革正在重构全球创新版图、重塑全球经济结构。只有抢抓战略机遇才有望实现后发赶超。与此同时，新冠肺炎疫情影响广泛深远，世界进入动荡变革期，我国发展面临环境日趋复杂，重要战略机遇期的机遇和挑战都有新的发展变化。以国内大循环为主体、国内国际双循环相互促进的新发展格局，是当前我国面对复杂的国内外经济形势，推动经济社会结构性调整的重大战略部署，是推动经济高质量发展的必由之路。形成新发展格局，需要高度重视科技创新的推动作用，不断提升自主创新能力，从根本上破解制约"双循环"要素流通的障碍。

2020年10月29日，中共第十九届中央委员会第五次全体会议通过《关于制定国民经济和社会发展第十四个五年规划和二〇三五年远景目标的建议》，将"实施创新驱动发展，全面塑造发展新优势"作为"十四五"时期国家经济社会发展的第一项重要工作任务，明确要求"把新发展理念贯穿发展全过程和各领域"，提出"坚持创新在我国现代化建设全局中的核心地位，把科技自立自强作为国家发展的战略支撑，面向世界科技前沿、面向经济主战场、面向国家重大需求、面向人民生命健康，深入实施"科教兴国"战略、人才强国战略、创新驱动发展战略，完善国家创新体系，加快建设科技强国"的战略发展要求，并首次明确支持北京形成国际科技创新中心，再一次升级了首都"科技创新中心"的定位和重要性，对提高北京创新能力的国际影响力，促进首都高质量发展，无疑有着重要意义。

要实现这一宏伟蓝图，北京必须承担起国际科技创新中心的重任，以新理念、新思路、新方法、新战略指导科技创新的实践，把创新、协调、绿色、开放、共享的新发展理念贯穿科技发展的全过程和各领域，深入实施创新驱动发展战略，超前谋划和部署，牢牢抓住新一轮科技革命及其引发的产业变革带来的战略机遇，优化创新能力区域空间布局，完善科技体制机制，整合优化创新资源，全方位加速融入世界创新网络，加强基础科学研究和共性关键技术攻关，大力提升科技创新能力，充分发挥科技创新对高质量发展的引领支撑作用，为我国建设科技强国、实现"两个一百年"战略目标贡献"北京智慧""北京经验""北京方案"。

一、超前部署，抢占未来科技制高点

科技是国家强盛之基，创新是民族进步之魂。当前，世界范围内新一轮科技革命和产业变革正在蓬勃兴起，全球科技创新进入密集活跃期，颠覆性技术创新层出不穷，新产业新业态相继涌现，科技创新成为重塑世界经济结构和竞争格局的关键。为此，北京需要站在世界科技创新前沿，以全球视野超前谋划和部署，积极融入全球创新网络，全面增强自主创新能力，实现从"跟跑"向"并跑""领跑"转变。

强化国家战略科技力量，包括加快建设国家实验室，全力建好北京怀柔综合性国家科学中心，持续推进世界一流重大科技基础设施集群建设，前瞻布局新一批世界一流新型研发机构。积极探索社会主义市场经济条件下关键核心技术攻关新型举国体制，提升科技创新体系化能力。

统筹布局"从0到1"基础研究和关键核心技术攻关。做强战略长板，力争在人工智能、量子信息、区块链、光电子、生命科学等领域持续占先。弥补关键短板，力争在集成电路、关键新材料、通用型关键零部件、高端仪器设备等领域突破一批"卡脖子"技术。

抓紧布局战略性新兴产业、未来产业。围绕战略性新兴产业的创新发展，加强科技创新和技术攻关，强化关键环节、关键领域、关键产品保障能力。深入实施《〈中国制造2025〉北京行动纲要》和《"互联网+"行动计划》等，以新一代信息技术、智能制造、生物医药等领域为重点，突破一批关键共性技术和核心瓶颈技术，培育具有国际竞争力的创新型领军企业，构建前沿技术创新高地。加快科技创新发展新一代信息技术、集成电路、医药健康、智能装备、节能环保、新能源智能汽车、新材料、人工智能、软件和信息服务以及科技服务业等十个高精尖产业，代表北京、代表中国参与国际竞争，从"跟跑""并跑"向"并跑""领跑"转变。鼓励企业深度参与国际标准制定，开展关键技术专利预警，着眼于科技发展规划编制开展专利分析预警，明确专利等重要知识产权布局方向，引导形成核心专利，加强专利全球布局和全球并购。

积极对接国家"科技创新2030重大项目"。充分利用国家和北京市各类基地、平台、中心、专项，全面对接国家"科技创新2030重大项目"，将对接工作上升为北京市政府乃至国家意志，针对2030重大项目逐一落实候选责任主体。完善政府配套资金分类和全社会经费投入机制。完善地方经费配套机制，成立"北京市对接科技创新2030重大项目的配套专项资金"。争取并配合智能制造和机器人、航空发动机和燃气轮机、新一代人工智能、深空探测及空间飞行器在轨服务与维护系统、行业自主创新等科技创新2030重大项目在京布局。

深度参与全球科技治理，推动国际科技共同体建设。为迎接新一轮科技革命与产业变革浪潮，针对一些重大的颠覆性技术创新发生在交叉学科领域的特征，支持高校、科研院所、企业全球范围内跨界建会或成立学会联合体，推动开放型、枢纽型、平台型国际科学共同体建设，充分发挥其学术功能和社会治理功能，促进国际科学共同体普遍性、公有性、无私利性和有条理的怀疑性等基本价值规范实现。积极主动融入全球科技创新网络，瞄准世界科技前沿，积极提出并牵头组织国际大科学计划和大科学工程，鼓励科学家发起和组织国际科技合作计划，不断增强北京在全球科技竞争中的影响力和话语权。

二、优化布局，打造原始创新策源地

习近平总书记指出，科技创新是核心，抓住了科技创新就抓住了牵动我国发展全局的牛鼻子。面向未来，北京需要坚持以新发展理念为引领，全力打造科技创新策源地。《北京加强全国科技创新中心建设总体方案》明确提出，加大科研基础设施建设力度，超前部署应用基础及国际前沿技术研究，加强基础研究人才队伍培养，建设一批国际一流研究型大学和科研院所，形成领跑世界的原始创新策源地，将北京打造为世界知名科学中心。为实现这一目标，必须充分发挥"三城一区"为主平台和中关村国家自主创新示范区为主要载体的作用，聚焦"科学"与"城"的功能，创新管理体制机制，分区域、分步骤推进审批权限赋权和下放，深化协调联动发展。

聚焦中关村科学城，提升基础研究和战略前沿高技术研发能力，取得一批重大原创成果和关键核心技术突破，率先建成国际一流科学城。强化中关村科学城的原始创新策源地能力建设，坚持以基础研究为先导，优化高校院所科研组织形式，推进孵化器提质增效，促进创新要素深度融合，加强头部企业的带动作用，努力形成一批具有全球影响力的原创成果、创新型领军企业。

突破怀柔科学城，推进大科学装置和交叉研究平台建成运行，形成国家重大科技基础设施群。重点抓好怀柔科学城的综合性国家科学中心建设，创新科技基础设施运行机制，加快建设科教基础设施和第二批交叉研究平台，围绕大科学装置和交叉研究平台构建创新链，加快完善城市服务和配套功能，不断补齐创新要素短板。

搞活未来科学城，深化央地合作，盘活存量空间资源，引进多元创新主体，推进"两谷一园"建设。增强创新要素交流互动的活跃度和聚集度，深化与央企合作，营造"龙头企业+中小创新企业+公共服务平台+高校"的创新生态。东区重点布局能源产业，打造具有国际影响力的"能源谷"；加强昌平区沙河高教园的产教合作，将中关村生命科学园建设成具有全球领先水平的"生命谷"。

提升"一区"高精尖产业能级，深入推进北京经济技术开发区和顺义创新产业集群示范区建设，承接好三大科学城创新效应外溢。以设立中国（河北）自由贸易试验区大兴机场片区为契机，加强北京经济技术开发区的开放力度，超前对接三大科学城科技成果，着力解决服务和引资的体制机制问题，打造国际化、专业化的运营服务团队，围绕电子信息产业、生物医药产业、汽车及交通设备产业、装备制造产业四大主导产业细分产业链，制定关键核心领域技术路线图，进一步开展国际产业合作，建设成具有全球影响力的科技成果转化承载区。

强化中关村国家自主创新示范区先行先试带动作用，设立中关村科创金融试验区，推动"一区多园"统筹协同发展。围绕空间聚焦、产业聚集和服务提升，优化空间布局，强化土地集约利用，进一步深化顺义、房山、通州等分园主导产业和培育产业的发展路径和支持举措，提升各分园发展的专业化、市场化服务能力。提升国际化发展环境，加快建设创新合作载体，着力提升"中关村论坛"国际影响力。集聚国际创新要素，促进科技类国际非政府组织落地示范区，探索引入国际专业团队参与相关专业园区建设管理。加强国内重点区域合作，围绕打造京津冀协同创新共同体构建科技创新园区链，加快雄安新区中关村科技园、天津滨海—中关村科技园等合作园区（基地）建设，提升中关村京外合作园区发展水平，提升科技创新中心的辐射力和影响力。

三、整合资源，培育壮大发展新动能

创新是引领发展的第一动力。以科技创新驱动高质量发展，是贯彻新发展理念、破解当前经济发展中突出矛盾和问题的关键，也是加快转变发展方式、优化经济结构、转换增长动力的重要抓手。北京是全国科技创新中心和文化中心，拥有非常丰富的科技资源和文化资源，核心优势在于"智力、人才密集""中央资源富集"的首都优势。在我国进入高质量发展的新阶段，北京要整合优化创新资源，充分发挥科技创新"第一动力"的作用，切实提高科技进步对经济、社会发展的贡献度。

积极推动央地资源融合，全力提升科技创新对经济的引领支撑能力。顺应创新主体多元、活动多样、路径多变的新趋势，依托全国科

技创新中心建设领导小组、全国文化中心建设领域小组等机制，进一步推动央地资源融合创新发展，加强基础研究、应用基础研究和关键核心技术攻关，构建原始创新和前沿技术创新高地，提升科技创新对经济的引领支撑能力。对接国家重大科技计划，促进首都科技资源开放共享和科技成果转化落地。加快发展新一代信息技术等十大高精尖产业，推动绿色、集约、智能的北京产业发展方式，实现"减重、减量、减负"发展，推进北京向更高质量发展。

建设全球数字经济标杆城市，培育形成新的万亿级产业集群。布局5G、大数据平台、车联网等新型基础设施，推进应用场景"十百千工程"建设，鼓励发展数字经济新业态新模式。部署"数据、算力、算法"为核心的公共底层技术和中试平台，大力推进数字赋能实体经济，围绕智能制造、大健康和绿色智慧能源领域，构建新的万亿级产业集群。以布局城市全域应用场景为牵引，聚焦交通出行、教育医疗、城市治理、产业升级等方面，加强创新链、产业链、资本链"三链"联动，建立安全可靠有韧性的产业创新体系。

加强文化和科技融合，激活首都发展新动能。充分利用北京全国文化中心和科技创新中心的优势，推进文化与科技融合创新，凝聚新动能，使创新驱动发展战略在北京转型升级中落地落实。统筹协调文化创新与科技创新之间的关系，促进文化与科技有机融合、互动发展。既要以文化创新引领科技创新，不断激励科技进步，推进创新发展，促进"三城一区"建设，构建"高精尖"经济结构，提高发展的质量和效益；又要以科技创新促进文化的繁荣发展，加大对文化领域的科技创新投入，强化文化领域的科技研发与应用，提高科技对文化的支撑水平，从而促进文化事业和文化产业的创新发展，以创新发展的成果不断满足人民日益增长的美好生活。[①]

加快推进军民深度融合创新体系建设，开展军民协同创新。遵循

---

① 伊彤，江光华，张国会.推进文化与科技融合创新激发首都发展新动能［J］.北京人大，2018（8）：60-62.

经济建设和国防建设的规律，按照"统一领导、军地协调、需求对接、资源共享"的军民融合管理体制，进一步完善军民融合科技创新服务体系，搭建军民融合创新示范区，推进军民科技基础要素融合，探索出军民融合发展"北京范本"，推动军民共用重大科研基地和基础设施建设的双向开放、信息交互、资源共享，形成一批有重要影响力的军民融合产业集群。

建立健全创新创业服务体系，促进科技成果转移转化。加大对技术转移转化、创业辅导、知识产权、科技金融、法律咨询、人力资源等创新中介机构和创业服务机构的支持力度，提升专业化服务能力。引导有条件的大企业建立内部孵化机制，鼓励发展创客空间、创新工场、众创空间等新型孵化模式，推动大众创业、万众创新。大力发展创业投资服务机构，充分发挥科技成果转化、中小企业创新、新兴产业培育等方面基金的作用，引导带动社会资本投入创新创业，壮大创新创业投资规模。充分发挥行业协会、学会和商会等社会组织对创新创业的指导和服务作用。

以全球视野推动产业升级和创新发展。深化全球创新合作，汇聚国际创新资源，吸引跨国企业、国际实验室设立研发机构落户北京，培育富有特色、具有国际影响力的区域科技创新中心和创新增长极。支持企业和新型产业组织参与国际科研合作、国际标准制定和推广。鼓励企业在境外设立研发机构或通过国际并购，获得发展所需的关键技术、市场渠道，提升整合利用全球研发创新资源的能力。支持企业承担国际项目，建立境外分支机构开拓国际市场，加大自主知识产权产品出口。搭建创新交流合作平台，发挥国际组织桥梁作用，加大与国际知名科技园、创新资源密集城市之间的交流合作力度，吸引相关国际产业组织落户。

四、完善体制机制，激活各类创新要素

习近平总书记指出，"实施创新驱动发展战略是一项系统工程，最为紧迫的是要进一步解放思想，加快科技体制改革步伐，破除一切

束缚创新驱动发展的观念和体制机制障碍"。北京建设全国科技创新中心具有许多得天独厚的基础和条件，拥有密集的高等院校、大院大所、企业集团等创新主体要素；科技人才储备丰富，集聚了一大批高端创新人才。如何贯彻新发展理念，建立健全科技创新体制机制，全面激活各类创新要素资源，让各类创新主体在北京各展所长，支撑服务首都发展和科技强国建设，是当前和未来北京需要解决的问题。

加强顶层设计，完善相关科技管理制度。建设全国科技创新中心是一项复杂系统工程，需要从北京市级乃至国家层面凝聚共识，加强顶层设计和统筹部署，从决策、咨询、规划、实施等各环节入手，纲举目张，协调推进，蹄疾步稳，持续努力。建立健全科技管理基础制度，优化科技计划管理体系，改进和完善科技计划管理流程，建设科技计划管理信息系统，构建覆盖全过程的监督和评估制度。充分发挥北京推进科技创新中心建设办公室统筹协调作用，建立与中关村国家自主创新示范区部际协调小组联动工作机制，协调推进科技创新中心建设中的战略规划制订、重点任务布局、先行先试改革等跨层级、跨领域重大事项。统筹建立全市推进科技创新中心建设领导协调机制，加强重要政策协同，形成多元参与、协同高效的创新治理格局。

深化"放管服"改革，激发市场和社会主体活力。牢牢把握新时代新要求，深化"放管服"改革、加快转变政府职能，持续激发市场主体活力和社会创造力，为推动高质量发展提供源头活水。扎实推进减权放权增效，继续深化行政审批制度改革，不断扩大商事制度改革成果，专项整治企业开办难、不动产登记难、申请材料多、办理程序多、办理时间长等问题。深入推进"互联网+政务服务"，加强事中事后监管，完善守信联合激励和失信联合惩戒机制，消除监管盲区，实现全过程、标准化监管。对于基础科研，通过改革科技管理制度，下放人财物支配权和技术路线决策权，并优化薪酬制度与奖励措施，以推动引领性、突破性成果的涌现。对于成果转化，一方面将科技成果所有权和长期使用权赋予科研人员，建立以企业为主体、市场为导向、产学研深度融合的技术创新体系，助推科技成果的市场化应用；另一方面发展多层次资本市场，支持创新型企业成长。对于科技引进，鼓励先进技术、仪器和设备的进口，吸引海外留学人员回国和国际优秀人才来华，稳步缩减短板领域与国际顶尖水平的差距。探索更宽容的容错机制，最大限度地保护创新单位和科技创新人员。

深化科技体制改革，促进各类主体协同创新。推动促进科技成果转化条例、"科创30条"等落细落实。改进科技项目组织管理方式，实行"揭榜挂帅"等制度。在基础研究领域选择部分科研成效显著、科研信用较好的高等学校、科研机构、医疗卫生机构，开展市级财政科研项目经费包干制试点，赋予科研人员更大自主权。促进政产学研用深度融合，建立健全军民融合创新体系。突出与国际接轨的体制机制创新，创新财政科技经费支持方式，根据新型研发机构类型和实际需求给予支持，推动建设世界一流新型研发机构。落实执行《北京市支持建设世界一流新型研发机构实施办法》等政策文件，引导和支持高校、科研院所、企业等各类创新主体加强协同创新，积极推进实验室开放、仪器设施共享、研究人员流动，在前沿科技、重大关键核心技术、产业共性技术等方面开展联合攻关，构建信用契约、责任担当、利益共赢等协同机制。强化企业创新主体地位，优化创新创业生态，发挥科技类社会组织在各类主体协同创新中的协调服务作用，促进各类创新要素向企业集聚，推动创新链和产业链有效对接、提高科技创新体系的整体效能。

秉持人才是第一资源的理念，强化人才队伍建设。人才是新时代北京创新发展的第一资源。要全面确立人才引领发展的战略地位，率先实行更加开放更加便利的人才引进政策，吸取国际先进经验，深化人才发展体制机制改革，破除人才引进、培养、使用、评价、流动、激励等方面的体制机制障碍，形成具有吸引力和国际竞争力的人才制度体系。建立健全以创新能力、质量、实效、贡献为导向的科技人才评价体系，加快破除科技评价中"唯论文、唯职称、唯学历、唯奖项"导向，把学科领域活跃度和影响力、研发成果原创性、成果转化效益、科技服务满意度等作为重要评价指标。优化人才发展平台和环境，提升人才服务能级，最大限度激发人才创新创业活力，加快厚植人才优势。全面完成新时代推动首都高质量发展人才支撑行动计划，以战略科技人才、科技领军人才、科技成果转移转化骨干人才、一流文化人才、优秀青年人才五支队伍建设为重点，引领带动全市人才队伍高质量发展，造就更多国际一流的领军人才和创新团队，培育壮大科技创新人才队伍。

五、开放合作，构筑全球创新网络的重要节点

2020年，突如其来的新冠肺炎疫情使全球"百年未有之大变局"加速演进，全球化遭遇逆流，"逆全球化"抬头，国际经济、政治、环境、意识形态、公共卫生治理等都在发生深刻调整，世界进入动荡变革时期。2020年9月，习近平总书记在科学家座谈会上的讲话中指出，"国际科技合作是大趋势。我们要更加主动地融入全球创新网络，在开放合作中提升自身科技创新能力"①。在我国推动形成"以国内大循环为主、国内国际双循环相互促进"的新发展格局下，科技创新和国际合作依然是我国实现未来可持续增长的战略选择。北京作为我国的科技创新中心和国际交往中心，必须坚持以全球视野谋划和推动科技创新，在更高起点上推进开放创新，为我国建设科技强国勇担使命。

加快推进京津冀城市创新群建设。充分发挥北京"一核"作用，推动雄安新区与城市副中心两翼联动。积极做好科技冬奥策划团队遴选、总体设计方案评估以及相关推进实施工作。支持5G、人工智能、无人驾驶等领域科技成果示范应用。聚焦"4+N"功能承接平台②，更加注重区域优化布局和产业链上下游协同，推动高端制造业与现代服

---

① 习近平在科学家座谈会上的讲话［N］.人民日报，2020-09-12.
② "4+N"功能承接平台，指北京积极对接曹妃甸、新机场临空经济区、张承生态功能区、滨海新区4个战略合作功能区建设，积极推进中关村国家自主创新示范区与天津滨海新区、保定、沧州等地开展跨区域创新合作，共建科技成果转化、产业转化基地，促进产业梯度转移。

务业深度融合，向津冀地区延伸创新链、产业链。推动央地协同、学科交叉、军民融合，促进政府、企业与高校院所深度合作。

深化与长三角、粤港澳等地的科技合作。加强人才交流合作，建立青年科学家沟通交流平台。依托北京市科技创新基金，加强与长三角、粤港澳等地的机构合作，联合开展研发和成果转化。继续发挥北京在全面创新改革和政策先行先试中的"领头雁"作用，形成更多可复制推广的政策措施，辐射带动全国发展。强化北京技术交易核心区的地位，办好全国科技活动周暨北京科技周、科博会等活动，展示科技创新中心新技术、新产品、新成果。

推动"一带一路"科技创新合作。结合"一带一路"沿线国家发展基础和需求，依托科技伙伴计划和政府间科技创新合作机制，推进科技创新平台建设，加强科技人文交流。推动气候变化、环境等重点领域的联合研发、技术转移与创新合作，共建特色园区，支撑优势产业走出去，深化国际产能对接，积极打造"一带一路"协同创新共同体。

以高水平科技开放合作推动构建人类命运共同体。以国家服务业扩大开放综合示范区和北京自由贸易试验区为依托，积极参与国际竞争与合作。鼓励和引导有条件的科技型企业率先"走出去"，建立海外分支机构。支持跨国公司在京设立研发中心。发挥大科学装置的聚合力，发起组织和参与国际大科学计划。做大中关村论坛、国家科学中心国际合作联盟研讨会等全球科技创新品牌论坛。率先探索建立以我国为主导的国际科技组织，共同应对未来发展、粮食安全、能源安全、人类健康、气候变化等人类共同挑战，推动人类命运共同体可持续发展。

六、培育和弘扬创新文化，营造一流创新生态

推动科技创新涉及诸多方面，能否培育良好的创新文化是重要基础。只有大力培育和弘扬创新文化，才能为推动国际科技创新中心和世界科技强国建设营造良好的文化氛围和社会环境。

弘扬和践行科学家精神与科学精神。贯彻落实中共中央办公厅、国务院办公厅印发的《关于进一步弘扬科学家精神加强作风和学风建设的意见》，倡导和践行"爱国、创新、求实、奉献、协同、育人"新时代科学家精神，激励和引导广大科技工作者追求真理、永攀高峰，树立科技界广泛认可、共同遵循的价值理念，加快培育促进科技事业健康发展的强大精神动力，在全社会营造尊重科学、尊重人才的良好氛围。把倡导和弘扬科学精神作为社会主义先进文化建设的重要内容。大力弘扬求真务实、勇于创新、追求卓越、团结协作、无私奉献的科学精神。鼓励学术争鸣，激发批判思维，提倡富有生气、不受约束、敢于发明和创造的学术自由。引导科技界和科技工作者强化社会责任，报效祖国，造福人民，在践行科学家精神和科学精神、引领社会良好风尚中率先垂范。

培育和发展企业家精神与创新文化。大力培育中国特色创新文化，增强科技创新的自信，积极倡导鼓励创新、宽容失败的创新文化，树立崇尚创新、创业致富的价值导向，大力培育企业家精神和创客文化，形成吸引更多人才从事创新活动和创业行为的社会导向，使谋划创新、推动创新、落实创新成为自觉行动。引导创新创业组织建设开放、平等、合作、民主的组织文化，尊重不同见解，承认差异，促进不同知识、文化背景人才的融合。鼓励企业、众创空间、科技园区等创新创业机构建立非正式交流平台和有效激励机制，为创新创业提供适宜的软环境，并为不同知识层次、不同文化背景的创新创业者提供交流合作的机会，实现创新价值的最大化。加强科技创新宣传力度，报道创新创业先进事迹，树立创新创业典型人物，进一步形成尊重劳动、尊重知识、尊重人才、尊重创造的良好风尚。

加强科普教育和科技宣传，增进科技界与公众互动互信。强化科普场馆、科普设施建设，加强科技界与公众的沟通交流，塑造科技界在公众中的良好形象。在科技规划、技术预测、科技评估以及科技计划任务部署等科技管理活动中扩大公众参与力度，拓展有序参与渠道。围绕重点热点领域积极开展科学家与公众对话，通过开放论坛、科学沙龙、科学咖啡馆、科学之夜和展览展示等形式，创造更多科技界与公众交流的机会。加强科技舆情引导和动态监测，建立重大科技事件应急响应机制，抵制伪科学和歪曲、不实、不严谨的科技报道。

优化有利于创新的科研环境，打造良好创新生态。加强知识产权保护和运用，提升知识产权交易中心能级，构建透明的商业规则、公平竞争的市场秩序、完善的科技成果转化机制、发达的创业投资和风险投资等创新创业生态。加强批判性思维和创新创业教育，倡导百家争鸣、百花齐放的学术研究氛围，学术研究中要尊重科学家个性，鼓励敢于冒尖，质疑探索。营造宽松包容的科研氛围，保障科研人员学术自由。充分发挥学术共同体的作用，鼓励不同领域和组织的学者合作创新。促进公众了解创新环境和创业历程，认可创新价值。创新投资意识和投融资手段，健全适合创新创业特点的收益分配、风险投资和社会保障体系，发展众创空间、创新工场、创业咖啡、创业集训营等多种形式的创业辅导场所。引导创业组织加强内部创新文化建设，形成开放、平等、民主的组织文化。积极开展创新宣传教育，在全社会形成崇尚创新、尊重创造、追求卓越、宽容失败的创新文化氛围，不断为科技创新提供强大精神动力。

树立"负责任创新"理念，积极参与构建人类命运共同体。如今，负责任创新已成为科技创新前沿理念，也是构建人类命运共同体的重要前提。随着科技发展的异化，创新也日益表现出其"双刃剑"的特性。科技和创新的异化，以致人本身的异化所带来的负面性，直指人类生存基础，直接影响着人类的未来，引发人类对创新的反思。面向未来，北京需要更好担负起国际科技创新中心的重任，秉持"负责任创新"理念，积极服务国家科技强国战略，推动构建人类命运共同体。主动参与国际科技伦理问题研究及伦理标准与规则制定，对人工智能、基因工程等高新科技领域尽早进行战略布局，针对科技异化和安全风险管控、治理等重大国际共性问题，加强国际交流，不断为我国乃至全球贡献智慧和力量。

参考文献

［1］聂荣臻.聂荣臻回忆录（下册）［M］.北京：解放军出版社，1984：778-779.

［2］马林.北京市科技发展历程回顾［J］.北京党史，2006（1）：57-60.

［3］蔡奇.谋划好"十四五"发展　当好北京高质量发展排头兵［EB/0L］.http：//cpc.people.com.cn/n1/2020/0926/c64094-31875894.html.

［4］陈军.北京工业发展30年：搬迁、调整、更新［J］.北京社会科学，2009（4）：103-103.

［5］武凌君，陈怡霖.新中国70年北京市产业结构演变的历程、特点和启示［J］.北京党史，2019（5）：40-45.

［6］北京市科学技术委员会.北京科技年鉴2018［M］.北京：北京科学技术出版社，2019.

［7］冯昭奎.论新科技革命对国际竞争关系的影响［J］.国际展望，2017（5）：1-20.

［8］许强.关于"三城一区"建设发展情况的报告［EB/OL］.http：//www.bjrd.gov.cn/zt/cwhzt1507/hywj/201811/t20181123_187509.html.

［9］毛泽东选集第二卷［M］.北京：人民出版社，1991.

［10］中华人民共和国科学技术部.中国科技发展70年（1949—2019）［M］.北京：科学技术文献出版社，2019.

［11］北京市科学技术委员会.北京科技70年（1949—2019）［M］.北京：北京科学技术出版社，2020.

［12］北京市科学技术志编辑委员会.北京科学技术志（上卷）［M］.北京：科学出版社，2002-12.

［13］葛能全.原子弹与脊梁——1964年的今天，中国第一颗原子弹爆炸成功［J］.红色年华，2014（5）.

［14］北京日报报业集团.中关村"特楼"，深藏功与名!［N］.北京日报，2019-08-27.

［15］边东子.风干的记忆：中关村特楼内的故事［M］.上海：上海教育出版社，2008.

［16］蔡恒胜，柳怀祖.中关村回忆［M］.上海：上海交通大学出版社，2011.

［17］北京市经济委员会.北京工业志：综合志［M］.北京：北京燕山出版社，2003.

［18］段炳仁.北京改革开放四十年［M］.北京：文津出版社，2018.

［19］郑慕琦，颜锋.北京市属科研院所深化改革和发展对策研究之（一）［J］.科研管理，1993-03：1-10.

［20］史利国.北京的昨天、今天和明天——北京经济形势解析［J］.新视野，2007-04：17.

［21］温卫东."首都经济"的提出与北京产业结构的调整［J］.北京党史，2008（6）：24-25.

［22］刘淇.大力发展首都经济［J］.前线，1998（2）：14-15.

［23］魏浩，胡斌.北京市利用外资与经济增长的实证研究：1992—2006年［J］.首都经济贸易大学学报，2008（6）：95-99.

［24］刘淇.知识经济与首都经济发展［J］.新视野，1998（6）：4-7.

［25］邹祖烨.北京市高新技术产业发展现状与鼓励外商投资的举措［J］.中国科技产业，1998（4）：11-12.

［26］北京市统计局.北京市高新技术产业发展的现状及问题［J］.

北京统计，1998（9）：13-15.

［27］梁战平.90年代世界新科技革命面面观［J］.全球科技经济瞭望.1994（1）：2-5.

［28］马林.关于首都创新发展的思考——以北京实施"首都二四八重大创新工程"为例［J］.中国软科学，2004（7）：112-116.

［29］闫傲霜.创新文化是中关村转型升级的内在动力［J］.北京人大，2020（5）：38-40.

［30］赵弘，刘宪杰，李依浓.从"科技奥运"到"科技北京"［J］.经济研究导刊，2009（32）：192-194.

［31］中国农村科技编辑部.奥运因科技而精彩 科技因奥运而前行——透视"科技奥运"理念从出炉到全面践行［J］.中国农村科技，2008（7）：16-19.

［32］刘淇.建设"人文北京、科技北京、绿色北京"［J］.求是，2008（23）：3-6.

［33］科技部.中国科学技术发展报告［R］，2006.

［34］徐光宪.稀土紧紧连着我和祖国［N］.新民晚报，2019-06-05.

［35］赵卢雷，沈伯平.新时代背景下实施创新驱动发展战略的若干思考［J］.改革与战略，2020（02）：68-79.

［36］迈克尔·波特.国家竞争优势［M］.北京：九州出版社，2006.

［37］中国国家科学技术发展战略研究院.国家创新指数报告2018［EB/OL］.http：//www.most.gov.cn/kjbgz/201907/t20190705_147465.htm.

［38］首都科技发展战略研究院.中国城市科技创新发展报告2018［M］.北京：科学出版社，2019.

［39］陈吉宁.2020北京市政府工作报告［EB/OL］.http：//district.ce.cn/newarea/roll/202001/20/t20200120_34162178.shtml.

［40］北京市产业经济研究中心.北京市产业经济发展蓝皮书（2018—2019）［M］.北京：北京工艺美术出版社，2019.

后　记

　　新中国成立以来，北京科技发展理念随着时代的变迁而不断演变，而唯一不变的是北京科技界响应国家号召与国家重大战略需求、服务首都经济增长与城市建设、服务社会发展与民生福祉的初心和使命，以及广大科技工作者一片赤诚、追寻真理、不畏艰难、甘于奉献、改革创新的可贵品质和拼搏精神。1949年至今，历经70多年的时光荏苒，为了全面追溯和准确体现北京地区的一代代科技工作者们为国奉献智慧和汗水的轨迹和脉络，我们怀着敬仰的心情，历时近两年时间完成了《北京科技发展理念创新》一书，力图尽可能准确地展示北京科技发展理念的变迁以及那些激动人心的科技成果、科技人物和科技故事，以飨读者。

　　《北京科技发展理念创新》是在北京市委宣传部的领导下，由北京市科学技术研究院组建团队撰写完成。该书由市委宣传部常务副部长赵卫东同志主持，经市委宣传部副部长张际同志多方协调，编委会召开多轮专家研讨会，对书稿框架和内容进行修改。在北京市科学技术研究院党组书记方力和副书记、副院长王立的悉心指导下，由北京科学学研究中心主任伊彤带领写作团队对书稿内容进行分工撰写。其中，第一章由北京科学学研究中心江光华副研究员执笔；第二章、第三章由北京科学学研究中心张国会副研究员执笔；第四章由北京文投华彩文化咨询有限公司总经理杨洋执笔；第五章的第一、二节由杨洋执笔，第三、四、五节由江光华执笔。全书由伊彤研究员进行逐章审改和统稿工作。编写过程得到多位专家的倾力支持，在此感谢赵弘、赵毅、吴殿廷、文魁、沈湘平等专家的大力指导和帮助。感谢北京大学张颐武教授团队的前期研究基础。

本书内容由于涉及时间跨度较长、史料收集难度较大，更因编者水平有限，难免有不当和疏漏之处，敬请读者朋友们批评指正。

编写组

2020年12月